ISBN 978-3-211-86302-2   ISBN 978-3-7091-5121-1 (eBook)
DOI 10.1007/978-3-7091-5121-1

Vorwort

Sowohl die floristische Erforschung Österreichs als auch die Durcharbeitung der heimischen Pflanzenwelt in systematischer und nomenklatorischer Hinsicht befinden sich gerade gegenwärtig in einem Zustand sehr rasch fortschreitender Entwicklung. Außerdem hat das Erscheinen des Catalogus anregend gewirkt; denn es sind mir seitdem von vielen Seiten sehr wertvolle Mitteilungen zugekommen, vor allem über neue oder bisher unveröffentlichte Fundorte.

Aus allen genannten Gründen hat sich in rund zweieinhalb Jahren ein so großer Stoff an Ergänzungen und Verbesserungen angesammelt, daß die Herausgabe eines eigenen Ergänzungsheftes dringend wünschenswert wurde. — Die bereits im letzten Heft des Catalogus (S. 883—974) veröffentlichten Nachträge sind natürlich hier nicht wiederholt worden.

Wohl den größten Raum in diesem Ergänzungsheft füllt die Anführung und Auswertung des für den Catalogus wichtigen neuen Schrifttums, welches über 350 Arbeiten umfaßt. — Einen wesentlichen Raum beanspruchen auch die sehr zahlreichen Fundortsangaben, durch welche die Kenntnis des Verbreitungsgebietes vieler Arten oft wesentlich erweitert wird. Hervorhebenswert ist die Auffindung von drei in Österreich bodenständigen, bisher hier unbekannten Arten, nämlich *Salix myrtilloides* L. (im Nordwesten des Landes Salzburg), *Cardamine parviflora* L. (in den March-Auen) und *Filipendula stepposa* Juzepczuk (gleichfalls an der March), alle drei Arten von Alfred Neumann entdeckt. Etwa acht Arten wurden als in Österreich neu eingeschleppt gefunden, teilweise nur vorübergehend. — Sehr wichtig sind ferner manche Veränderungen auf dem Gebiete der Systematik und Nomenklatur. Als unvermeidbare Änderungen von Artnamen sind etwas über 40 zu beklagen. Dazu kommen mehrere Namensänderungen von Bastarden und infraspezifischen Sippen sowie Verbesserungen von Autorbezeichnungen. Manche solche Änderungen sowie einige strittige Fälle erforderten eine ausführliche Erörterung und Begründung. — Bei der Anführung von Synonymen wurden vor allem solche berücksichtigt, die in anderen neueren Werken als giltige Namen verwendet werden. — Schließlich wurden alle im Catalogus unterlaufenen Unrichtigkeiten natürlich gewissenhaft verbessert.

2

Bei Ausarbeitung des Ergänzungsheftes erfreute ich mich der für mich unentbehrlichen bereitwilligen und selbstlosen Hilfe zahlreicher Botaniker der österreichischen Bundesländer sowie auch mehrerer ausländischen Fachgenossen. Vorwiegend waren es dieselben Persönlichkeiten, denen ich schon im Vorwort und im Nachwort des Catalogus zu danken Gelegenheit hatte. Dazu kamen drei neue wertvolle Mitarbeiter, nämlich Raimund F i s c h e r (Fachlehrer in Sollenau am Steinfeld), Erich G o t z (Professor in Wien, beheimatet in Marchegg) und Josef J u r a s k y (Fachlehrer in St. Andrä vor dem Hagental, früher im Weinviertel tätig). Von einer längeren Liste der älteren verdienten Helfer möchte ich hier Abstand nehmen. Als besonders eifrige und erfolgreiche Floristen hervorgehoben seien die Herren: Professor Helmut M e l z e r (Judenburg), Oberrechnungsrat i. R. Hans M e t l e s i c s (Wien), Alfred N e u m a n n (Wien) sowie die Burgenland-Spezialisten Hofrat Dr. Otto G u g l i a (Wien) und w. Hofrat Dr. Gottfried T r a x l e r (Eisenstadt). Den Genannten und den viel zahlreicheren hier nicht namentlich angeführten Mitarbeitern und Helfern sei der herzlichste Dank ausgesprochen.

Wien, im Dezember 1962

Erwin J a n c h e n

Schriftenverzeichnis — Ergänzungen

S. 2, N o m e n k l a t u r. — Ergänzungen.

Internationaler Code(x) der Botanischen Nomenklatur, angenommen vom Neunten Internationalen Botanischen Kongreß Montreal, August 1959. Utrecht 1961. 372 Seiten. — In englischer, französischer und deutscher Sprache.

J a n c h e n E., Geänderte Namen von Gefäßpflanzen Österreichs. Phyton (Graz und Horn), 10 (1), ca. 90 Seiten (im Druck). Eine Gegenüberstellung der jetzt geltenden Pflanzennamen und der ihnen entsprechenden ungiltigen Namen. Berücksichtigt den Zeitraum von etwa 1900 bis zur Gegenwart. Enthält einige tausend Namen. — Sonderdrucke werden durch den Verfasser erhältlich sein.

J i r á s e k V., Taxonomische Kategorien der Kulturpflanzen. Index seminum etc. Horti Bot. Univ. Carolinae Pragensis, 1958: 9—16, mit Schriftenverzeichnis. — Darin folgende vom Verf. neu aufgestellte und benannte Unterkategorien: subcultiplex, subconvar, subprovar, subconculta, subcultivar.

— Cultivar and conculta, the fundamental categories for the classification of cultivated plants. Delectus seminum etc. Horti Bot. Univ. Carolinae Pragensis, 1959: 6—12, mit Schriftenverzeichnis.

L ö v e Á. and D., Some nomenclatural chanches in the European Flora, I. Species and supraspecific categories, and II. Subspecific categories. Botan. Notiser, 114, 1961 (1): 33—47 u. 48—56.

S o ó R. v., Namensänderungen von Arten und Unterarten, wichtigere Verbesserungen von Autornamen im „Handbuch der ungarischen Pflanzenwelt". [Ungarisch.] Botan. Közlem., 49 (1/2), 1961: 145—171. — Eine auch für Österreich wichtige Zusammenstellung der Namensänderungen seit 1951.

S t. J o h n H., Nomenclature of plants. A text for the application by the Case Method of the International Code of Botanical Nomenclature. New Jork 1958. 157 Seiten.

S. 2. — Am Schluß der Seite ist anzufügen:

C y t o t a x o n o m i e. — L ö v e Áskell and L ö v e Doris, Chromosome numbers of central and northwest european plant species. Opera Botanica in suppl. „Bot. Notiser", vol. 5, Lund 1961. 581 Seiten. — Eine gewissenhafte Zusammenstellung aller aus dem angegebenen Gebiet bisher bekannt gewordenen Chromosomenzahlen. Die ungemein mühevolle Arbeit ist auch für die Systematik und Nomenklatur sehr wichtig. Allein das Schriftenverzeichnis umfaßt 197 Seiten. Manche Sippen erscheinen zufolge geänderter Bewertung unter neuen Namenskombinationen.

S. 3, M i t t e l e u r o p a u n d D e u t s c h l a n d. — Ergänzungen.

H e g i G., Illustrierte Flora von Mittel-Europa usw., 2. Auflage. Siehe auch S. 883.
Band III 1, 1957/1958, bearbeitet von K.-H. R e c h i n g e r unter Mitarbeit von Annelis S c h r e i b e r und anderen. 452 Seiten, bebildert. — Inhalt: *Juglandaceae* bis *Polygonaceae*. Die *Salicaceae* und *Polygonaceae* sind von R e c h i n g e r selbst als berufenem Spezialisten ausgearbeitet.
Band III 2, 1959—1962, herausgeg. v. K.-H. R e c h i n g e r. Inhalt: *Phytolaccaceae* bis *Caryophyllaceae*. Der allgemeine Teil der *Centrospermae* sowie die *Caryophyllaceae* (und *Illecebraceae*) sind von H. Ch. F r i e d r i c h (München) bearbeitet, die *Amarantaceae* und *Chenopodiaceae* von Paul A e l l e n (Basel).
Band IV 1, 1958—1962, von Fr. M a r k g r a f (Zürich). Inhalt: *Berberidaceae, Papaveraceae, Cruciferae.*
Band IV 2 (Beginn), 1961, herausgeg. v. Heribert H u b e r. Inhalt: *Droseraceae, Philadelphaceae, Grossulariaceae, Crassulaceae.*
S c h m e i l O. und F i t s c h e n J., neu bearbeitet von R a u h W., Flora von Deutschland, 72. Aufl. Heidelberg (Quelle & Meyer), 1960. 549 S., 880 Textfig.
R o t h m a l e r W., Exkursionsflora von Deutschland IV, Kritische Flora. Berlin, VE-Verlag Volk und Wissen. Im Druck, voraussichtlich Ende 1962 erscheinend. — Fahnenkorrekturen hat der Verfasser des Catalogus fl. Austr. zu R o t h m a l e r s Lebzeiten gesehen.

S. 4/5 u. S. 884. A l p e n p f l a n z e n. — Ergänzungen.

F a v a r g e r C., Alpenflora, Hochalpine Stufe. Bern (Kümmerli & Frey), 1958. 280 S., 35 Abb., 32 Tafeln.
H e g i G., Alpenflora. Die verbreitetsten Alpenpflanzen von Bayern, Österreich und der Schweiz. 17., unveränderte Auflage, herausgeg. v. H. M e r x m ü l l e r, München (C. Hanser) 1962. 96 S. Text, 34 Farbtafeln, 8 Schwarzdrucktafeln, 1 Karte.

1*

4

L a n d o l t E., Unsere Alpenflora. Verlag Schweizer Alpen-Club, Zollikon-Zürich 1960.
218 S., 25 Textfig., 288 (316) Farbphotos. — 2. Aufl., 1961. 223 S., sonst wie vor.

S. 5/6, Ö s t e r r e i c h a l s g a n z e s. — Ergänzungen betreffend Floristik und
Soziologie.

B r a u n - B l a n q u e t J., Die inneralpine Trockenvegetation. Von der Provence bis
zur Steiermark. Geobotanica selecta (herausgeg. v. R. T ü x e n). Stuttgart 1961.
VI + 273 S., 78 Abb., 59 Tabellen. — Behandelt von Österreich besonders Kärnten
und Steiermark, berührt aber auch Tirol.
P o d l e c h D., Florenlisten aus den Studienfahrten der Bayerischen Botanischen Gesell-
schaft, III. Berichte d. Bayer. Botan. Ges., 34, 1961: 72—78. — Auf Österreich beziehen sich folgende Teile: Niederösterreich und Nord-Burgenland (aus 1959) von
H. M e l z e r, J. P o e l t u. G. W e n d e l b e r g e r (S. 73—75); Steiermark und Süd-
Burgenland (aus 1960) von F. W i d d e r u. J. P o e l t (S. 76—78), anschließend auch
einige Funde aus Salzburg (Radstädter Tauern).
W a g n e r H., Bibliographia phytosociologica: Austria. Excerpta Botanica, Sect. B,
Bd. 3, 1961: 241—304. — Diese sehr dankenswerte Bibliographie reicht auf die
frühesten Zeiten soziologischer Betrachtungsweise zurück und ist sehr zweckmäßig
sachlich gegliedert; sie umfaßt 841 Nummern.
— Bibliographie der Vegetationskarten Österreichs. Ebenda: 305—315. — Es werden
96 veröffentliche Karten angeführt; anhangsweise werden jene Institute genannt,
an welchen unveröffentlichte Vegetationskarten zu finden sind.

S. 5/6, Ö s t e r r e i c h a l s g a n z e s. — Ergänzungen betreffend Nutzpflanzen.

W e r n e c k H. L., Bodenständige Obsthölzer der Gegenwart, Früh- und Urgeschichte
in den Ostalpen. Schriften des Vereins zur Verbreitung naturwissenschaftlicher
Kenntnisse in Wien, Festschrift 1960: 181—221. — Behandelt vor allem jene Obst-
gehölze, die nach früherer Ansicht von den Römern nach Österreich eingeführt
wurden, die sich aber auf Grund neuerer Forschungen als hier heimisch erwiesen
haben, wenn auch teilweise in weniger hochwertigen Sorten.
— Ur- und frühgeschichtliche sowie mittelalterliche Kulturpflanzen und Hölzer aus den
Ostalpen und dem südlichen Böhmerwald (Nachtrag 1949—1960). Archaeologia
Austriaca, 30, 1961: 68—117. — Bildet eine Fortsetzung und Ergänzung des von
dem selben Forscher veröffentlichten Werkes „Ur- und frühgeschichtliche Kultur- und
Nutzpflanzen in den Ostalpen und am Ostrande des Böhmerwaldes", Wels 1949. Ein-
gehend besprochen werden zahlreiche Funde aus Niederösterreich (u. Wien) und
Oberösterreich; doch auch aus sämtlichen anderen Bundesländern werden Funde
behandelt. Beachtenswert ist auch das reichhaltige Schriftenverzeichnis. — Funde in
NÖ beweisen, daß hier bereits in der jüngeren Steinzeit *Triticum monococcum,*
T. dicoccum und *Secale cereale* als Getreide gebaut wurden und daß letzteres schon
damals eine selbständige Getreideart war, nicht etwa nur ein Unkraut in Weizenfeldern.

S. 5/6, Ö s t e r r e i c h a l s g a n z e s. — Ergänzung betreffend Zytologie.

L ö v e Á. and L ö v e D., Chromosome numbers of Central and Northwest European
plant species. Opera Botanica a Soc. Bot. Lund edita, vol. 5. Lund 1961. 581 Seiten.
— Für alle Farn- und Blütenpflanzen des angegebenen Gebietes, also auch Österreichs, werden die bisher bekannten Chromosomenzahlen angeführt. Eine sehr
dankenswerte, aber ungeheuer mühevolle Arbeit. Der Hauptteil umfaßt die Seiten
16—362; Quellen der unveröffentlichten Chromosomenzahlen S. 363—373; Bibliographie S. 374—570; Index der Familien und Gattungen S. 571—581. In systematischer und nomenklatorischer Hinsicht beachtenswert sind manche neuen Unterarten mit neuen Namenskombinationen.

S. 6—10 u. S. 884—886, B u r g e n l a n d. — Ergänzungen.

G u g l i a O., Neuere geobotanische Literatur aus Ungarn, die auch das Burgenland
betrifft. Burgenländische Heimatblätter. 23, 1961 (2): 51—55. — Eingehend gewürdigt
werden Arbeiten von Z. K á r p á t i (2), T. P ó c s (2) und A. T e r p ó (1).
— Aus der Alpenwelt des Burgenlandes. Das Bernsteiner Gebirge, sein Boden und
seine Vegetation. Universum (Wien), 16, 1961 (21/22): 609—613, 3 Textbilder. —
Behandelt das Serpentingebiet von Bernstein, Steinstückel und Umgebung.
K á r p á t i Z., Die pflanzengeographische Gliederung Transdanubiens. Acta Botanica
Acad. Scient. Hungar., 6 (1/2), 1960: 45—53, 1 Abb. — Vgl. G u g l i a 1961. S. 54.
— Siehe auch unter *Sorbus;* vgl. G u g l i a 1961, S. 52/53.

K a s y E., Ein neues Naturschutzgebiet des ÖNB am Neusiedler See. Natur und Land, 48, 1962 (1): 6—7.

M e l z e r H., Neues und Kritisches zur Flora der Steiermark und des angrenzenden Burgenlandes. Mitteil. d. Naturw. Ver. f. Stmk., 90, 1960: 85—102. — Neu für das Bgl sind: *Matricaria tenuifolia*, *Melica picta* und *Myosotis alpestris* var. *stenophylla;* letztere ist wie *Myosotis silvatica* var. *Gáyeri* eine Serpentinpflanze.

— Floristisches aus Niederösterreich und dem Burgenland, III. Verhandl. d. ZoBoG, 100, 1960 (ersch. 1961): 184—197.

— Der Hundslattich, *Leontodon Leysseri,* neu für das Burgenland. Burgenländische Heimatblätter, 23, 1961 (2): 95/96.

— *Camelina rumelica* Vel., der Rumelische Leindotter, neu für das Burgenland. Burgenländische Heimatblätter, 24, 1962 (2): 92/93.

M e r x m ü l l e r H., Florenlisten aus den Studienfahrten der Bayerischen Botanischen Gesellschaft (Pfingsten 1952—1956). Ber. d. Bayer. Botan. Ges. Vereinsnachrichten 1955/56 (Nachtrag zu Band XXXI), München 1957, S. XIX—XXXVI. — Die Funde aus NÖ u. Bgl (19.—23. V. 1956) finden sich auf S. XXXIII bis XXXVI; sie stammen aus folgenden Gegenden: Waldviertel, Weinviertel (Goggendorf und Laaer Becken), Donau-Tal, Hainburger Berge, Hackelsberg (nächst dem Leithagebirge), Becken des Neusiedler Sees.

P ó c s T. und Mitarbeiter, Vegetationsstudien im Örség [d. i. ungarisches Ostalpen-Vorland]. (Die Vegetation ungarischer Landschaften, 2.) Budapest 1958. 124 S., 10 Abb., 18 Tab., 32 Photos, 1 farb. Karte. — Eine bedeutende, auch für das Bgl beachtenswerte geobotanische Arbeit; vgl. G u g l i a 1961, S. 51/52.

— Die zonalen Waldgesellschaften Südwestungarns. Acta Botanica Acad. Scient. Hungar., 6 (1/2), 1960: 75—105, 12 Abb. — Auch für das Süd-Bgl beachtenswert; vgl. G u g l i a 1961, S. 55.

P o d l e c h 1961, siehe unter „Österreich als ganzes".

S t o c k e r O., Einige Bemerkungen über die Salzstandorte östlich des Neusiedler Sees. Verhandl. d. ZoBoG., 100, 1960: 106—111, 1 Textbild.

T e r p ó A., siehe unter *Pirus*; vgl. G u g l i a 1961, S. (52), 53/54.

T r a x l e r G. (siehe auch Catal., S. 885), Die Flora des Leithagebirges und am Neusiedlersee. 3., 4. u. 5. Ergänzung zum gleichnamigen Buch von Karl P i l l. Burgenländische Heimatblätter, 22 (2), 1960: 73—82; 23 (1), 1961: 5—18; 24 (1), 1962: 1—13.

— Über ein burgenländisches Vorkommen des Bart-Johanniskrautes (*Hypericum barbatum* Jacq.). Natur und Land, 48, 1962 (2): 46. — Bei Unter-Petersdorf (Bezirk Ober-Pullendorf) als Waldpflanze, spärlich.

W e n d e l b e r g e r G., Die Vegetation des Neusiedler See-Gebietes. Sitzber. d. Österr. Akad. d. Wiss., m.-n. Kl., Abt. I, 168, 1959 (4/5): 305—314.

— Über zwei alte Fundortsangaben des Mäusedorns (*Ruscus Hypoglossum*) aus dem Burgenland. Wissensch. Arb. a. d. Burgld., 1963. — Siehe bei *Ruscus,* S. 97.

S. 11—20 u. S. 886/887, N i e d e r ö s t e r r e i c h, Neuere floristische Arbeiten. — Ergänzungen.

A r n b e r g e r E. und W i s m e y e r R., Ein Buch vom Wienerwald (vom Wesen und der Gestaltung seiner Landschaft). Herausgeg. v. d. Sektion Edelweiß des Österreichischen Alpenvereins. Wien (Verlag für Jugend und Volk), 1952. 223 S., 116 Textbilder. — Enthält folgende die Pflanzenwelt betreffenden Kapitel: M ü l l e r K., Das Waldgebiet im Wandel der Zeiten. S. 36—39, Abb. 22—28. — R o s e n k r a n z Fr., Von den Pflanzen des Wienerwaldes. S. 40—45. (Verf. schildert zunächst die kennzeichnenden Pflanzengesellschaften und ihre Lebensverhältnisse. Daran schließt er ein Verzeichnis von über 300 „wichtigsten" Pflanzen mit ihren deutschen und lateinischen Namen, darunter 15 Pilze; auf artenreiche schwierige Gattungen wird natürlich nicht näher eingegangen.) — M ü l l e r K., Die Holzgewächse des Wiener Waldes. S. 46—49, Abb. 29 u. 30. (Von 86 Gehölzarten werden kennzeichnende Teile, also Blätter und Knospen abgebildet.) — M ü l l e r K., Bäume, Sträucher und Steine als Wegweiser auf den Anninger. S. 50—54, Abb. 31. — M e i s i n g e r A., Naturdenkmale im Wienerwald. S. 55—61, Abb. 32.

C z e r n o h o r s k y Th., siehe P e r i n g e r M.

F i s c h e r Franz, Botanische Seltenheiten, am Vitusberg gefunden. Eggenburger Zeitung, 54. Jahrg., Nr. 18, v. 4. Mai 1961. — Auf dem Vitusberg, dem „Hausberg" der Stadt Eggenburg, wachsen u. a. folgende bemerkenswerte Pflanzen: *Minuartia viscosa, Vicia lutea, Lathyrus hirsutus, Bifora radians, Allium sphaerocephalum, Gagea bohemica* u. a. m.

6

F i s c h e r Franz, Bemerkenswerte Pflanzenfunde aus dem Gebiet von Eggenburg. Amtliche Mitteilungen und Kulturberichte der Stadtgemeinde Eggenburg, 6. Jahrg., 1961, Nr. 6, S. 7—10. — Seit seiner Übersiedlung aus der Umgebung von Salzburg nach Eggenburg hat der Verf. die Umgebungsflora dieser Stadt, die an der Grenze des pannonischen und des baltischen Florengebietes liegt, unermüdlich erforscht. Besonders beachtenswerte Funde von 67 Arten sind in der vorliegenden Arbeit zusammengestellt.
— Die Zucker-Spitzklette auch in Niederösterreich. Natur und Land, 48, 1962 (2): 44—45. — Betrifft: *Xanthium saccharatum* auf Ödlang bei Eggenburg.
— Der letzte Safranzüchter Österreichs. Natur und Land, 48, 1962 (2): 45. — Schuldirektor i. R. Hans R o i t h n e r in Maissau, der noch etwa 2000 Pflanzen von *Crocus sativus* kultiviert hat, ist am 16. XI. 1961 verstorben. Seine Witwe will die Safrankultur in kleinem Ausmaß weiterführen.

F i s c h e r Raimund, Von Schirmföhre, Felsenbirne und Spanischem Ginster. Südliche Elemente in der heimischen Pflanzenwelt. Universum (Wien), 15, 1960 (12): 375—382, 6 Textbilder. — Behandelt 16 Pflanzenarten südlicher Herkunft, von denen die meisten in NÖ heimisch geworden sind. Als nur eingeschleppt seien erwähnt *Spartium junceum* und (vorübergehend) *Asphodelus fistulosus*, beide im Steinfeld, in der Gegend von Wiener-Neustadt und Sollenau.
— Ein neues Vorkommen des Wolligen Fingerhutes (*Digitalis lanata* Ehrh.). Natur und Land, 47, 1961 (4): 90—92, 1 Textbild. — Im Steinfeld (südl. Wiener Becken), westlich vom Quellgebiet der Fischa-Dagnitz, zahlreich.
— Winterkahle Bäume der Dorflandschaft. Universum (Wien), 17, 1962 (3/4): 49—65, 9 Textbilder. — Beobachtungen an zahlreichen Baumarten in Niederösterreich.
— Das Steinfeld ist eine Wanderung wert! Natur und Land, 48, 1962 (3): 67—68. — Vegetationsschilderung mit Angabe seltener Arten.
— Einige Sommerblumen des Waldes. Universum (Wien), 17, 1962 (15/16): 361—365, 5 Textbilder.

F r ö h l i c h A., Pflanzenbeobachtungen im früheren Grenzgebiet südlich von Nikolsburg. Verhandl. d. Naturforsch. Ver. in Brünn, 74, 1943: 70—93, 1 Karte. — Enthält auch beachtenswerte Angaben aus dem nordöstlichen Weinviertel.

G a m s H., Die Vegetation der Kleinklimastationen Nos und Gstettneralm bei Lunz. Wetter und Leben (Wien), 13, 1961: 121—128, 5 Textbilder.

G i l l i A., Die „verschlossene Tieflage": Ein vernichteter Torfmoosbestand im Wienerwald. Natur und Land, 48, 1962 (3): 66—67. — Behandelt eine durch Kulturmaßnahmen zerstörte hochmoorähnliche Pflanzengesellschaft zwischen Rekawinkel und Eichgraben.

M e i s i n g e r A., siehe A r n b e r g e r E.

M e l z e r H., Floristisches aus Niederösterreich und dem Burgenland. Verhandl. d. ZoBoG, 100, 1960 (ersch. 1961): 184—197.

M e r x m ü l l e r H. 1957, Florenlisten usw. Siehe unter Burgenland (S. 5).

M ü l l e r K., siehe A r n b e r g e r E.

O n n o M. und S m i t h L., Beitrag zur Kenntnis der Vegetationsentwicklung und -ökologie auf der Autobahn zwischen Vösendorf und Hochstraß in Niederösterreich. Forstliche Bundesversuchsanstalt Mariabrunn in Schönbrunn, Informationsdienst, 30. Folge, März 1960. 4 Seiten.

P e r i n g e r M. und C z e r n o h o r s k y Th., Von den Landschaftsgebieten der näheren Umgebung Wiens. Österreichischer Lehrerverein für Naturkunde, Herbst 1959. 15 Seiten. — Behandelt die Gebiete an der Donau und nördlich derselben, also Prater, Lobau, Ellender Wald, Marchfeld, Bisamberg usw. Die Flora jedes Gebietes wird kurz, aber treffend gekennzeichnet.

R e d l W., Der Eichkogel, ein neues Naturschutzgebiet in Niederösterreich. Natur und Land, 47, 1961 (5): 100—102, 4 Textbilder. — Behandelt bes. die Pflanzendecke und die bemerkenswertesten Pflanzenarten.

R i c h t e r E. H., Die Narzissenwiesen von Lunz am See. Phyton (Graz), 9 (1—2), 190: 152—165.

R o s e n k r a n z Fr., siehe A r n b e r g e r E.

S c h w e i g e r H., Die floristischen Zonen in Niederösterreich. In: Ausstellung Jakob A l t, Blumenaquarelle, Gresten, Schloß Stiebar, NÖ, Ausstellungsführer, 1960, S. 15—33, mit 1 Karte. — In pflanzengeographischer Anordnung werden 58 von J. A l t in Aquarellen dargestellte Pflanzen besprochen. Anhangsweise werden in systematischer Anordnung 89 „Adventivpflanzen" (einschl. Kulturpflanzen) mit ihrer Heimat angeführt.

S m i t h L., siehe O n n o M.

W e n d e l b e r g e r Elfrune, Die Auwaldtypen der Donau in Niederösterreich. Centralbl.
f. d. ges. Forstwesen, 77, 1960 (2): 65—92.
W e n d e l b e r g e r Gustav, Die Auenwälder an der mittleren und unteren Donau. Allgemeine Forstzeitung (Wien), 72, 1961 (3/4): 3 Seiten, 4 Textbilder. — Behandelt auch
die Auenwälder zwischen Wien und Hainburg.
W e r n e c k H. L. und T r a u n m ü l l e r J., Die Grünerle *(Alnus viridis* Chaix-DC.)
im Bereiche des südlichen Böhmerwaldes (Mühlviertel und Waldviertel). Naturkundliches Jahrbuch der Stadt Linz, 1961: 151—174, 1 Karte, 1 Falttabelle.
W i s m e y e r R., siehe A r n b e r g e r E.

S. 21—25 u. S. 887/888, O b e r ö s t e r r e i c h, neuere floristische Arbeiten. —
Ergänzung.

F e t z m a n n E., Vegetationsstudien im Tanner Moor (Mühlviertel, Oberösterreich).
Sitzber. d. Österr. Akad. d. Wiss., m.-n. Kl., Abt. I, 170 (1/2): 69—88, 2 Textbilder,
2 Tafeln. — Behandelt die Makrophytenvegetation (einschl. Moose) auf S. 74—83,
die Algenvegetation auf S. 83—86.
K r i s a i D. u. R., Die Zwergbirken im oberösterreichischen Alpenvorland. Verhandl.
d. ZoBoG, 98/99, 1959: 171—172. — Im Ibmer-Waidmoos-Komplex kommen *Betula
humilis* und *B. nana* noch gegenwärtig vor, erstere im Ibmer Moor, letztere im
Waidmoos (bereits auf Salzburger Boden). Beide Arten sind sehr selten und durch
die fortschreitenden Kulturmaßnahmen gefährdet. Das nächste Salzburgische Vor-
kömmen von *B. nana* liegt bei Krögn nächst Lamprechtshausen.
K r i s a i R., Pflanzengesellschaften aus dem Ibmer Moor. Jahrb. d. Oberösterr. Musealvereines, 105, 1960: 155—208, 2 Textbilder, 2 Tafeln, 12 Tabellen. — Sehr gründliche
soziologische Bearbeitung des großen Moorgebietes.
— Das Filzmoos bei Tarsdorf in Oberösterreich. Phyton (Graz), 9 (3/4), 1961: 217—251,
3 Textbilder.
M o r t o n F., Das Vorkommen von *Myosotis palustris* L. forma *submerse-florens* mihi
im Traunsee (Oberösterreich). Archiv für Hydrobiologie, 49 (3), 1954: 335—348,
3 Tafeln.
— Eine blühende Vergißmeinnicht-Wiese auf dem Seegrunde. Natur und Volk
(Frankfurt a. M.), 86, 1956 (10): 343—348, 10 Textbilder.
— Die Mooswälder beim Roßmoos unweit Goisern in Oberösterreich. Arb. a. d. Botan.
Station in Hallstatt, Nr. 208. Hallstatt 1960. 13 S., 1 Abb.
— Die Pflanzenbestände an den Ufern des Laudachsees, OÖ. Ebenda, Nr. 209, 1960,
4 Seiten.
— Die Wiesen vom Hollereck und Rindbach im Jahre 1960. Ebenda, Nr. 213, 1960, 23 S.
— *Pinus Mugo* Turra var. *Pumilio* (Haenke) Zenari, Kämpferin und Siegerin im Gebirge,
III. Teil. Arb. a. d. Botan. Station in Hallstatt, Nr. 224, März 1962. 41 S., 6 Textbilder.
— Betrifft das Vorkommen und Verhalten im Gebiet des Schafberges.
M o s e r R., Die Pflanzen der Moränen des Dachsteins. Mit einem florenkundlichen
Beitrag von V. V a r e s c h i. Jahrbuch d. Oberösterr. Musealvereines, 104, 1959:
181—200.
P i g n a t t i - W i k u s E., Pflanzensoziologische Studien im Dachsteingebiet. Bollettino
della Società Adriatica di scienze naturali, Trieste, vol. 1, 1958: 58—168, 7 Tabellen.
R e c h i n g e r K. H. (fil.), Die Flora von Gmunden. Aufzählung der Farn- und Blüten-
pflanzen, die in der Umgebung von Gmunden, um den Traunsee, im Gebiet des
Traunsteins und Höllengebirges wildwachsend oder eingeschleppt und verwildert
beobachtet worden sind, nach Aufzeichnungen von K. L o i t l e s b e r g e r † und
K. R o n n i g e r †, vervollständigt und zusammengestellt. Jahrbuch des Oberösterreichischen Musealvereines, 104. Bd., Linz 1959: 201—266.
R o h r h o f e r J., An der Steinwand [bei Altaussee]. Universum (Wien), 17, 1962,
(13/14): 296—297, 1 Textbild. — Vegetationsschilderung aus einem Naturschutz-
gebiet.
S t e i n b a c h H., Vom Pflanzenkleid des Irrseebeckens. Oberösterreichische Heimatblätter, Jahrg. 13, Heft 3, 1959: 243—264.
T r o l l - O b e r g f e l l B., Die große Robinie von Steyregg in Oberösterreich. Natur
und Land, 47, 1961 (4): 94.
V a r e s c h i V., siehe M o s e r R.
W e n d e l b e r g e r G., Die Pflanzengesellschaften des Dachstein-Plateaus (einschließlich des Grimming-Stockes). Mitteil. d. Naturw. Ver. f. Stmk., 92, 1962: 120—178.
W e r n e c k H. L., Die wurzel- und kernechten Stammformen der Pflaumen in Ober-
österreich (unter Zugrundelegung des römischen Obstweihefundes von Linz/Donau).
Naturkundliches Jahrbuch der Stadt Linz, 1961: 7—129, 20 Bildtafeln, 1 Falttabelle.

8

W e r n e c k H. L. und T r a u n m ü l l e r J., Die Grünerle (*Alnus viridis* Chaix-DC.) im Bereiche des südlichen Böhmerwaldes (Mühlviertel und Waldviertel). Naturkundliches Jahrbuch der Stadt Linz, 1961: 151—174, 1 Karte, 1 Falttabelle.
W i k u s E., siehe P i g n a t t i, geborene W i k u s.

S. 25—30 u. S. 888/889, S t e i e r m a r k, neuere floristische Arbeiten. — Ergänzungen.

B r a u n - B l a n q u e t J., siehe unter „Österreich als ganzes“ (S. 4).
E g g l e r J., Teichrandgesellschaften auf dem Neumarkter-Sattel in Obersteiermark. Mitteil. d. Naturw. Ver. f. Stmk., 91, 1961: 9—30, 1 Textbild, 2 Tafeln.
— Eine Vegetationsaufnahme im *Betula humilis*-Bestand in Aich bei Mühlen nächst Neumarkt in Obersteiermark. Mitteil. d. Naturw. Ver. f. Steiermark, 92, 1962: 20—26, 2 Textbilder, 1 Tafel.
K o e g e l e r K., Die auf Seite 28 an zweiter Stelle genannte Arbeit ist mit der an vierter Stelle genannten Arbeit identisch.
K u n z H. und R e i c h s t e i n T., Kleine Beiträge zur Flora der Ostalpen. Phyton (Graz), 8 (3/4), 1959: 284—293. — Siehe *Cerastium, Oxytropis* und *Achillea*.
L ä m m e r m a y r L., Die auf Seite 29 an zwölfter (fünftletzter) Stelle genannte Arbeit (Flaumeichenbestände usw.) gehört zu E g g l e r, vgl. S. 26 oben.
M e l z e r H., Neues und Kritisches zur Flora der Steiermark und des angrenzenden Burgenlandes. Mitteil. d. Naturw. Ver. f. Stmk., 90, 1960: 85—102. — Mehrere neue Fundorte sowie Berichtigungen älterer Angaben. Einige Arten werden sehr kritisch besprochen.
— Neues zur Flora von Steiermark, V. Mitteil. d. Naturw. Ver. f. Steiermark, 92, 1962: 77—100. — Für Stmk. neu sind 6 heimische Arten, 1 Unterart, 2 Bastarde und 4 Adventivarten. Mehrere Sippen werden sehr ausführlich besprochen. Dabei werden in sehr dankenswerter Weise die kennzeichnenden und unterscheidenden Merkmale herausgearbeitet und manche Fehler des Schrifttums berichtigt.
P i g n a t t i - W i k u s E., Pflanzensoziologische Studien im Dachsteingebiet. Bollettino della Società Adriatica di scienze naturali. Trieste, vol. I, 1958: 58—168, 7 Tabellen.
R e i c h s t e i n T., siehe K u n z H.
S c h a e f t l e i n H., Ein bemerkenswertes Vorkommen der Strauchbirke (*Betula humilis*) in Steiermark. Mitteil. d. Naturw. Ver. f. Stmk., 90, 1960: 109—112. — Behandelt ein reiches Vorkommen auf Mooren bei Mühlen südöstl. v. Neumarkt; es wurde vom Verf. 1958 entdeckt, 1959 genauer erforscht; vgl. Catalogus, S. 918/919.
— Ein eigenartiges Hochmoor in den Schladminger Tauern. Mitteil. d. Naturw. Ver. f. Steiermark, 92, 1962: 104—119, 2 Textbilder. — Eingehende Schilderung eines im Schladminger Untertal gelegenen Moores mit *Betula nana*. Die ungewöhnliche örtliche Abkühlung ist durch ein den Untergrund durchziehendes System von Windröhren (Eislöchern) bedingt.
W e n d e l b e r g e r Elfrune, Die Auwaldtypen an der steirischen Mur. Mitteil. d. Naturwiss. Ver. f. Stmk., 90, 1960: 150—183.
W e n d e l b e r g e r Gustav, Die Pflanzengesellschaften des Dachstein-Plateaus (einschließlich des Grimming-Stockes). Mitteil. d. Naturw. Ver. f. Stmk., 92, 1962: 120 bis 178.
W i k u s E., siehe P i g n a t t i, geborene W i k u s.

S. 32—37 u. S. 889, K ä r n t e n, neuere floristische Arbeiten. — Ergänzungen.

A i c h i n g e r E., Vegetationskundliche Studien im Raume des Faaker-Sees. Carinthia II, 70 (150), (2), 1961: 129—217, ill.
A i c h i n g e r E. und K u b i e n a W., Boden- und Vegetationsentwicklung einiger Kärntner Fichtenwälder. Carinthia II, 69 (149), 1959: 101—132.
A l b l A., Was wächst auf unseren im Kataster als „unproduktiv“ ausgeschiedenen Almparzellen? Carinthia II, 70 (150), (1), 1960: 82—86. — Behandelt die bezeichnenden Pflanzengesellschaften und „unproduktiven“ Flächen der Hochgebirgsstufe auf Kalk und auf Urgestein im westlichen Teile Kärntens (in den politischen Bezirken Villach, Spittal a. d. Drau und Hermagor).
B r a u n - B l a n q u e t J., siehe unter „Österreich als ganzes“ (S. 4).
F o r n a c i a r i G., Il Wolayer See ed il suo ambiente botanico (Alpi Carniche — versante Gailtal). Nuovo Giorn. Botan. Ital., n. s., 66 (1/2), 1959: 328—336.
K u b i e n a W., siehe A i c h i n g e r E.
K u n z H. und R e i c h s t e i n T., Kleine Beiträge zur Flora der Ostalpen. Phyton (Graz), 8 (3/4), 1959: 284—293. — Siehe *Gentiana orbicularis* (S. 555 u. S. 959).

M a y e r Ernest, Über einige bemerkenswerte Pflanzensippen aus den südöstlichsten Kalkalpen. Jahrbuch des Vereins zum Schutze der Alpenpflanzen und -tiere, 23. Jahrg., 1958: 125—132. — Behandelt im wesentlichen seltene Pflanzen Sloweniens. Einige derselben wachsen aber auch auf Kärntner Boden in den Karawanken, so *Cerastium julicum* Schellmann, *Thlaspi Kerneri* Huter und *Saxifraga Hohenwartii* Sternberg.
— Endemische Blütenpflanzen der südöstlichen Kalkalpen, ihres Voralpen- und illyrischen Übergangsgebietes. Ad annum Horti botanici Labacensis solemnem CL, Ljubljana 1960: 25—48, 2 Tafeln. — Slowenisch, mit deutscher Zusammenfassung (S. 43—45). — Von den 63 besprochenen Sippen kommen mehrere auch in Süd-Kärnten (Karawanken, Karnische Alpen) vor. Erwähnt seien: *Pedicularis julica* E. Mayer (Julische Alpen, Steiner Alpen u. Karawanken) und *Senecio rivularis* (W. et K.) DC. subsp. *pseudocrispus* (Fiori) E. Mayer [= *S. ovirensis* (Koch) DC. subsp. *Gaudini* (Schinz et Thellung) Cufodontis var. *pseudocrispus* (Fiori) Cufod.].
N e u d e c k e r J., Die Entwässerungen im Gailtal. Universum (Wien), 17, 1962 (3/4): 72—78, 3 Textbilder. — Betrifft auch den Einfluß auf die Vegetation.
R e i c h s t e i n T., siehe K u n z H.
T u r n o w s k y F., Der Wolayer See in der Karnischen Hauptkette. Carinthia II, 71 (151), 1961: 101—126. — Behandelt den Wolayer See und drei benachbarte Almtümpel in physikalischer, chemischer, zoologischer und botanischer Hinsicht. Unter den Pflanzen stehen natürlich die Algen im Vordergrund; doch werden auch die Blütenpflanzen der Ufer entsprechend berücksichtigt.

S. 37—41 u. S. 889/890, S a l z b u r g, neuere floristische Arbeiten. — Ergänzungen.

F i s c h e r Franz, Fünfter Beitrag zur Flora des Landes Salzburg. Mitteilungen der Gesellschaft für Salzburger Landeskunde, 102, 1962: 239—243. — Neu für Österreich: *Asplenium Ruta-muraria* × *A. viride* und *Rapistrum rugosum* subsp. *orientale*; neu für Salzburg: *Astrantia major* subsp. *carinthiaca* und mehrere verwilderte Arten; zahlreiche neue Fundorte.
— Pflanzendecke, in S a u b e r e r A. und Mitarbeiter, Naturkundlicher Führer für die Umgebung von Haus Rief, herausgeg. v. Verband österreichischer Volkshochschulen, Wien 1962, 103 Seiten. — Das Haus Rief, nordwestlich von Hallein, ist das Heim des Verbandes österreichischer Volkshochschulen. Die in dem Buch behandelte Umgebung reicht bis auf den Untersberg. Das von F i s c h e r verfaßte Kapitel (S. 20—27) behandelt die Auen an der Salzach, die Wälder, den Krummholzgürtel und die Matten des Untersberges, ferner Moore und Gewässer, die farnreichen „Trockenen Klammen" jenseits der Salzach usw. Alle Pflanzen werden mit den deutschen und lateinischen Namen genannt.
H ö f l e r K. und W e n d e l b e r g e r G., Botanische Exkursion nach dem „Märchenwald" im Amertal (Hohe Tauern). Verhandl. d. ZoBoG, 100, 1960 (ersch. 1961): 112—145, 2 Karten. — Darin u. a.: W e n d e l b e r g e r G. und H ö f l e r K., Zur Kenntnis des Piceetum subalpinum der Hohen Tauern (S. 116—130), und: W e n d e l-b e r g e r G., Farnhalden im Amertal (Athyrietum Filicis feminae Wendelberger 1960) (S. 140—145).
K r i s a i D. u R., Die Zwergbirken usw. 1959, siehe unter Oberösterreich.
R a d a c h e r M., Botanische Neufunde aus Salzburg. Natur und Land, 48, 1962 (2): 43—44. — *Alopecurus geniculatus* bei Lofer; *Galium vernum* am südl. Hochkönig bei 1250 m; *Eryngium campestre* auf Ödland in Bischofshofen.
W e n d e l b e r g e r G., siehe H ö f l e r K.

S. 42—50 u. S. 890/891, T i r o l und V o r a r l b e r g, neuere floristische Arbeiten. — Ergänzungen.

H a n d e l - M a z z e t t i Hermann Frh. v., Zur floristischen Erforschung von Tirol und Vorarlberg, VIII. Verhandl. d. ZoBoG, 100, 1960 (ersch. 1961): 162—183. — Darin u. a. zahlreiche sehr seltene *Salix*-Bastarde aus dem Gurgltal-Gebiet in den Ötztaler Alpen.
— Das Salobermoor bei Vils [NTi: Bezirk Reutte]. Natur und Land, 48, 1962 (1): 15—16, 1 Textbild.
— Das Wacholderwäldchen in der Errachau im Lechtale. Ebenda: 17—18.
L a w a l r é e A., Quelques Ptéridophytes du Zillertal superieur (Autriche). Bull. Soc. Bot. Belg., 94, 1962: 279—283, 1 Textbild.
B r a u n - B l a n q u e t J., siehe unter „Österreich als ganzes" (S. 4).

10

S. 61—75, **Pteridophyta.** — Ergänzungen und Verbesserungen.

S. 61, Gattg. *Lycopodium.* — Ergänzung zu „Systematik".
L ö v e Á. and L ö v e D., Cytotaxonomy and classification of Lycopods. Nucleus (Calcutta), 1, 1958: 1—10.

S. 62, Nr. 4 B u. S. 891/892, *Lycopodium Issleri* (Rouy) Lawalrée. — Syn.: *Diphasium Issleri* (Rouy) Holub, in Preslia, 32, 1960: 432; in der Gattung *Diphasium* wäre dies der giltige Name. — Diese Sippe ist nach L a w a l r é e gegenwärtig bestimmt eine gute eigene Art; eine weit zurückliegende hybridogene Entstehung aus *L. alpinum* × *L. tristachyon* hält er für möglich (Brief vom 16. VIII. 1961). Die von Frau Joan H. W i l c e (Amherst, Mass., U. S. A.) gegebene Deutung als neu entstandener Bastard wird von L a w a l r é e entschieden abgelehnt, da diese Sippe auch weit entfernt von den mutmaßlichen Stammeltern vorkommt und völlig konstant ist. — *I. Issleri* wurde bisher in den Bundesländern NÖ, OÖ, St, Kt, Sb und NTi festgestellt. Wegen Kennzeichnung und Verbreitung siehe H. M e l z e r in Mitteil. d. Naturw. Ver. f. Stmk., 92, 1962: 81.

S. 62, Nr. 4* u. S. 892, *Lycopodium Chamaecyparissus* A. Braun 1837. — Giltiger Name: *L. t r i s t a c h y o n* P u r s h 1816. — Syn.: *Diphasium Chamaecyparissus* (A. Braun) Á. et D. Löve (März 1961); *Diphasium tristachyon* (Pursh) Rothmaler; in der Gattung *Diphasium* wäre letzteres der giltige Name. — Siehe die folgende Art.

S. 62, Nr. 5, *Lycopodium complanatum* L. partim, emend. A. Braun 1837, non Wallroth 1840. — Syn.: *L. anceps* Wallroth 1840, non Presl 1830 (nach H o l u b 1960); *Diphasium complanatum* (L.) Rothmaler; in der Gattung *Diphasium* wäre letzteres der giltige Name. — Bei L i n n é umfaßte *L. complanatum* (abgesehen von den amerikanischen Sippen *tristachyon* und *flabelliforme*) die Sippen *Chamaecyparissus* und *anceps* Wallr. Die erste spezifische Trennung dieser beiden Sippen wurde 1837 von A. B r a u n vorgenommen. Durch die Aufstellung seines *L. Chamaecyparissus* wurde die Bedeutung des Namen *L. complanatum* auf die Sippe *anceps* Wallr. eingeschränkt. Dazu kommt, daß der Name *L. anceps* Wallr. 1840 wegen des älteren Homonyms *L. anceps* Presl 1830 unverwendbar ist, wie Josef H o l u b nachgewiesen hat; vgl. H o l u b J., Kleine Beiträge zur Flora der ČSSR, in Novitates botanicae et Delectus seminum etc. Horti botanici universitatis Carolinae Pragensis 1960: 3—9, speziell S. 4—6. — Das amerikanische *L. tristachyon* Pursh wurde bereits 1816 von *L. complanatum* L. abgetrennt. Von den meisten neueren Autoren wird *L. tristachyon* mit *L. Chamaecyparissus* vereinigt, so auch von Frau Joan H. W i l c e (Amherst, Mass., U. S. A.), die mit einer monographischen Arbeit über *Lycopodium* beschäftigt ist, auch von A. L a w a l r é e (Brief v. 16. VIII. 1961). Demnach will ich mich diesem Vorgang anschließen. Allerdings sind J. H o l u b sowie Á. u. D. L ö v e anderer Ansicht; sie halten *tristachyon* für eine rein amerikanische Sippe und nennen die europäische Pflanze *Chamaecyparissus.* Das *Lycopodium thyoides* Humb. et Bonpl. ist jedenfalls eine davon verschiedene Art des tropischen Amerika.

S. 62, Nr. 1, *Selaginella Selaginoides* (L.) Link. — Syn.: *S. ciliata* (Lam.) Opiz 1823; ist ungiltig, denn *Lycopodium ciliatum* Lam. 1778, bei dessen Veröffentlichung *Lycopodium selaginoides* Lin. als Synonym zitiert wird, ist ein „totgeborener" Name; außerdem hat das Epitheton *selaginoides* vor *ciliata* die Priorität.

S. 62 unten, Gattg. *Isoëtes.* — Nach der Überschrift ist einzuschalten:
S y s t e m a t i k. — F u c h s H. P., Historische Entwicklung der Nomenklatur und
Taxonomie der Gattung *Isoëtes* Linnaeus und ihrer mitteleuropäischen Vertreter.
Verhandl. d. Naturforsch. Ges. Basel, 70, 1959 (2): 205—232.

S. 63, Nr. 2, *Equisetum scirpoides* Michx. — Syn.: *Hippochaete scirpoides*
(Michx.) F a r w e l l, in Mem. New York Botan. Garden, 6, 1916: 467.

S. 64, Nr. 1 × 2, *Equisetum variegatum* × *E. scirpoides* = *E. Gamsii*
Janchen 1956. — Syn.: *E. arcticum* (Rothmaler sub *Hippochaete* 1944) Hylander 1953, non Ruprecht 1845, non Heer 1868, flora fossilis arctica, 1: 156, t. 29,
fig. 8. 9.

S. 64, Nr. 1/1, *Botrychium virgininianum,* davon in Europa nur s u b s p.
e u r o p a e u m (Å n g s t r.) R. C l a u s e n. — Wächst auch in NTi: zwischen
Plumser Joch und Pertisau am Achensee, Hermann H a n d e l - M a z e t t i,
ÖBZ, 96, 1949: 83.

S. 65, Gattg. 2, *Ophioglossum vulgatum* L. — Wächst auch in Sb: Salzach-
Au bei Weitwörth nächst Oberndorf (A. N e u m a n n 1962).

S. 65/66, Familie *Polypodiaceae.* — Ergänzung zu „Systematik“ und Verbreitung,
vgl. auch S. 893/894 u. S. 968.
E b e r l e G., Farne im Herzen Europas. Frankfurt a. M. (W. Kramer), 1959. 116 S.,
94 Bilder. — Eine leicht verständliche und zugleich wissenschaftlich gründliche
Darstellung aller mitteleuropäischen Farne von einem berufenen Kenner, mit präch-
tigen, vom Verf. selbst aufgenommenen Lichtbildern.
W a g n e r W. H., Problems in the classification of ferns. Recent Advances in Botany,
1961: 841—844.
L a w a l r é e A., Quelques Ptéridophytes du Zillertal supérieur (Autriche). Bull. Soc.
Bot. Belgique, 94: 279—283, 1962, 1 Textbild. — Verf. berichtet über bemerkenswerte Fundorte von *Matteuccia Struthiopteris, Athyrium distentifolium* (= *A. al-
pestre), Asplenium alternifolium* (= *A. septentrionale* × *A. Trichomanes), Dryopteris
Tavelii* (= *D. Filix-mas* × *D. Borreri*) und *Polystichum Luerssenii* (= *P. lobatum* × *P. Braunii*). Neu für Österreich ist: *Dryopteris Doeppii,* siehe zu S. 72,
Gattg. 12, Nr. 1 A × 5.

S. 66, Gliederung der Familie *Polypodiaceae.* — Statt „Tribus 8, *Aspidieae“* ist
zu setzen:
Tribus 8. *Dryopterideae: Dryopteris, Polystichum.*
Tribus 9. *Thelypterideae: Thelypteris, Phegopteris, Gymnocarpium.*

S. 66, Gattg. 2 u. S. 894, *Notholaena* bzw. *Cheilanthes.* — Systematik:
F u c h s H. P., The genus *Cheilanthes* Swartz and its European species. The British
Fern Gazette, 9 (2), 1961: 3—12. — Die Gattung *Notholaena* R. Br. wird vom Verf.
mit *Cheilanthes* Sw. vereinigt. Die in Österreich heimische Art heißt bei dieser Auf-
fassung *Cheilanthes Marantae* (L.) Domin 1915. Dieser Name wird auch in der neuen
Flora Europaea angenommen. Allerdings besteht für die Vereinigung kein triftiger
Grund. Bemerkenswert ist jedenfalls die cytologische Übereinstimmung beider
Gattungen (n = 29), nach F. F a b b r i, in Caryologia, 10, 1957: 388—390.

S. 66, Gattg. 2 u. S. 894, *Notholaena Marantae* (L.) D e s v. 1813 = *Cheilanthes Marantae* (L.) Domin. — Bei Robert B r o w n 1810 ist die Kombination *Notholaena Marantae* noch nicht gebildet, sondern nur angedeutet,
indem er sagt, daß in die (von ihm neu aufgestellte) Gattung *Notholaena* auch
Acrostichum Marantae L. gehört. — Wächst auch im Bgl: auf Serpentinfelsen
der Kleinen Plischa (nordöstl. v. Schlaining), sehr zahlreich (H. M e l z e r
1962); wächst ferner in St auch am Südhang des Trafößberges im Serpentingebiet von Kirchdorf a. d. Mur (gefunden von W. M a u r e r Graz, 1960).

S. 67, Gattg. 4, *Matteuccia.* — Nach der Überschrift ist einzuschalten:
N o m e n k l a t u r: *Matteuccia* Todaro 1866 ist ein nomen conservandum gegenüber
Struthiopteris Haller 1768, Willd. 1809 und *Pteretis* Rafin. 1818.

12

S. 67, Gattg. 6 u. S. 894, *Polypodium.* — Ergänzung zu „Systematik und Zytologie".
L e n s k i I., Nachweis von Paraphysen-tragenden Polypodien in Deutschland. Ber. d.
Deutsch. Botan. Ges., 75, 1962 (6): 189—192, 2 Tabellen.
S h i v a s M. G. (Mrs. T r e v o r W a l k e r), Contributions to the cytology and taxonomy
of species of *Polypodium* in Europe and America, I & II. Journ. Linn. Soc. London,
Botany, 58, nr. 370, 1961. I. Cytology: S. 13—25, 4 Textfig., 3 Taf.; II. Taxonomy:
S. 27—38, 9 Textfig., 1 Tafel. — Nach der Chromosomenzahl (n = 37) werden drei
Sippen unterschieden: diploid (2 n) ist *P. australe* Fée [= *P. cambricum* L. s. l.];
tetraploid (4 n) ist *P. vulgare* L. s. str.; hexaploid (6 n) ist *P. interjectum* Shivas,
n. sp. (siehe unten: Nr. 6/3).

S. 67, Gattg. 6, B, *Polypodium vulgare* L. subsp. *serrulatum* Arcang. —
Ist als eigene Art abzutrennen:

6/2. *P. c a m b r i c u m* L. 1753*). — Südlicher Tüpfelfarn, Gesägter T. —
Syn.: *P. australe* Fée 1850—52; *P. serratum* (Willd.) Sauter 1882, non
Aublet 1775; *P. vulgare* L. var. *serratum* Willd. 1810; *P. vulgare* L. subsp.
cambricum (L.) Arcang. 1882 und subsp. *serrulatum* (Schleich.) Arcang.
1882; *P. vulgare* L. subsp. *serratum* (Willd.) Christ 1900. — Hauptverbreitung: Mittelmeergebiet; zerstreut in West-Europa bis England.
Danach ist neu einzufügen:

6/3. *P. i n t e r j e c t u m* S h i v a s. — Mittlerer Tüpfelfarn. — Syn.: *P. vulgare* L. subsp.
prionodes (Aschers.) Rothmaler; *P. vulg.* var. *attenuatum* Milde forma *prionodes*
Aschers. — Diese im atlantischen Europa und in Nordwest-Deutschland heimische
Sippe wurde auch in Bayern gefunden, u. zw. mehrfach im Fränkischen Jura, ferner
bei Regensburg und in den Alpen (Valepp südlich vom Spitzingsee, nahe der österreichischen Grenze). Das Vorkommen in Österreich kann kaum zweifelhaft sein.

S. 67, Gattg. 7. *Woodsia.* — Ergänzung zu „Systematik".
M a y e r Ernest, Genus *Woodsia* R. Br. v. Jugoslaviji. [Die Gattung *Woodsia* R. Br. in
Jugoslavien.] Slovenska akademija znan. in umetn., razred za prirod. in medic. vede,
razprave, V: 7—21, 1 Textbild, 1 Karte. 1959. — Slovenisch, mit ausführlicher
deutscher Zusammenfassung. In Jugoslavien wachsen *W. ilvensis*, *W. alpina* und
W. pulchella, letztere mehrfach in den östlichen und auch in den westlichen Julischen
Alpen. Verf. vertritt mit Entschiedenheit die Auffassung von J. P o e l t, daß die auf
die Alpen beschränkte *Woodsia pulchella* Bertol. von der nordischen, zuerst aus dem
nördlichen Nordamerika beschriebenen *W. glabella* R. Br. spezifisch verschieden ist.
Vgl. auch Catal. S. 894/895 und die nächsten Zeilen.

S. 68, Nr. 7/3, *Woodsia pulchella* Bertol. 1858. — Syn.: *W. glabella* R. Br.
subsp. *pulchella* (Bertol.) Á. et D. Löve. — In der Verbreitung ist zu ergänzen:
Jugoslavien (Julische Alpen). — Die Sippe der Alpen verdient nach P o e l t
und E. M a y e r (siehe oben) den Rang einer eigenen Art. Die als *W. glabella*
R. Br. 1823 bekannte nordisch-zirkumpolare Art hat nach H. P. F u c h s
aus Prioritätsgründen den Namen *W. f o n t a n a* (L.) H. P. F u c h s, comb.
nova, zu führen, da das *Polypodium fontanum* L. 1753 zu dieser *Woodsia*
gehört und nicht zu *Asplenium Halleri* (Roth) DC. = *Asplenium fontanum*
(„L.") Bernh.

S. 68, Nr. 8/4, *Cystopteris regia* (L.) Desv. — Richtiger Name: *C. c r i s p a*
(G o u a n) H. P. F u c h s 1956. — Syn.: *Polypodium crispum* Gouan 1773;
Polypodium alpinum [Lam. 1778 partim], Wulfen in Jacq. 1788; *Polypodium
regium* auct., non L. 1753. — Durch eine äußerst gründliche Untersuchung
des schwierigen Nomenklaturfalles konnte H. P. F u c h s nachweisen, daß der
Name *Polypodium regium* L. 1753 zu *Asplenium foresiense* Le Grand 1773
gehört, welches demnach in *Asplenium regium* (L.) H. P. Fuchs 1956 umbenannt werden muß.

---

*) Der L i n n é sche Name bezeichnet ursprünglich eine durch tiefere Einschnitte
etwas abweichende, zuerst in England gefundene Form, die aber zweifellos zu der als
P. australe und *P. serratum* bekannten Art gehört.

S. 68, Gattg. 9, u. S. 895, *Asplenium*. — Ergänzungen zu „Systematik" und Zytologie.

E b e r l e G., Farne auf Serpentin. Natur und Volk, Ber. d. Senckenberg. Naturf. Ges., 87, 1957: 203—213, 8 Abb. — Behandelt *Asplenium adulterinum* und *A. Adiantum-nigrum* subsp. *serpentini* (d. i. *A. Forsteri)*.
— Streifenfarne in den Alpen und die Aufklärung der Entstehung ihrer bemerkenswertesten Mischlinge. Jahrbuch des Vereins zum Schutze der Alpenpflanzen und -Tiere, 24. Jahrg., 1959: 25—36, 6 Tafeln.
M e y e r D. E., Hybrids in the genus *Asplenium* found in Northwestern and Central Europe. American Fern Journal, vol. 50, nr. 1, 1960: 138—145, 3 Textbilder, 2 Tabellen. — Im angegebenen Gebiet wachsen 15 Arten und 23 reine Bastarde von *Asplenium*, ferner 3 Bastarde von *Asplenium*-Arten mit *Phyllitis Scolopendrium* (*Asplenophyllitis* Alston) und 1 Bastard von *Asplenium Ruta-muraria* × *Ceterach officinarum* (*Asplenoceterach badense* D. E. Meyer).
— Über Typus-Exemplare von *Asplenium*-Bastarden Mitteleuropas. Willdenowia, 2 (4), 1960: 519—531, 4 Textbilder. — Behandelt von den in Österreich vorkommenden Bastarden: *A. Forsteri* × *A. Trichomanes* = *A. wachaviense* Asch. et Gr. (Gurhofgraben bei Aggsbach), *A. Forsteri* × *A. viride* = *A. Woynarianum* Asch. et Gr. (Kirchdorf bei Pernegg) und *A. Trichomanes* × *A. adulterinum* = *A. trichomaniforme* Woynar (Traföß bei Pernegg), alle drei auf Serpentin. Die richtige Deutung der Typus-Exemplare wird vom Verf. bestätigt. Das sonstige Vorkommen dieser Bastarde wird hier nicht besprochen.
— Zur Zytologie der Asplenien Mitteleuropas, XXIV—XXVIII. Ber. d. Deutsch. Botan. Ges., 73, 1960 (9): 386—394, 1 Textbild; mit reichem Schriftenverzeichnis.
— Zur Zytologie der Asplenien Mitteleuropas (XXIX, Abschluß). Ber. d. Deutsch. Botan. Ges., 74, 1961 (9): 449—461, 4 Textbilder. — Verf. unterscheidet von *Asplenium Trichomanes* L. die diploide subsp. *bivalens* D. E. Meyer (kalkmeidend) und die tetraploide subsp. *quadrivalens* D. E. Meyer (kalkliebend).
— Über neue und seltene Asplenien Mitteleuropas. Ber. d. Deutsch. Botan. Ges., 75, 1962 (1): 24—34, 3 Textbilder. — Darin die Erstbeschreibung von *Asplenium stiriacum* D. E. Meyer = *A. lepidum* × *A. Trichomanes*.

S. 68, Gattg. 9, *Asplenium*. — Ergänzung zu „Verbreitung".
B e c h e r e r A., Über die geographische Verbreitung von *Asplenium Seelosii* Leybold. Bauhinia (Basel), 2 (1), 1962: 55—58.

S. 69, Nr. 2, *Asplenium Forsteri* Sadler 1820. — Giltiger Name: *A. c u n e ï f o l i u m* V i v i a n i 1806. — Nach den meisten neueren Autoren besteht keine spezifische Verschiedenheit.

S. 69, Nr. 4, u. S. 895, *Asplenium lepidum*. — St: Kanzel und St. Gotthard bei Graz, Zitoller Wand bei Deutsch-Feistritz, Peggauer Wand, Badlgraben, Röthelstein bei Mixnitz (bes. i. d. Umgebung der Drachenhöhle), Oberer Tollinggraben bei St. Peter-Freienstein (nordwestl. v. Leoben), durchwegs nach H. M e l z e r (Brief v. Oktober 1961); auch in der Bärenschütz bei Mixnitz (nicht ausgestorben!, vgl. Catal. S. 895, von D. E. M e y e r Sept. 1960 und von H. M e l z e r wiedergefunden). — Die auf S. 895 gebrachte Angabe aus Kärnten ist irrig; an der vermeintlichen Stelle (in der Schütt bei Villach) wächst nur *A. Ruta-muraria* (nach H. M e l z e r, Brief v. 19. XII. 1961). — Kennzeichnung, Standortsansprüche und Verbreitung von *A. lepidum* werden ausführlich besprochen von H. M e l z e r in Mitt. d. Naturw. Ver. f. Stmk., 92, 1962: 77—79.

S. 69, Nr. 8, *Asplenium Halleri* (Roth) DC. 1815. — Giltiger Name: *A. f o n t a n u m* B e r n h. (Februar 1799). — Syn.: *Athyrium Halleri* Roth (Sommer 1799). — Der B e r n h a r d i sche Name hat die Priorität vor R o t h und ist unabhängig von *Polypodium fontanum* L. Dieses bezieht sich teilweise auf *Woodsia glabella* R. Br., teilweise auf *Asplenium fontanum* und wird am besten als nomen ambiguum bzw. mixtum compositum ganz fallen gelassen. (Alles nach H. P. F u c h s, Brief v. 21. VIII. 1962.) — Ein sicherer Beleg für

den Fundort bei Heiligenblut befindet sich im Berliner Herbarium (nach
D. E. M e y e r, Brief v. 24. X. 1961).

S. 69. Nr. 8*, *Asplenium forisiense* (nicht *foresiense*). — Giltiger Name:
Asplenium regium (L.) H. P. F u c h s 1956. — Siehe unter *Cystopteris
regia*, zu S. 68, Nr. 8/4.

S. 70, *A s p l e n i u m* - B a s t a r d e. — Neu einzufügen:

4 × 5. *A. l e p i d u m* × *A. R u t a - m u r a r i a* = *A. J á v o r k a e*
Kümmerle. — NÖ: Hohe Wand (G. J. de J o n c h e e r e 1956,
H. M e l z e r 1961); Schnalzwände und Talhofenge oberhalb
Reichenau (H. M e t l e s i c s 1961). St: St. Peter-Freienstein
(nordwestl. v. Leoben) und Peggau (beides nach H. M e l z e r). —
Erstbeschreibung: K ü m m e r l e J. B., in Magy. Bot. Lapok, 21,
1923: 1—3, 1 Textbild; aus Albanien bei Kula Lums am Fuß des
Berges Galica Lums. Der gleiche Bastard war bereits 1873 von
B o r b á s im Banat gefunden worden; doch wurde der Beleg erst
1959 von D. E. M e y e r richtig erkannt. — Ausführliche Besprechung dieses Bastardes bei H. M e l z e r in Mitteil. d. Naturw. Ver.
f. Stmk., 92, 1962: 80.

4 × 9. *A. l e p i d u m* × *A. T r i c h o m a n e s* = *A. s t i r i a c u m* D. E.
M e y e r, in Ber. d. Deutsch. Botan. Ges., 75, 1962, (1): 27—29. —
St: Bärenschützklamm bei Mixnitz, bereits 1933 von M. S a l z-
m a n n gefunden, doch erst von D. E. M e y e r im Jänner 1961
richtig erkannt; neuerdings von H. M e l z e r ebenda gefunden (im
Sommer 1961) und auch auf dem Röthelstein bei Mixnitz (im Spät-
herbst 1961). — Ausführliche Besprechung dieses Bastardes bei
H. M e l z e r in Mitteil. d. Naturw. Ver. f. Stmk., 92, 1962: 80.

5 × 11. *A. R u t a - m u r a r i a* × *A. v i r i d e* = *A. M e y e r i* Rothmaler. — Sb:
Am Fuße der Elsbether Fager, oberhalb der Glasenbachklamm, auf Gosau-
konglomeratfels, von Franz F i s c h e r am 11. VIII. 1951 gefunden; siehe
F i s c h e r F., Fünfter Beitrag zur Flora des Landes Salzburg, in: Mitteilungen der Gesellschaft für Salzburger Landeskunde, Bd. 102, 1962:
239. — Nach Dr. Dieter E. M e y e r (Berlin-Dahlem), der das Originalexemplar untersucht hat, ist es kein Bastard, sondern ein monströses
Asplenium viride.

S. 70, *A s p l e n i u m* - B a s t a r d e. — Verbesserungen.

5 × 9. *A. Ruta-muraria* × *A. Trichomanes* = *A. C l e r m o n t i a e* S y m e
1886. — Syn.: *A. Preissmannii* Aschers. et Luerss. 1895.

6 × 9. *A. septentrionale* × *A. Trichomanes* = *A. g e r m a n i c u m* W e i s
1770*). — Syn.: *A. alternifolium* Wulf. in Jacq. 1781 (legitim);
A. Breyneï Retz. 1774, nomen illegitimum (bei der Veröffentlichung
wird *A. germanicum* Weis als Synonym zitiert). — NTi: Brandberg
östl. v. Mayrhofen (L a w a l r é e 1961, veröff. 1962).

10 × 11. *A. adulterinum* × *A. viride* = *A. Poscharskyanum* (H o f m a n n)
Preissmann, nicht (Hoffm.)!

S. 71 u. S. 896, Gattg. 9*. *Ceterach* Adans., Milzfarn, Schriftfarn. — Nach der
Überschrift ist einzuschalten:
A l l g e m e i n e s. — E b e r l e G., Altes und Neues vom Schriftfarn (*Ceterach offici-
narum*). Natur und Volk, Ber. d. Senckenberg. Naturforsch. Ges., 89, 1959: 229—236.
— Excerpta Botanica, sect. A, 2 (2), 1960: 185.

---

*) Soll nach Prüfung des Originalexemplares sicher hierher gehören und daher
giltig sein, sowohl nach H. P. F u c h s als auch nach D. E. M e y e r.

S. 71 u. S. 896. *Ceterach officinarum* DC. (in Lam. et DC. 1805). — Bgl: An Mauern der Burg Bernstein, sehr spärlich (leg. G. J. de Joncheere 1959).

S. 71, Gattg. 12, u. S. 896/897. *Dryopteris*. — Ergänzung zu „Systematik".

Karpowicz W., Vergleichende Studie über die in Polen vorkommenden Arten der Gattungen *Dryopteris* und *Thelypteris*. Acta Soc. Bot. Poloniae, 29 (2), 1960: 175 bis 198, 7 Tafeln. — Polnisch, mit englischer Zusammenfassung. Eingehende Behandlung der Unterscheidungsmerkmale, sowohl an den Gametophyten als auch an den Sporophyten.

Gaetzi W., Über den heutigen Stand der *Dryopteris*-Forschung unter besonderer Berücksichtigung von *Dryopteris Borreri* Newman. Bericht über die Tätigkeit (Jahrbuch) der St. Gallischen Naturwissenschaftlichen Gesellschaft während der Vereinsjahre 1959 und 1960, 77. Band, St. Gallen 1961: 3—73.

S. 71, Nr. 1 A, u. S. 897, *Dryopteris spinulosa* (O. F. Muell.) Watt 1869. — Giltiger Name: *D. carthusiana* (Vill.) H. P. Fuchs 1959 (Bull. Soc. Bot. France, 105: 339). — Syn.: *D. lanceolatocristata* („G. F. Hoffmann") Alston 1957; *Polypodium carthusianum* Vill. 1786; vix (an?) *Polypodium lanceolatocristatum* G. F. Hoffmann 1790; *Polypodium spinulosum* O. F. Muell. 1777, non Burmann 1768.

S. 72, Nr. 5, *Dryopteris paleacea*. — Richtiger Name: *D. Borreri* Newman 1854. — Syn.: *D. paleacea* (Sw.) Hand.-Mazz. 1908 partim; *D. paleacea* var. *Borreri* (Newm.) H. Wolf 1936 (Pollichia, n. F., 5: 89); *D. mediterranea* Fomin 1934. — Nach Ansicht der meisten neueren Farnforscher gliedert sich die *D. paleacea* in dem weiten Sinne von Handel-Mazzetti in drei geographische Rassen (Tropisch-Amerika; wärmeres Asien; Europa), welche Artrecht verdienen. In Asien wächst *D. paleacea* (D. Don) Hand.-Mazz. 1908 s. str. (= *D. Wallichii* Rosenstock 1917 = *Aspidium paleaceum* D. Don 1825). In Amerika wächst *D. paleacea* (Sw.) Christensen 1911 (= *Aspidium paleaceum* Swartz 1806).

S. 72, Nr. 6, *Dryopteris abbreviata* (DC.) Newman 1851. — Kleiner Wurmfarn. — Syn.: *D. propinqua* Drueri; *Polystichum abbreviatum* DC. (in Lam. et DC.) 1805; *Aspidium abbreviatum* (DC.) Poir. 1816; *Aspidium Filix-mas* var. *abbreviatum* (DC.) Borb. 1875; *Aspidium Filix-mas* forma *abbreviatum* (DC.) Aschers. et Graebn. 1896. — Bisher nachgewiesen aus Irland, England, Portugal, Spanien, Frankreich (bis in die Vogesen), Deutschland (bes. im Norden), Nord-Italien; wurde auch aus dem Banat angegeben. Ein Vorkommen in Österreich wäre möglich.

S. 72, Gattg. *Dryopterys*. — Unter den Bastarden ist einzufügen:

1 A × 5. *D. carthusiana* × *D. Borreri* = *D. Doeppii* Rothmaler. — NTi: Bei Alpbach (1 Stock); zwischen Mayrhofen und Brandberg (3 Stöcke); sämtlich von Lawalrée gefunden 1961, veröffentlicht 1962 (siehe zu S. 65/66). — Da in der Umgebung von Mayrhofen (Zillertal) reine *D. Borreri* anscheinend fehlt, während der Bastard *D. Tavelii* dort ziemlich häufig ist, so vermutet Lawalrée, daß es sich eher um *D. carthusiana* × *D. Tavellii* handelt, also um den Tripelbastard *D. carthusiana* × *D. Filix-mas* × *D. Borreri*. Dieser verdient aber einen eigenen Namen; ich nenne ihn *D. Lawalréei*.

S. 72, Nr. 4 × 5, u. S. 898. *Dryopteris Filix-mas* × *D. paleacea* = *D. Tavelii* Rothmaler. — St: Laßnitzklause bei Deutsch-Landsberg (Poelt 1960) und Gamlitz (Melzer 1960); Kt: nach H. Melzer häufig; NTi: Umgebung von Mayrhofen im oberen Zillertal s. hfg. u. auch andw. (Lawalrée 1961, veröff. 1962); auch nach Rothmaler an mehreren Stellen in NTi. —

Nach Ansicht neuerer Forscher ist *D. Tavelii* eine hybridogene „Species", die viel häufiger und verbreiteter ist als *D. paleacea* (*D. Borreri*), oftmals ohne die letztere vorkommt und wahrscheinlich in allen Bundesländern zu finden wäre.

S. 73, Gattg. 13, *Thelypteris*. — Ergänzung zu „Systematik und Nomenklatur". Karpowitsch W., siehe unter *Dryopteris* (zu S. 71).

S. 73, Gattg. 13, *Thelypteris*. — Aufteilung der Gattung. — Nach Ansicht vieler neuerer Farnsystematiker sind die drei im Catalogus als Sektionen angeführten Verwandtschaftskreise richtiger als eigene Gattungen zu bewerten. Diese heißen dann: *Thelypteris* Schmidel 1762 s. str., Sumpffarn (und Bergfarn), mit den zwei Sektionen *Oreopteris* (nur *Th. limbosperma*) und *Thelypteris* (nur *Th. palustris*); *P h e g o p t e r i s* Fée 1850 (= *Gymnocarpium* Newman 1851 partim), Buchenfarn, mit der einzigen Art *Ph. connectilis*; *G y m n o c a r p i u m* Newman 1851 pro parte majore, emend. Ching 1933 (= olim *Copelandia* H. P. Fuchs 1956, non Bresadola), Eichenfarn (und Kalkfarn), mit den Arten *G. Dryopteris* und *G. Robertianum*. — Falls man *Phegopteris* und *Gymnocarpium* vereinigt, müßte diese Gattung *Phegopteris* (1850) heißen, nicht *Gymnocarpium* (1851).

S. 73, Nr. 1, *Thelypteris limbosperma* (All.) H. P. Fuchs. — Syn.: *Th. Oreopteris* (Ehrh.) Slosson; *Dryopteris limbosperma* (All.) Becherer 1959; *Lastrea limbosperma* (All.) Holub et Pouzar 1961 (Preslia: 400), Heywood 1961 (später).

S. 73, Nr. 2, *Thelypteris palustris* (S. F. Gray) Schott. — Dieser Name ist und bleibt giltig. Die gegenteiligen Ausführungen auf S. 898/899 beruhen auf einem Irrtum und Mißverständnis. Wie H. P. F u c h s (a. a. O., 1958 bzw. Februar 1959) nachweist, ist *Polypodium pterioides* Lam. 1778 ein illegitimer Name, weil *Acrostichum Thelypteris* L. als Synonym zitiert wird und weil folglich unter *Polypodium* die Kombination *P. Thelypteris* (L.) Weis 1770 giltig gewesen wäre. Überdies wurde der Name *P. pterioides* bereits von L a m a r c k selbst für zwei verschiedene Arten gebraucht, nämlich außer für *Th. palustris* auch für *Th. limbosperma* (= *Th. Oreopteris*). — In der Synonymie ist zu verbessern: *Nephrodium Thelypteris* Strempel 1822 (Filicum Berolinensium Synopsis: 32), Desvaux 1827.

S. 73, Nr. 3, *P h e g o p t e r i s c o n n e c t i l i s* (M i c h x.) W a t t 1867. — Syn.: *Thelypteris Phegopteris* (L.) Slosson; *Phegopteris polypodioides* Fée 1850; *Phegopteris vulgaris* Mettenius 1856; *Polypodium connectile* Michx. 1803; *Lastrea Phegopteris* (L.) Bory.

S. 73, Nr. 4, *G y m n o c a r p i u m D r y o p t e r i s* (L.) N e w m a n 1851. — Syn.: *Thelypteris Dryopteris* (L.) Slosson; *Copelandia Dryopteris* (L.) H. P. Fuchs 1956; *Lastrea Dryopteris* (L.) Bory 1826.

S. 74, Nr. 5, *G y m n o c a r p i u m R o b e r t i a n u m* (G. F. H o f f m a n n) N e w m a n 1851. — Syn.: *Thelypteris Robertiana* (G. F. Hoffmann) Slosson; *Lastrea Robertiana* (G. F. Hoffmann) Newman 1844; olim *Copelandia Robertiana* (G. F. Hoffmann) H. P. Fuchs 1956; *Currania Robertiana* (G. F. Hoffmann) Wherry, non *Currania* Copeland 1909 s. str.

S. 74, Gattg. 14, u. S. 899, *Polystichum*. — Ergänzung zu „Systematik" und Zytologie.

S c h u m a c h e r A., Von den Schildfarnen Deutschlands. Aus der Heimat (Öhringen, Württemberg), **66**, 1958: 26—34, 2 Abb.

E b e r l e G., Unsere mitteleuropäischen Schildfarne (*Polystichum*) im Lichte neuer Erkenntnisse. Natur und Volk, Ber. d. Senckenberg. Naturforsch. Ges., 89, 1959: 407—414, 7 Bilder. — Excerpta Botanica, sect. A, 2 (2), 1960: 185. — Behandelt: 1. *P. Lonchitis*, 2. *P. lobatum*, 3. *P. Braunii*, 4. *P. setiferum* und 6 Bastarde, nämlich 1 × 2, 1 × 3, 1 × 4, 2 × 3, 2 × 4 und 3 × 4.

M e y e r D. E., Über einen neuen Farnbastard aus Kärnten. Ber. d. Deutsch. Botan. Ges., 72, 1959, Generalvers.heft, ersch. 1960. 1 Seite. — Betrifft *P. Braunii* × *P. Lonchitis* = *P. Eberleï* und die mögliche Entstehung des *P. lobatum* aus der gleichen Bastardverbindung. (Siehe dagegen M a n t o n und R e i c h s t e i n 1961.)

— Zur Gattung *Polystichum* in Mitteleuropa. Willdenowia, Band 2, Heft 3, März 1960: 336—342, 2 Textbilder. — Für die mitteleuropäischen Arten und Bastarde der Gattung *Polystichum* werden Schrifttums- und Abbildungsnachweise gebracht. Der Name *P. aculeatum* (L.) Roth wird mit guter Begründung abgelehnt; er ist bereits im Catalogus (S. 74) als nomen ambiguum rejiciendum bezeichnet.

M a n t o n I. und R e i c h s t e i n T., Zur Cytologie von *Polystichum braunii* (Spenner) Fée und seiner Hybriden. Ber. d. Schweiz. Botan. Ges., 71, 1961: 370—381, 9 Textbilder (18 Fig.). — Nach Ansicht der Verff. ist das tetraploide *P. lobatum* aus einer Kreuzung der beiden diploiden Arten *P. lonchitis* und *P. setiferum* hervorgegangen; dagegen ist das tetraploide *P. braunii* eine sehr alte Art.

S. 74, Nr. 2, u. S. 899, *Polystichum setiferum*, Südlicher Schildfarn (besser als Borsten-Sch.). — Die Angabe aus dem Blg ist zu streichen, sie beruht nach H. M e l z e r auf einer Verwechslung mit *P. lobatum* × *P. Braunii*; siehe Catal., S. 75.

S. 75 oben u. S. 899, *Polystichum*-Bastarde.

1 × 2. *P. lobatum* × *P. setiferum* = *P. Bicknellii* (Christ) Hahne. — Syn.: *Dryopteris Bicknellii* (Christ) Becherer.

3 × 4. *P. Braunii* × *P. Lonchitis* = *P. Eberleï* D. E. Meyer. — Wurde auch in NTi u. zw. im Zillertal gefunden (von D. E. M e y e r 1960 u. 1961).

S. 75 unten, Gattg. *Marsilia*. — Neue Schrift über Verbreitung:

N a g l W., Ein neuer Fundort des Kleefarnes (*Marsilia quadrifolia*). Natur und Land, 48, 1962 (1): 20, 1 Textbild.

S. 75 unten u. S. 899, *Marsilia quadrifolia* L. — Wächst im südl. Bgl in einem Fischteich nahe bei Güssing, sehr zahlreich (Walter N a g l, September 1961).

S. 75 unten, Gattg. *Salvinia*. — Neu einzufügen:

S. *a u r i c u l a t a* A u b l. — Kleingeöhrter Schwimmfarn. — Öfters als Zierpflanze in Aquarien kult. — In St in einem Fischteich bei Wundschuh (südl. v. Graz), reichlich, wohl ausgesetzt (A. H a c h t m a n n † 1958, M e l z e r 1959.) Ist nach M e l z e r in Mitteil. d. Naturw. Ver. f. Stmk., 92, 1962: 82 seither wieder verschwunden. — Heimat: Tropisches Amerika, von Cuba bis Paraguay.

S. 75 unten, ganz am Schluß ist anzufügen:

3. F a m i l i e. *A z o l l a c e a e*, A l g e n f a r n g e w ä c h s e. — Gattung *A z o l l a* L a m., Algenfarn.

A. f i l i c u l o i d e s L a m. — Großer Algenfarn. — Öfters als Zierpflanze in Aquarien kult. — In St in einem Fischteich bei Wundschuh (südl. v. Graz), reichlich, wohl ausgesetzt. (A. H a c h t m a n n † 1958, M e l z e r 1959). Ist nach M e l z e r in Mitteil. d. Naturw. Ver. f. Stmk., 92, 1962: 81/82 seither wieder verschwunden. — Heimat: Tropisches und subtropisches Amerika, von Californien bis Patagonien.

18

S. 76—86. *Gymnospermae.* — Ergänzungen und Verbesserungen.

S. 76 u. S. 900, *Coniferae.* — Ergänzungen zu „Systematik".

G r e g u s s P., Das Zitat auf S. 900 ist zu ergänzen wie folgt: Xylotomische Bestimmung
der heute lebenden Gymnospermen. Akadémiai kiadó. Budapest 1955. 308 S.,
1500 Mikrophot., 360 Taf., 8 Tabellen. — Verf. zieht aus seinen Erfahrungen
beachtenswerte stammesgeschichtliche Folgerungen, nicht nur für die Gymnospermen,
sondern auch für die Angiospermen. Siehe die Besprechung von G. W e n d e l-
b e r g e r, in Verh. d. ZoBoG, 98/99, 1959: 183—184.
B a n c h e r E., Unsere Nadelbäume. Universum (Wien), 15, 1960 (24): 737—741, 7 Textbilder. — Allgemein verständliche Besprechung der heimischen Arten.

S. 78, Gattg. 3, *Biota orientalis* (= *Thuja orientalis*). — Forstlich kultiviert auch in NÖ: bei Neulengbach (wenig). Verwildert auch mitunter, so in
NÖ an Felsen in der Mödlinger Klause reichlich (Hans B r u n n e r, Graz)
und auf dem Schloßberg von Staatz (H. M e l z e r), in St an der Peggauer
Wand, bei „St. Veit ob Graz" und bei „Frauenberg bei Leibnitz" (H a m b u r-
g e r, K o e g e l e r, M e l z e r). Siehe auch M e l z e r in Mitteil. d. Naturw.
Ver. f. Stmk. 92, 1962: 82.

S. 78, Nr. 4/1, *Thuja occidentalis* L. — Verwildert nur selten; bisher nur
in St festgestellt: an der Friedhofmauer von St. Veit bei Graz ein kleines
Exemplar (H a m b u r g e r 1948: 18, M e l z e r 1962: 82).

S. 78, Gattg. *Sequoia.* — Ergänzung zu „Verbreitung".

S u t t e r-K o l m a y r H., Die Kultur des Mammutbaumes *Sequoia Wellingtonia* in der
Steiermark. Phyton (Graz), 9 (1/2), 1960: 55—122, 1 Textbild. — Vgl. K o l m a y r H.
auf S. 78.

S. 78 unten, *Sequoia Wellingtonia.* — Wird in NÖ noch an folgenden
Stellen forstlich kultiviert: südwestlich von Göttweig (im Revier Klein-Wien)
etwa 90 Bäume seit 1956 (Nachkommen jener aus dem Revier Meidling im
Tale); bei Karlsbach südwestl. v. Ybbs (2 alte Bäume und junge Nachzucht);
südwestlich von Neulengbach (etwa 12 oder 14 Bäume, 45 bis 50 Jahre alt);
bei Porrau südöstlich von Hollabrunn (64 junge Bäume der Herkunft Göttweig
seit 1957, 1960).

S. 79, Nr. 5, *Abies Pinsapo* Boiss. — Wird auch in NÖ forstlich kultiviert
u. zw. bei Rohrbach am Südwestfuß des Hohen Lindkogels, 5 Bäume.

S. 80, Gattg. 3, *Tsuga americana* (Mill.) Farwell 1915. — Richtiger Name:
T s u g a c a n a d e n s i s (L.) C a r r i è r e 1855. — Syn.: *Pinus canadensis*
L. 1763; *Abies americana* Mill. 1768; *Abies canadensis* Michx. 1803, non Mill.
1768 (quae est *Picea alba*); *Picea canadensis* (L.) Link 1841. — Wird in NÖ
forstlich kultiviert u. zw. im Revier Anzbach bei Neulengbach 51 Bäume
(52jährig im Jahr 1962).

S. 80, Gattg. 4, *Picea.* — Ergänzung zu den Schriften über Verbreitung und
Ökologie:
S c h o b e r R., Die Sitka-Fichte. Eine biologisch-ertragskundliche Untersuchung. Frank-
furt a. M. (Sauerländer), 1962. XII u. 230 S., 80 Abb., 47 Tabellen.

S. 80, Gattg. 4. *Picea.* — Am Schluß der Schriften ist anzufügen:
M o r p h o l o g i e u n d T e r a t o l o g i e. — P o d h o r s k y J., Die Korkzieher- oder
Spiralfichte am Lanserkopf bei Innsbruck. Natur und Land, 46, 1960 (5): 125, mit Bild.

S. 81, Nr. 4, *Picea orientalis* (L.) Link. — Wird in NÖ forstlich kultiviert
u. zw. bei Neulengbach, etwa 40 Bäume.

S. 81, Nr. 6, *Picea falcata.* — Richtiger Name: *P. s i t c h e n s i s* (B o n g.)
C a r r. (1855). — Syn.: *Pinus sitchensis* Bongard (August 1832); *Abies fal-

cata Rafinesque (September 1832), nomen dubium; *Picea falcata* („Raf.")
Valck.-Suringar.

S. 82, Gattg. 5, *Larix*. — Ergänzung zu den Schriften über Verbreitung und
Ökologie:
M a y e r H., Gesellschaftsanschluß der Lärche auf Grundlage ihrer natürlichen Ver-
breitung in den Ostalpen. Angewandte Pflanzensoziologie, 17, 1962: 7—56, 16 Text-
bilder, 2 Tabellen.
S c h o b e r R., Die japanische Lärche. Eine biologisch-ertragskundliche Untersuchung.
Frankfurt a. M. (Sauerländer), 1953. XII u. 212 S., 82 Abb., 55 Tabellen.

S. 82, Nr. 5/1, *Larix leptolepis* (Sieb. et Zucc.) Gordon 1858. — Giltiger
Name: *L. K a e m p f e r i* (L a m b.) C a r r i è r e 1856 (Flore des Serres,
11: 97), Sargent 1898. — Syn.: *L. leptolepis* (Sieb. et Zucc.) hort. ex Endl.
1847 (Conif.: 338), Gordon 1858; *Pinus Kaempferi* Lambert 1832; *Abies leptolepis* Sieb. et Zucc. 1842; n o n *Larix Kaempferi* (Lindl.) Fortune ex Gordon
1858, quae est *Pseudolarix Kaempferi* (Lindl. sub *Abies* 1836) Gordon 1858.

S. 82 unten, u. S. 900, Gattg. *Pinus*. — Zu den Schriften betreffend die ganze
Gattung ist zu ergänzen:
M i r o v N. T., Biochemical geography of the genus *Pinus*. Recent Advances in Botany,
1961: 72—77.

S. 83 unten. — Ergänzung zu Systematik und Morphologie von *Pinus silvestris:*
S t a s z k i e w i c z J., Variation in recent and fossil cones of *Pinus silvestris* L.
Fragmenta floristica et geobotanica (Kraków), ann. 7, pars 1, 1961: 97—160, 31 Text-
bilder, 8 Tafeln. — Polnisch, mit englischer Zusammenfassung.

S. 83 unten. — Ergänzung zu „Verbreitung und Ökologie von *Pinus Mugo*".
M o r t o n F., Latsche, Kämpferin und Siegerin im Hochgebirge, I. Teil. Jahrbuch des
Vereins zum Schutze der Alpenpflanzen und -Tiere, 24. Jahrg., 1959: 98—101,
6 Tafeln.
— *Pinus Mugo* Turra var. *Pumilio* (Haenke) Zenari, Kämpferin und Siegerin im
Gebirge, II. Hauptteil. Arb. a. d. Botan. Stat. Hallstatt, Nr. 215, 1961, 76 Seiten.
— Desgl., III. Teil. Ebenda, Nr. 224, 1962. 41 S., 6 Textbilder. — Betrifft die Verhältnisse
auf dem Schafberg.

S. 84, Mitte. — Vor Nr. 4, *Pinus nigra,* ist einzuschalten:
3*. *P i n u s p o n d e r o s a* D o u g l. — Gelb-Kiefer. — Wird forstlich kultiviert im Bgl: bei Sauerbrunn und im Revier Fölik südwestl. v. Groß-
Höflein. — Heimat: Kalifornien und Oregon. — Ist dreinadelig; gehört
in die Sektion *Pseudostrobus,* die in der Untergattung *Diploxylon* an
erster Stelle einzuordnen ist.

S. 85, Nr. 9, *Pinus divaricata* (Ait.) Dum.-Cours. = *P. Banksiana* Lamb.
— Wird in NÖ auch im Großen Föhrenwald bei Wiener Neustadt und
(wenig) bei Ollersbach westl. v. Neulengbach kultiviert. — Diese Art hat nicht
befriedigt und wird zu weiteren Aufforstungen nicht mehr verwendet.

S. 86, Nr. 5 × 6, *Pinus silvestris* × *P. Mugo* = *P. Čelakovskiorum* Asch.
et Gr. 1897. — Syn.: *P. rhaetica* Brügg. 1886, Wettstein 1887, non Brügg.
1864 (quae est *P. engadinensis* × *P. uncinata*). — Auch in St (Moore bei
Aussee, mit den Stammeltern, K. R e c h i n g e r pater 1926).

S. 87—176, *Apetalae*. — Ergänzungen und Verbesserungen.

S. 87, Gattg. *Betula*. — Ergänzungen zu „Verbreitung und Ökologie" (siehe auch S. 901).

Hable E., Ein neues Vorkommen der Strauchbirke. Natur und Land, 47, 1961 (3): 64. — Behandelt das im Jahr 1958 von H. Schaeftlein (siehe unten) entdeckte reichliche Vorkommen der *Betula humilis* bei Aich nächst Mühlen (südöstl. v. Neumarkt in Stmk.).

Krisai D. u. R., Die Zwergbirken im oberösterreichischen Alpenvorland. Verh. d. ZoBoG, 98/99, 1959: 171—172. — Im Ibmer-Waidmoos-Komplex kommen *B. humilis* und *B. nana* noch gegenwärtig vor, erstere im Ibmer Moor, letztere im Waidmoos (bereits auf Salzburger Boden). Beide Arten sind sehr selten und durch fortschreitende menschliche Eingriffe gefährdet. Das nächste Salzburgische Vorkommen von *B. nana* ist Krögn bei Lamprechtshausen.

Schaeftlein H., Ein bemerkenswertes Vorkommen der Strauchbirke (*Betula humilis*) in Steiermark. Mitteil. d. Naturw. Ver. f. Stmk., 90, 1960: 109—112. — Behandelt ein reiches Vorkommen auf Mooren bei Mühlen südöstl. v. Neumarkt; es wurde vom Verf. 1958 entdeckt, 1959 genauer studiert. Vgl. Catalogus, S. 901.

S. 88, Nr. 1/1, *Betula lutea* Michx. fil. 1812. — Giltiger Name: *B. alleghaniensis* Britton 1904. — *B. lutea* ist ein illegitimer Name, weil bei seiner Veröffentlichung *B. excelsa* als Synonym zitiert wurde.

S. 88, Nr. 2, *Betula verrucosa* Ehrh. 1791. — Giltiger Name: *B. pendula* Roth 1788. — Nach den von W. Rothmaler eingesehenen Rothschen Original-Herbarexemplaren besteht kein Zweifel mehr, daß der Rothsche Name wirklich sicher hierher gehört und sich auf die wildwachsende Pflanze, nicht etwa auf eine Kulturform, bezieht. Siehe auch Mansfeld in Repert. 46: 63 und Rechinger K. H., in Hegi, 2. Aufl., III 1: 145, 1957.

S. 88, Nr. 5, *Betula humilis*. — OÖ: siehe Krisai 1959; St: siehe Schaeftlein 1960 und Hable 1961, ferner auf dem Edlacher Moor bei Trieben in Massenbeständen, teilweise bis mannshoch (H. Melzer 1962, brieflich).

S. 88, Nr. 6, *Betula nana*. — Sb: siehe Krisai 1959.

S. 88, Nr. 2 × 3, *Betula pendula* × *B. pubescens* = *B. rhombifolia* Tausch 1838. — Syn.: *B. Aschersoniana* Hayek 1908. — Vgl. Natho 1959 (Catalogus, S. 901). Dagegen wurde von K. H. Rechinger in Hegi 1957 *B. rhombifolia* zu *B. pendula* gestellt.

S. 88, Nr. 2 × 5, *B. pendula* × *B. humilis* = *B. Zimpelii* P. Junge. — St: Edlacher Moor bei Trieben, mehrere Sträucher (H. Melzer 1962, brieflich). — Neu für Österreich.

S. 88, Nr. 3 × 5, *B. pubescens* × *B. humilis* = *B. Warnstorfii* Hegi. — St: Edlacher Moor bei Trieben, mehrere Sträucher (H. Melzer 1962, brieflich). — Neu für Österreich.

— Die beiden vorstehenden Bastarde werden von K. H. Rechinger in Hegi, 2. Aufl., III 1: 162 nur aus Deutschland angegeben.

S. 88, Gattg. 2, *Alnus*. — Ergänzung zu „Verbreitung und Ökologie".

Werneck H. L. und Traunmüller J., Die Grünerle (*Alnus viridis* Chaix-DC.) im Bereiche des südlichen Böhmerwaldes (Mühlviertel und Waldviertel). Naturkundliches Jahrbuch der Stadt Linz, 1961: 151—174, 1 Karte, 1 Falttabelle.

S. 88/89, Nr. 2/1. *Alnus viridis* (Chaix) DC. — Syn.: *Alnus Alnobetula* (Ehrh.) Hartig. — Dazu:

b. var. *corylifolia* (Kerner) Asch. et Gr. 1911. — Syn.: *A. corylifolia* Kerner 1882. — In NTi u. OTi mehrfach.

c. v a r. *m i c r o p h y l l a* (A r v. - T o u v.) H e g i 1910. — Syn.: var. *parvifolia* Sauter; *A. microphylla* Arv.-Touv. 1879. — Sb u. NTi (Paß Thurn, Sistrans).

S. 89, Gattg. 5, *Corylus.* — Ergänzung zum Schriftenverzeichnis.
S o b e k J., Hazels (*Corylus*) and their cultivation. Praha 1957. 158 S., 97 Textbilder. — Besprechung in Excerpta Botanica, sect. A, Bd. 2, Heft 3, S. 222.

S. 90/91 u. S. 902/903, Gattg. *Castanea.* — Ergänzung zu „Verbreitung".
W e r n e c k H. L., in Schriften d. Ver. z. Verbrtg. naturw. Kenntn., Festschrift 1960: 190—193. — *C. sativa* ist zumindest in Bgl, NÖ, OÖ u. St nachweisbar ureinheimisch.

S. 91, Gattg. *Quercus.* — Zwischen Nr. 1 (*Qu. Cerris*) und Nr. 2 (*Qu. pubescens*) ist einzuschalten:
1*. *Q u. F a r n e t t o* T e n. (1813, sphalmate „*Frainetto*", corr. 1831 in Syll. plant. Napol.: 470). — Italienische Eiche. -— Syn.: *Qu. conferta* Kit. 1814. — Bgl: Kleine Plischa bei Alt-Hodis, auf Serpentin, 1 Strauch (G á y e r 1925, nach Verh. d. ZoBoG, 79, 1930: 345). Offenbar verwildert, da diese Art in West-Ungarn häufig forstlich kultiviert wird, wenn sie auch erst in östlicheren Teilen Ungarns bodenständig ist. — Allg. Verbrtg.: Süd-Italien, Balkanländer, Ost-Ungarn, Siebenbürgen. — Farnetto ist der Name des Baumes in Unter-Italien.

S. 91, Nr. 2, *Quercus pubescens.* — Am Schluß ist anzufügen: — Dazu:
b. v a r. *p e n d u l i n a* (K i t.) K e r n e r (ÖBZ, 26, 1876: 233) ex auct. hung. — Syn.: *Qu. pendulina* Kit., apud Schult., Österr. Flora, 2. Aufl., I, 1814: 620 u. Addit. Fl. Hung., 1864: 49; *Qu. lanuginosa* var *pendulina* (Kit.) Simk., Magyarország tölgyei, 1890: 29; *Qu. lanuginosa* subsp. *pendulina* (Kit.) Jávorka, Magyar Flóra, 1924: 251. Vgl. auch J á v o r k a, in Ann. Mus. Nat. Hung., 29: 84 und F r i t s c h, Exkfl., 3. Aufl., 1922: 52. — Hauptverbreitung in Ungarn. Aus Österreich nur bei Laxenburg (NÖ) angegeben. Ist kein Bastard mit *Qu. Robur!*

S. 92, Nr. 2 × 4 u. S. 903, *Quercus pubescens* × *Qu. Robur* = *Qu. Bedöi* Borb. 1886. — Syn.: *Qu. Kanitziana* Borb. 1887.

S. 92 u. S. 904, Gattg. *Juglans.* — Ergänzung zu „Systematik und Verbreitung".
W e r n e c k H. L., in Schriften d. Ver. z. Verbrtg. naturw. Kenntn., Festschrift 1960: 186—190. — *Juglans regia* L. var. *germanica* Bertsch ist in Bgl, NÖ, OÖ u. St ureinheimisch.

S. 93, Nr. 2/1, *Carya tomentosa.* — Giltiger Name: *C. a l b a* (L.) N u t t. 1818. — Syn.: *C. tomentosa* (Poir.) Nutt., nicht (Lam.) Nutt.

S. 94 u. S. 904, Gattg. *Populus.* — Ergänzung zu „Systematik".
R e c h i n g e r K.-H. (fil.), *Populus* L., in H e g i, Ill. Fl. v. MEur., 2. Aufl., Bd. III 1: 24—44, 8 Textbilder, 1 Tafel, 1957.
P o s p í š i l J., Affinity between asp (*Populus tremula* L.) and some other represen-tatives of the genus *Populus*. Lesnictvá, sborník Čechoslovenské Akademie zemědělských věd 31 (ser. m. 4), Praha: 1005—1016, 8 photos, 3 grafs, 1958. — Tschechisch, mit englischer Zusammenfassung.
M a r c e t E., Taxonomische Untersuchungen in der Sektion *Leuce* Duby der Gattung *Populus* L. Mitteil. d. Schweiz. Anstalt f. d. forstl. Versuchswesen, Bd. 37, 1961: 265—321, 7 Tafeln. — Behandelt Systematik und Morphologie von *Populus alba* L. und *P. canescens* (Ait.) Sm.

S. 95, Gattg. *Populus.* — N o m e n k l a t u r.
B o o m B. K., *Populus canadensis* Moench versus *P. euramericana* Guinier. Acta Botan. Neerland., 6, 1957: 54—59.

S. 95, Gattg. *Populus.* — Ergänzung zu „Kultur".

Die Pappel. Anbau, Pflege und Verwertung. Bearb. v. H. Z y c h a, E. R ö h r i g, B. R e t t e l b a c h, W. K n i g g e. Hamburg & Berlin, Parey, 1959. 121 S., 57 Abb.

S. 96, nach Nr. 9, *Populus deltoides,* ist einzuschalten:

9* (9 × 21). *P. d e l t o i d e s* ♀ × *P. S i m o n i i* ♂. — Von Prof. Dr. Wolfgang v. W e t t s t e i n gezüchtet. — Als Forstbaum in Bgl u. NÖ kult. u. zw. in den Leitha-Auen und bei Neubruck nächst Scheibbs.

S. 98, Nr. 19, *Populus tristis* Fischer. — Dunkelblättrige (Balsam-) Pappel, Düstere (Balsam-) Pappel. — Heimat: Nordost-Asien, nicht Himalaja!

S. 98, Nr. 20, *Populus* „Oxford". — Als Forstbaum kult. auch in NÖ, u. zw. in Auen und Windschutzstreifen. — Danach ist einzuschalten:

20* (19* × 16 D). *P.* „R o c h e s t e r". — Rochester-P. = *P. Maximoviczii* Henry × *P. nigra* subsp. *plantierensis* (Dode) W. Wettstein. — Als Forstbaum kult. in Bgl u. NÖ, u. zw. in Auen und Windschutzstreifen.

S. 98, Nr. 22, *Populus generosa* Henry. — Als Forstbaum im Bgl (in den Leitha-Auen) und in NÖ (Leitha-Auen und March-Auen von Hohenau bis Marchegg) kult.

S. 98, Nr. 23, *Populus trichocarpa* Torr. et Gray. — Wird in NÖ auch als Forstbaum kult., aber außerhalb der Auen.

S. 99/100 u. S. 904, 905, Gattg. *Salix.* — Ergänzungen zu „Systematik der ganzen Gattung".

R e c h i n g e r K. H. (fil.), *Salix* L., in H e g i, Ill. Fl. v. MEur., 2. Aufl., Bd. III 1, S. 44—135, 36 Textbilder, 5 Tafeln, 1957.

L e m k e W., Über das Erkennen von Weiden-Bastarden. Decheniana, 112, 1960: 243 bis 249.

N e u m a n n Alfred, in H a n d e l - M a z z e t t i H. v., Zur floristischen Erforschung von Tirol und Vorarlberg, VIII, Verh. d. ZoBoG., 100, 1960 (1961): 162—183, speziell S. 166. — Im Gebiet des Gurgltales in den Ötztaler Alpen hat A. N e u m a n n (derzeit an der Forstlichen Versuchsanstalt in Wien-Schönbrunn) ein Dutzend höchst seltener *Salix*-Bastarde aufgefunden, die für ganz Österreich neu, teilweise sogar überhaupt neu sind. Siehe weiter unten.

S. 100, Gattg. *Salix.* — Ergänzung zu „Systematik einzelner Arten und Artgruppen".

E b e r l e G., Begegnung mit den Gletscherweiden. Jahrbuch des Vereins zum Schutze der Alpenpflanzen und -Tiere, 23. Jahrg., 1958: 29—34, 3 Textbilder, 4 Tafeln.

S. 101, Gattg. *Salix,* Gliederung der Gattung. — K. H. R e c h i n g e r fil. in H e g i (siehe zu S. 99/100) bringt „im wesentlichen fußend auf F l o d e r u s" die nachstehende Gliederung, wobei die in Österreich nicht vertretenen Arten und Sektionen (arabische Zahlen) weggelassen wurden.

Untergattung I. *Amerina:* 1. *Pentandrae* (*S. pentandra*); 2. *Fragiles* (*S. fragilis, elegantissima, alba, babylonica*); 3. *Triandrae* (*S. triandra*).

Untergattung II. *Chamoetia:* 4. *Reticulatae* (*S. reticulata*); 5. *Herbaceae* (*S. herbacea*); 6. *Retusae* (*S. retusa, serpyllifolia*); 7. *Myrtosalices* (*S. alpina, breviserrata*).

Untergattung III. *Caprisalix:* 8. *Glaucae* (*S. glaucosericea*); 9. *Phylicifoliae* (*S. Hegetschweileri*); 10. *Nigricantes* (*S. nigricans, Mielichhoferi, caesia*); 11. *Capreae* (*S. caprea; cinerea, aurita; appendiculata, pubescens*); 12. *Myrtilloides* (*S. myrtilloides*); 13. *Fuscae* (*S. repens*); 14. *Arbusculoideae* (*S. foetida, Waldsteiniana*); 15. *Hastatae* (*S. hastata, glabra, rigida* [„cordata"]); 16. *Villosae* (*S. helvetica*); 17. *Viminales* (*S. viminalis, dasyclados*); 18. *Canae* (*S. Elaeagnos*); 19. *Purpureae* (*S. purpurea*); 20. *Pruinosae* (*S. daphnoides, acutifolia*).

S. 102, Nr. 4 B und S. 905, *Salix triandra* L. subsp. *amygdalina.* — Richtiger Name: s u b s p. *d i s c o l o r* (W i m m. et G r a b.) A r c a n g. 1882, A. Neumann 1955. — Syn.: subsp. *amygdalina* (L.) A. Neumann 1956;

var. *glaucophylla* Seringe 1815; *S. amygdalina* L. var. *discolor* Wimm. et Grab. 1829, Koch 1837.

S. 104, Nr. 22, *Salix nigricans* Sm. — Dazu:

B. subsp. *a l p i c o l a* (B u s e r) A. N e u m a n n. — Syn.: var. *alpicola* Buser; *S. alpicola* (Buser) Walo Koch. — Diese in der Schweiz ziemlich verbreitete, auch in Savoyen vorkommende Sippe wurde von Alfred N e u m a n n für NTi (Ötztaler Alpen) nachgewiesen.

S. 105, Nr. 35 C, *Salix repens* L. subsp. *rosmarinifolia* (L.) C. H a r t - m a n 1870, Čelak. 1871. — Wenn man *S. rosmarinifolia* L. als eigene Art abtrennt, dann gehört zu dieser auch die subsp. *angustifolia* (Wulf.) A. Neumann (= *S. angustifolia* Wulfen), wogegen die subsp. *argentea* (Sm.) G. et A. Camus (= *S. argentea* Sm.) bei *S. repens* L. verbleibt. Die Berechtigung der spezifischen Trennung ist strittig.

S. 105, vor Nr. 36, *Salix purpurea*, ist einzuschalten:

35*. *S. m y r t i l l o i d e s* L. — Moor-W., Heidel-W. — Sb: Heutal bei Unken (unweit der bayerischen Grenze), nächst der Heutal-Hütte, Streuwiese am Spirkenmoor, spärlich (von A. N e u m a n n im Herbst 1959 gefunden). — Allg. Verbrtg.: Bayern, Böhmen, Nord-Karpathen, Polen, Rußland, Finnland, Skandinavien, nördl. u. arkt. Asien, nördl. u. arkt. Nord-amerika; in Mooren und Torfsümpfen.

S. 106, Nr. 1 × 2. *Salix pentandra* × *S. fragilis* = *S. M e y e r i a n a* R o s t k o v ex Willd. 1811. — Syn.: *S. tinctoria* 1815.

S. 106, Nr. 2 × 5, *Salix fragilis* × *S. alba* = *S. rubens* Schrank. — Nach Catalogus aus Bgl, NÖ, OÖ, St bekannt, wurde von A. N e u m a n n auch für NTi (Dafl nächst Sellrain) nachgewiesen.

S. 107, *Salix*-Bastarde, neu einzufügen bzw. zu ergänzen:

9 × 20. *S. r e t u s a* × *S. H e g e t s c h w e i l e r i* = *S. a l p i g e n a* A. K e r n e r 1864. — Alp. v. NTi: Gurgltal (A. N e u m a n n). — Aus STi beschrieben, auch aus der Schweiz bekannt.

9 × 21. *S. r e t u s a* × *S. M i e l i c h h o f e r i* = *S. b r e u n i a* H u t e r exsicc. 1891, sec. Seemen 1910. — Syn.: *S. Fenzliana* Huter exsicc., sec. Buser 1940, non A. Kerner 1860 (quae est *S. retusa* × *S. gla-bra*). — Alp. v. St: Seetaler Alpen, Winterleitental, K. P i l - h a t s c h 1903, det. A. N e u m a n n. — Sonstiges Vorkommen: auf der Zeragalpe am Brenner, Ti (nach B u s e r).

9 × 22. *S. retusa* × *S. nigricans* = *S. Cotteti* Lagger. — Alp. v. NTi: Gurgl-tal (A. N e u m a n n). — Eine Angabe aus OTi war zweifelhaft.

11 × 20. *S. g l a u c o s e r i c e a* × *S. H e g e t s c h w e i l e r i*. — Alp. v. NTi: Gurgltal (A. N e u m a n n).

11 × 24. *S. g l a u c o s e r i c e a* × *S. a p p e n d i c u l a t a*. — Alp. v. NTi: Gurgltal (A. N e u m a n n).

S. 108, *Salix*-Bastarde, neu einzufügen:

14 × 16. *S. f o e t i d a* × *S. h e l v e t i c a* = *S. s p u r i a* H e e r ex Buser 1940. — Alp. v. NTi: Gurgltal (A. N e u m a n n). — Aus der Schweiz beschrieben.

14 × 20. *S. f o e t i d a* × *S. H e g e t s c h w e i l e r i*. — Alp. v. NTi: Gurgl-tal (A. N e u m a n n).

24

14 × 20 × 25. *S. foetida* × *S. Hegetschweileri* × *S. pubescens.* — Alp. v. NTi, Gurgltal, an der Mündung des Gaisbergtales (A. Neumann).

14 × 22 B. *S. foetida* × *S. nigricans* subsp. *alpicola.* — Alp. v. NTi: Gurgltal (A. Neumann).

18 × 20. *S. hastata* × *S. Hegetschweileri.* — Alp. v. NTi: Gurgltal (A. Neumann). — Aus der Schweiz bekannt.

18 × 25. *S. hastata* × *S. pubescens.* — Alp. v. NTi: Gurgltal (A. Neumann). — Aus der Schweiz bekannt.

S. 109, *Salix*-Bastarde, neu einzufügen bzw. zu ergänzen und zu verbessern:

19 × 24. *S. glabra* × *S. appendiculata* = *S. laxiflora* A. et J. Kerner. — Auch in St: Totes Gebirge, Bärensteig, K. Rechinger pater 1913.

22 B × 25. *S. nigricans* subsp. *alpicola* × *S. pubescens.* — Alp. v. NTi: Gurgltal (A. Neumann).

23 × 26. *S. caprea* × *S. aurita* = *S. capreola* A. Kerner. — Das Vorkommen in St ist höchst zweifelhaft geworden, da der Beleg des einzigen hierhergerechneten, bereits vom Finder selbst als unsicher bezeichneten Fundes (ÖBZ, 1920: 228) sich als reine *S. caprea* erwiesen hat (nach A. Neumann).

S. 110, *Salix*-Bastard, zu ergänzen:

23 × 32. *S. caprea* × *S. viminalis.* — St: Graz, kultiviert und mehrfach am Ragnitzbach und Leonhardbach, Schaeftlein 1958—1961.

S. 111, *Salix*-Bastard, zu ergänzen:

26 × 35. *S. aurita* × *S. repens* = *S. ambigua* Ehrh. — Auch in St: Kainisch bei Aussee, K. Rechinger pater 1922; Feeberggraben bei Judenburg, K. Pilhatsch 1912; Wörschacher Moor, Schaeftlein ca. 1935.

S. 112, *Salix*-Bastard, zu ergänzen:

32 × 36. *S. purpurea* × *viminalis* = *S. Helix* L. (= *S. rubra* Huds.). — Auch in St, wild u. kult.: Graz mehrfach, Schaeftlein; Fürstenfeld, Heinrich; Stainz, Troyer.

S. 114, Nr. 1/1/1, *Morus alba.* — Heimat: Nord-Indien und Mittel-Asien bis China.

S. 114, Nr. 1/1/2, *Morus rubra.* — Heimat: südöstl. NAm.

S. 114, Nr. 1/1/3, *Morus nigra.* — Heimat: Transkaukasien, Nord-Anatolien, Nord-Iran.

S. 114, Nr. 1/2, *Broussonetia papyrifera.* — Heimat: Ost-Asien.

S. 114, Gattg. 2/2, *Cannabis.* — Vor *C. sativa* ist einzufügen:
Zytologie und Genetik. — Köhler D., Ein Beitrag zur Physiologie und Genetik der Geschlechtsausprägung von *Cannabis sativa*. Planta, 56 (2), 1961: 150 bis 173, 15 Textbilder.

S. 144, Gattg. 2/2, *Cannabis sativa* L. subsp. *spontanea* Serebrijakova. — Heimat: Altai, Tienschan, Afghanistan, Transkaukasien.

S. 115, Nr. 1 × 2, *Ulmus carpinifolia* × *U. scabra* = *U. hollandica* Mill. — NÖ: Stifts-Auwald bei Melk, einzelner erwachsener Baum im Bestande, sicher wild, da mit den üblichen kultivierten Wirtschaftssorten der Holland-Ulme nicht übereinstimmend (A. N e u m a n n 1962).

S. 116, Nr. 1/1, *Parietaria erecta* Mert. et Koch. — Syn.: *P. officinalis* L. subsp. *erecta* (Mertens et Koch) Béguinot (1908 u. 1910).

S. 116, Nr. 1/2, *P a r i e t a r i a   d i f f u s a* M e r t. e t K o c h. — Syn.: *P. officinalis* L. subsp. *diffusa* (Mert. et Koch) Arcang. 1882; *P. ramiflora* Moench, illegitim, weil *P. judaica* Linn. als Synonym zitiert wird.

S. 117, Gattg. *Thesium*. — Nach der Überschrift ist einzufügen:
N o m e n k l a t u r. — H e n d r y c h R., Nomenclatural remarks on *Thesium ramosum*. Taxon, 10, 1961 (1): 20—23. — Der Name *Th. ramosum* Hayne 1800 ist durch *Th. arvense* Horvátovszky 1774 zu ersetzen.

S. 117, Nr. 3, *Thesium ramosum* Hayne 1800. — Giltiger Name: *T h. a r v e n s e* H o r v á t o v s z k y 1774.

S. 117, Nr. 8, *Thesium grandiflorum* (A. DC.) Hand.-Mazz. — Syn.: *Th. pyrenaicum* Pourr. subsp. *alpestre* (Brügg.) O. Schwarz 1949; *Th. pratense* Ehrh. var. *alpestre* Brügger 1886.

S. 117, Nr. 9, *Thesium tenuifolium* Sauter. — Syn.: *Th. alpinum* L. subsp. *tenuifolium* (Sauter) O. Schwarz 1949. — Wächst auch im Bgl.: Auf Serpentin im Gebiet von Bernstein und Redlschlag häufig, aber auch auf Dolomit westlich von Rechnitz und auf kalkreichen Schiefern auf dem Nordhang des Satzenriegels nördlich von Rechnitz (nach O. G u g l i a brieflich).

S. 118, Gattg. 1, u. S. 908, *Loranthus europaeus* L. — Aus St gibt M e l z e r (1961: 89 u. 1962: 82/83) eine ansehnliche Zahl weiterer Vorkommnisse bekannt, durchwegs in SSt u. SOSt, doch weniger reichlich als im Tiergarten von Herberstein.

S. 120, Nr. 1, *Rumex Acetosella* L. — Syn.: *Acetosella vulgaris* Fourr.

S. 120, Nr. 2, *Rumex tenuifolius* (Wallr.) Á. Löve. — Syn.: *Acetosella tenuifolia* (Wallr.) Löve.

S. 120, Nr. 3, *Rumex angiocarpus* Murbeck. — Wächst auch in St: bei Judenburg (nach M e l z e r brieflich).

S. 120, Nr. 4, *Rumex scutatus* L. — Syn.: *Acetosa scutata* (L.) Mill.

S. 120, Nr. 4 b, *Rumex scutatus* L. var. *hortensis* DC. (in Lam. et DC.) 1805, Gaudin 1828.

S. 120, Nr. 5, *Rumex nivalis*. — Steht hier irrtümlich hinter *R. scutatus*, wogegen er richtig hinter dem ihm nächst verwandten *R. arifolius* einzuordnen wäre, wie aus der Gliederung der Gattung (S. 120 oben) klar ersichtlich ist. — Syn.: Siehe Catal. S. 909; ferner: *Acetosa pratensis* Mill. subsp. *nivalis* (Hegetschw.) Á. Löve.

S. 120, Nr. 6, *Rumex Acetosa* L. — Syn.: *Acetosa pratensis* Mill.

S. 121. Nr. 7, *Rumex ambiguus* Grenier (in Gren. et Godr.) 1855. — Syn.: *Acetosa ambigua* (Gren.) Löve; *Acetosa pratensis* Mill. subsp. *ambigua* (Gren.) Á. Löve. — Der Name *R. rugosus* Campdera 1819 gehört nicht hierher, sondern zu *R. arifolius* All. var. *amplexicaulis* Gautier.

S. 121, Nr. 8, *Rumex thyrsiflorus* Fingerhuth. — Syn.: *Acetosa thysiflora* (Fingerhuth) Löve.

S. 121, Nr. 9, *Rumex arifolius* All. 1785. — Syn.: Siehe Catal. S. 909; ferner: *Acetosa pratensis* Mill. subsp. *alpestris* (Scop.) Á. Löve; *Rumex alpestris* Jacq. 1762 partim (= *R. scutatus* + *R. arifolius*), nomen ambiguum rejiciendum, *Lapathum alpestre* (Jacq.) Scop. 1772 partim (= *R. scut.* + *R. ar.*), nomen ambiguum rejiciendum.

S. 122, Nr. 22, *Rumex Hydrolapathum* Huds. — Fehlt in St (M e l z e r brieflich).

S. 122, Nr. 23 A, *Rumex obtusifolius* L. subsp. *obtusifolius.* — Syn.: *R. Friesii* Grenier (in Gren. et Godr.) 1855, non Areschoug 1836.

S. 122. Nr. 23 D, *Rumex obtusifolius* L. subsp. *subalpinus* (Schur) K. H. R e c h g r. f i l. 1932, nicht „(Schur) Simk.".

S. 127, Nr. 2, *Rheum officinale.* — Heimat (berichtigt): Südwest-China, Südost-Tibet, Burma. — Versehentlich steht im Catalogus bei *Rh. officinale* die für *Rh. Rhaponticum* bestimmte Heimatangabe.

S. 127, Nr. 3, *Rheum Rhaponticum.* — Heimat: Südwest-Sibirien, Mittel-Asien, Bulgarien (Rhodope-Gebirge, ob sicher ursprünglich?).

S. 127, Gattg. 4, *Polygonum.* — Ergänzung zu „Systematik".

S c h o l z H., Bestimmungsschlüssel für die Sammelart *Polygonum aviculare.* Verhandl. d. Botan. Ver. Prov. Brandenburg, 98—100, 1960: 180—182. — Vgl. S c h o l z H., Die Arten und Sippen usw. in Ber. d. Deutsch. Botan. Ges., 72, 1959: 63—72, mit Inhaltsangabe im Catalogus, S. 910. Gegenüber den dort angeführten Namen ist *P. rectum* (Chrtek) Scholz in *P. heterophyllum* Lindman emend. umbenannt; das nordische *P. boreale* (Lange) Small ist weggelassen.

S. 127, Gattg. 4, *Polygonum.* — Nach den Schriften über „Systematik" ist anzufügen:

N o m e n k l a t u r. — F u c h s H. P., Schweizerisches Vorkommen und Nomenklatur von *Polygonum alpinum* Allioni. Berichte d. Schweiz. Bot. Ges., 71, 1961: 339—357. — Das „Auctuarium", in welchem *P. alpinum* veröffentlicht wurde, ist wahrscheinlich erst 1776 erschienen. Trotzdem bleibt der Name giltig, da *Polygonum undulatum* Murray 1774 wegen des älteren Homonyms *P. undulatum* (L.) Bergius 1767 ungiltig ist. Bei der allfälligen Übertragung in die Gattung *Pleuropteropyrum* gilt daher *Pl. alpinum* (All.) Koidzumi, nicht *Pl. undulatum* (Murr.) Á. et D. Löve.

S. 128, Nr. 1 u. S. 910, *Polygonum alpinum* All. — Syn.: *Pleuropteropyrum undulatum* (Murr.) Á. et D. Löve.

S. 128, Nr. 7, u. S. 910, *Polygonum tinctorium* Lour. — Syn.: *Persicaria tinctoria* (Lour.) H. Gross.

S. 128, Nr. 8 E, *Polygonum lapathifolium* L. subsp. *danubiale* (Kerner) Danser 1921. — Syn.: *Pol. lap.* subsp. *Brittingeri* (Opiz) Jávorka 1923, Rechgr. fil. 1958; *Persicaria lapathifolia* (L.) S. F. Gray subsp. *danubialis* (Kerner) Á. et D. Löve.

S. 129, Nr. 8 F, *Polygonum lapathifolium* L. subsp. *pallidum* (With.) Fries 1839, Rechgr. fil. 1958. — Syn.: *Pol. lap.* subsp. *tomentosum* (Schrank) Danser 1921.

S. 129, Nr. 13, u. S. 910/911, *Polygonum aviculare* L. — Nach K. H. R e c h i n g e r fil. in H e g i, 2. Aufl., III 1: 423—426, 1958, kommen für Österreich folgende Kleinarten in Betracht:

13 A. *P. aviculare* L. s. str. — Syn.: *P. heterophyllum* Lindman 1912. — In Österreich wohl die häufigste Kleinart, vor allem ihre Varietät:

b. v a r. *p r o c u m b e n s* (G i l i b.) H a y n e 1817. — Chromosomen: 2 n = 60.

13 B. *P. rurivagum* Jordan 1857. — Syn.: *P. aviculare* L. subsp. *rurivagum* (Jord.) Rouy 1910; *P. heterophyllum* Lindm. subsp. *rurivagum* (Jord.) Lindman 1912. — Chromosomen: 2 n = 60.

13 C. *P. aequale* Lindman 1912. — Syn.: *P. arenastrum* Boreau 1857 partim, emend. Á. et D. Löve. — Chromosomen: 2 n = 40.

13 D. *P. calcatum* Lindman 1904. — Syn.: *P. aviculare* L. subsp. *calcatum* (Lindm.) Thellung 1914; *P. arenastrum* Boreau subsp. *calcatum* (Lindm.) Á. et D. Löve. — Chromosomen: 2 n = 40.

S. 130, Gattg. 5, u. S. 912, Gattg. 5*, *Reynoutria*. — Nr. 1, *R. baldschuanica*, u. Nr. 2, *R. Auberti*, werden mitunter auch zu *Bilderdykia* gestellt und heißen dann *B. baldschuanica* (Regel) D. A. Webb bzw. *B. Auberti* (L. Henry) Moldenke 1939.

S. 131, Gattg. 6, *Fagopyrum*. — Nach der Überschrift ist einzufügen:
Kultur und Nutzung. — Domin K., Užitké rostliny (Nutzpflanzen, 1944): 550 bis 561, Abb. 184—186. — Behandelt *F. sagittatum* und *F. tataricum*.

S. 131 u. S. 912/913, Ordnung *Centrospermae*. — Ergänzung zu „Systematik".
Friedrich H. Ch., *Centrospermae* (Allgemeines), in Hegi, Ill. Fl. v. MEur., 2. Aufl., Bd. III 2, Liefg. 1, 1959: 453—457, 6 Textbilder. — In geringer Abweichung von der im Jahr 1956 veröffentlichten Gliederung (vgl. Catal. S. 912) bringt der Verf. hier die Unterreihen und Familien in folgender Anordnung: I. UR. *Phytolaccineae: Phytolaccaceae, Nyctaginaceae, (Gyrostemonaceae, Achatocarpaceae), Tetragoniaceae, (Molluginaceae), Ficoidaceae (= Mesembrianthemum s. l.);* II. UR. *Chenopodiineae: Amarantaceae, Chenopodiaceae, (Dysphaniaceae), Illecebraceae (= Paronychiaceae);* III. UR. *Caryophyllineae: Caryophyllaceae;* IV. UR. *Portulacineae: Portulacaceae, Basellaceae.* Die V. UR. *Plumbaginineae* (Fam. *Plumbaginaceae*) bleibt hier außer Betracht.
Buxbaum F., Vorläufige Untersuchungen über Umfang, systematische Stellung und Gliederung der *Caryophyllales (Centrospermae)*. Beiträge zur Biologie der Pflanzen, 36 (1), 1961: 1—56, 11 Abb. — Verf. betrachtet als ursprünglichste Familie dieser Ordnung die *Phytolaccaceae* (übereinstimmend mit Friedrich, siehe oben) und vertritt sehr entschieden eine Ableitung derselben von *Illiciaceae,* d. i. ein Teil der *Magnoliaceae* im weiteren Sinn. Die Gliederung in Unterreihen weicht von Friedrich etwas ab: I. UR. *Phytolaccineae: Phytolaccaceae;* II. UR. *Cactineae: Aïzoaceae, Cactaceae, Portulacaceae;* III. UR. *Nyctaginineae: Nyctaginaceae, Basellaceae;* IV. UR. *Chenopodiineae: Amarantaceae, Batidaceae, Chenopodiaceae;* V. UR. *Caryophyllineae: Caryophyllaceae.*

S. 131 u. S. 913, Familie *Chenopodiaceae*. — Ergänzung zu „Systematik".
Aellen P., *Chenopodiaceae*, in Hegi, Ill. Fl. v. MEur., Bd. III 2: 533—747, 77 Textbilder, 1 Farbtafel.

S. 133, Nr. 7 A b, *Chenopodium album* subsp. *viride* var. *pedunculare*. — Syn.: *Ch. viride* L. subsp. *pedunculare* (Bertol.) Á. et D. Löve.

S. 133, Nr. 7 A c, *Ch. album* subsp. *viride* var. *glomerulosum*. — Syn.: *Ch. viride* L. subsp. *glomerulosum* (Rchb.) Á. et D. Löve.

S. 133, Nr. 7 A d, *Ch. album* subsp. *viride* var. *paucidens*. — Syn.: *Ch. viride* L. subsp. *paucidens* (J. Murr) Á. et D. Löve.

S. 134, Nr. 15, *Chenopodium hircinum*. — Eingeschleppt (vorübergehend) in St: Graz, auf einem Müllplatz 1960 einige Exemplare (Melzer 1962: 83).

S. 135, Nr. 7 × 14, *Chenopodium album* × *Ch. Berlandieri* = *Ch. variabile* Aellen 1929. — *Ch. subcuneatum* J. Murr 1913 war vom Autor unrichtig gedeutet; es ist kein Bastard. [Nach Aellen, in Hegi, 2. Aufl., III 2: 657, 1960.]

S. 137, Nr. 5, *Atriplex nitens.* — Syn.: *A. hortensis* L. subsp. *nitens* (Schkuhr) Pons 1902. — Statt *A. desertorum* ist der giltige Name: *A. Aucheri* Moq. 1840.

S. 137, Gattg. 4, *Eurotia* Adans. 1763. — Syn.: *Krascheninnikovia* Güldenstaedt 1772.

S. 137, Gattg. 4, *Eurotia ceratoides* (L.) C. A. Mey. 1833. — Syn.: *Krascheninnikovia ceratoides* (L.) Güldenstaedt 1772.

S. 137, Gattg. 5, S. 914 u. S. 969, *Beta.* — Vor „Kultur und Nutzung" (S. 914) ist einzuschalten:

M o r p h o l o g i e.—B a r o c k a K. H., Untersuchungen an Blüte und Knäuel von *Beta vulgaris* L. Zeitschr. f. Pflanzenzüchtung, 42, 1960: 51—67, 28 Textbilder.

S. 137, Gattg. 5 u. S. 969, *Beta vulgaris* L. — Läßt sich gliedern wie folgt:

A. subsp. *maritima* (L.) Arcang. 1882, Thellung 1912. — Syn.: *B. vulgaris* L. var. *maritima* (L.) Koch 1837; *B. maritima* L. 1762; *B. vulgaris* L. var. *perennis* L. 1753; *B. vulg.* subsp. *perennis* Aellen in Hegi 1960. — An den Küsten des Mittelmeeres sehr weit verbreitet, auch an den atlantischen Küsten Europas, ostwärts bis Mesopotamien und Ostindien. Die wichtigste Stammpflanze von Kultursippen der Gattung *Beta.* — Vorübergehend eingeschleppt in St (bei Graz, vgl. Catal. S. 914).

B. subsp. *macrocarpa* (Guss.) Thellung 1912. — Syn.: *B. vulgaris* L. var. *macrocarpa* (Guss.) Moq. in DC. 1849; *B. macrocarpa* Guss. 1827. — An den Mittelmeerküsten von Spanien, Sizilien, Insel Linosa, Griechenland, Algerien und Cyrenaica. Gleichfalls eine Stammpflanze von Kultursippen, teils rein, teils in Kreuzung mit der vorigen Unterart.

C. subsp. *Cicla* (L.) Döll 1843, Arcang. 1882. — Syn.: *B. vulgaris* L. convar. *Cicla* (L.) Alef. 1866; *B. vulg.* var. *Cicla* L. 1753; Koch 1837; *B. cicla* L. 1767; *B. vulg.* convar. *vulgaris* Mansfeld 1959*). — Mangold. — Dazu:
   b) v a r. *l a t i n e r v i a* S p e n n e r 1834. — Syn.: var. *macropleura* Alefeld 1866; forma *macropleura* (Alef.) Becker-Dillingen 1929; provar. *flavescens* („DC.") Helm 1957, vix var. *flavescens* DC. 1805. — Rippenmangold, Stielmangold, Stengelmangold.

D. s u b s p. *r a p a c e a* (K o c h) D ö l l 1843. — Syn.: convar. *crassa* Alef. 1866, Mansfeld 1959; var. *rapacea* Koch 1837; subsp. *esculenta* (Salisb.) Becker-Dillingen 1928; subsp, *vulgaris* sensu Catal. 1956. — Runkelrübe. — Umfaßt folgende Varietäten:
   a) var. *alba* DC. 1805 (amplif.) — Futterrübe, Burgunderrübe.
   b) var. *altissima* Döll 1843. — Syn.: var. *saccharifera* Alef. 1866. — Zuckerrübe.
   c) v a r. *c o n d i t i v a* A l e f. 1866. — Syn.: var. *rubra* DC. 1805, non L.**). — Rote Rübe.

S. 138, Nr. 2, *Kochia densiflora* Turcz. — Syn.: *K. Scoparia* (L.) Schrad. subsp. *densiflora* (Turcz.) Aellen 1961, in H e g i, 2. Aufl. als giltiger Name.

---

*) Nach M a n s f e l d soll diese Sippe als nomenklatorischer Typus von *B. vulgaris* L. aufzufassen sein. In diesem Falle wäre aber der Name *vulgaris* für jede infraspezifische Sippe als nomen ambiguum abzulehnen.

**) *B. vulgaris* L. var. *rubra* L. 1753 ist ein Mangold mit roter Außenhaut der Wurzel, gegenwärtig anscheinend nicht mehr in Kultur.

S. 138, Nr. 4, *Kochia arenaria* (Maerklin) Roth. — Giltiger Name:
K. l a n i f l o r a (S. G. G m e l.) B o r b á s. — Syn.: *Salsola laniflora* S. G.
Gmel.; vgl. A e l l e n, in H e g i, 2. Aufl., Bd. III 2, S. 706, Fußnote (1961).

S. 138, Gattg. 9, u. S. 914, *Salsola Kali.* — Davon findet sich in Österreich wildwachsend a u s s c h l i e ß l i c h:
B. s u b s p. *r u t h e n i c a* (I l j i n) S o ó. — Die in OÖ und St eingeschleppten Pflanzen dürften vermutlich gleichfalls dazu gehören.

S. 139, Nr. 10/2, u. S. 914, *Suaeda pannonica* Beck. — Syn.: *S. maritima*
(L.) Dum. subsp. *pannonica* (Beck) Soó 1960. — Soó sagt, sie „trennt sich
nicht scharf von dem Formenkreise der *S. maritima* ab". Im Gebiet des Neusiedler Sees sowie im Laaer Becken erscheint sie immer scharf getrennt.

S. 139, Nr. 12/2, *Corispermum hyssopifolium* L. — Giltiger Name:
C. l e p t o p t e r u m (A s c h e r s.) I l j i n 1929. — Schmalflügeliger Wanzensame. — Syn.: *C. hyssopifolium* L. var. *leptopterum* Aschers. 1882; *C. hyssopifolium* auct. europ. pro max. parte, non L. s. str.; vgl. A e l l e n, in H e g i,
2. Aufl., Bd. III 2: 720 (1961).

S. 139, Gattg. 13 u. S. 914, *Salicornia.* — Nach der Überschrift ist einzufügen:
S y s t e m a t i k. — K ö n i g D., Beitrag zur Kenntnis der deutschen Salicornien. Mitteil.
    d. Flor.-soziol. Arbeitsgemeinschaft, n. F., 8: 5—58, 21 Textbilder, 8 Tafeln. 1960.
S o ó R., Über südosteuropäische Salicornien. Acta Botanica Acad. Sci. Hung., 6 (3/4),
    1960: 397—403, 2 Textbilder.

S. 139, Gattg. 13 u. S. 914, *Salicornia europaea* L. — Syn.: *S. herbacea*
L. — Innerhalb dieser Gesamtart unterscheidet S o ó (siehe oben) drei Kleinarten. Die L i n n é schen Namen sind für keine davon anwendbar. In Österreich wächst nur die diploide (2 n = 18) Kleinart *S. r a m o s i s s i m a*
W o o d s 1851; Syn.: *S. patula* Duval-Jouve 1868; *S. brachystachys* (G. F.
W. Meyer) König 1960; sie wächst auch in Mähren, Ungarn und Rumänien.
Die tetraploide (2 n = 36) Kleinart *S. stricta* (Poir.) Dum. 1866 wächst in
Mittel-Deutschland und in den baltisch-atlantischen Küstengebieten Europas.
Als dritte Kleinart unterscheidet S o ó die *S. Simonkaiana* Soó (= *S. ramosissima* subsp. *Simonkaiana* Soó), die in Ungarn, Rumänien und Bulgarien
heimisch ist und morphologisch zwischen den beiden anderen Kleinarten
ungefähr die Mitte hält. — Vgl. auch A e l l e n in H e g i, 2. Aufl., Bd. III 2,
S. 728/729 und S. 731/732 (1961).

S. 140 u. S. 917, Gattg. *Amarantus.* — Ergänzung zu „Systematik".
S a u e r J., Recent migration and evolution of the dioeceous Amaranths. Evolution, 11,
    1957: 11—37, 5 Fig., 5 Taf.
G r a n t W. F., Cytogenetic studies in *Amaranthus*, 3. Chromosome numbers and phylogenetic aspects. Canad. Journ. Genet. Cytol., 1, 1959: 313—328.

S. 140, Nr. 1, *Amarantus silvester.* — Der richtige Autor ist V i l l. 1807.
— Bei Desf. 1804 ist der Name ein nomen nudum. — In der Synonymie ist
einzufügen: *A. graecizans* L. var. *silvester* (Vill.) Aschers. 1867, Aellen (in
Hegi, 2. Aufl.) 1961; *A. angustifolius* Lam. var. *silvester* (Vill.) Thellung
1914.

S. 140, vor Nr. 2 ist einzuschalten:
1*. *A m a r a n t u s g r a e c i z a n s* L. 1753. — Griechischer Fuchsschwanz.
— Syn.: *A. graecizans* L. var. *graecizans* (nach A e l l e n, in H e g i,
2. Aufl., III 2: 501); *A. angustifolius* Lam. var. *graecizans* (L.) Thellung
1914. — (St.) — Eingeschleppt in Graz (seit 1948 mehrfach).

S. 140, Nr. 2, *Amarantus ascendens* Loisel. 1810. — Nach P. A e l l e n ist der giltige Name: *A. l i v i d u s* L. (1753, partim).

S. 140, Nr. 3, u. S. 915, *Amarantus blitoides* S. Watson. — In NÖ auch in Neusiedl an der Zaya (nördl. v. Zistersdorf) massenhaft (H. M e l z e r 1960).

S. 140, nach Nr. 5, und Seite 915, Nr. 5*. *Amarantus vulgatissimus.* — Nach P. A e l l e n 1962 ist der richtige Name: *A. S t a n d l e y a n u s* P a - r o d i ex Covas, Darwinia, 5, 1941: 339. — Syn.: *A. vulgatissimus* auct, non Spegazzini 1902.

S. 141, Nr. 7, *Amarantus chlorostachys* Willd. 1790. — A e l l e n bevorzugt neuerdings den Namen *A. hybridus* L. (partim, emend.), der wohl besser als nomen ambiguum abgelehnt wird.

S. 141, nach Nr. 10, und Seite 916, Nr. 13, *Amarantus tamariscinus* Nutt. — In der Synonymie ist zu verbessern: *Acnida tamariscina* (Nutt.) Wood 1870, A. Gray 1876.

S. 142, Familie 6, und S. 917, *Portulacaceae.* — Nach den Schriften über „Systematik" ist einzufügen:

M o r p h o l o g i e. — K o w a l T., Studien über die Morphologie und Anatomie der Samen der *Portulacaceae* Rchb. Monographiae Botanicae (Warschau), 12, 1961: 3—48, 7 Tafeln. — Polnisch, mit englischer Zusammenfassung.

S. 142, Gattg. 1, u. S. 917, *Montia.* — Ergänzungen zu „Systematik".
W a l t e r s S. M., *Montia fontana* L. Watsonia, 3, 1953: 1—6, 1 Tafel.
L a w a l r é e A., Revision des *Montia* de Belgique de l'Herbier du Jardin Botanique de l'État. Bull. Jard. Bot. de Bruxelles, 30 (1), 1960: 97—104. — Im Anschluß an W a l t e r s gliedert der Verf. die *Montia fontana* L. s. l. für sein Gebiet in vier Unterarten. Als die typische Unterart, subsp. *fontana,* wird *M. rivularis* betrachtet. Die *M. verna* Neck. (= *M. minor* Gmel.) erscheint als subsp. *chondrosperma* (Fenzl) Walters 1953 (= var. *chondrosperma* Fenzl 1843). Weitere Unterarten sind: subsp. *variabilis* Walters 1953 (Mittel- u. West-Europa) und subsp. *intermedia* (Beeby) Walters 1953 (West-, Mittel- u. Süd-Europa, Australien).

S. 142, Nr. 1, *Montia verna* Neck. — Syn.: *M. fontana* L. subsp. *chondrosperma* (Fenzl) Walters. — Vgl. L a w a l r é e 1960, siehe oben.

S. 142, Nr. 2, *Montia rivularis* Gmel. — Syn.: *M. fontana* L. subsp. *fontana.* — Vgl. L a w a l r é e 1960, siehe oben.

S. 142 u. S. 917, Nr. 2 B, *Montia rivularis* Gmel. subsp. *limosa* (Decker) A. Neumann, revid. A. N e u m a n n. — Auch in OÖ, Mühlkreis: Naarntal, unter Pierbach (H. M e t l e s i c s, 1926, 1932).

S. 142, Gattg. 6/2, *Portulaca.* — Ergänzung zu „Systematik".
L e g r a n d e C. D., Desmembración del género *Portulaca,* 2. Adiciones y correcciones. Comunic. Bot. Mus. Hist. Nat. Montevideo, 3 (34), 1958: 1—17. — Die große Gattung *Portulaca* wird in 6 Untergattungen geteilt, die größte Untergattung *Portulaca* (= *Euportulaca*) in 5 Sektionen mit verschiedenen Subsektionen und Serien.

S. 143 u. S. 917, *Caryophyllaceae.* — Ergänzungen zu „Systematik".
B a e h n i Ch. et B o c q u e t G., Regroupement de quelques genres des Silénoidées appartenant à la flore suisse. Actes Soc. Helvétique Sci. Nat., 139e Session annuelle, 1959: 156—158. — Die Verfasser befürworten die Vereinigung von *Heliosperma* und *Melandrium* mit *Silene* sowie die Vereinigung von *Viscaria* mit *Lychnis.*
B o c q u e t G. et B a e h n i Ch., Les Caryophyllacées-Silenoïdées de la flore suisse. Candollea, 17: 191—202, 1961.
F r i e d r i c h H. Chr., *Illecebraceae* (= *Paronychiaceae*), Nagelkrautgewächse, in H e g i, 2. Aufl., Bd. III 2, S. 749—762, 4 Textbilder, 1 Tafel (teilw.), 1961. — Diese kleine Familie wurde bisher meist als Tribus *Paronychieae* zu den *Caryophyllaceae* gestellt.

Von mitteleuropäischen Gattungen gehören hierher nur: *Corrigiola, Illecebrum* und *Herniaria*.
— *Caryophyllaceae,* Nelkengewächse, in H e g i, 2. Aufl., Bd. III 2, S. 763—772, 1 Textbild, 1961, unvollendet. — Die Tribusse *Polycarpeae* und *Sperguleae* werden zur Unterfamilie *Alsinoideae* gestellt.

S. 143, Gattg. *Herniaria.* — Nach der Schrift über Systematik ist einzuschalten:
M o r p h o l o g i e. — R o t h I., Histogenese und morphologische Deutung der basalen Plazenta von *Herniaria.* Flora, 152 (2), 1962: 179—195, 10 Textbilder.

S. 144, Nr. 1/3, u. S. 917, *Herniaria hirsuta.* — Wächst auch im mittleren Bgl: von Ober-Pullendorf bis gegen Lackenbach und Lackendorf hfg. (H. M e l z e r 1960).

S. 144, Gattg. 3 u. S. 917, *Spergularia.* — Vor Nr. 1 ist einzufügen:
M o r p h o l o g i e. — S a l i s b u r y E. J., *Spergularia salina* and *Spergularia marginata* and their heteromorphic seeds. Kew Bull. 1958, Nr. 1: 41—51, 1 Textfig., 7 Tabellen.

S. 144, Nr. 3/1, *Spergularia rubra* (L.) J. et C. Presl. — Syn.: *Spergula rubra* (L.) D. Dietrich 1814.

S. 144, Nr. 3/2, u. S. 917, *Spergularia marina* (L.) Griseb. — Syn.: *Spergularia salina* J. et C. Presl; *Spergula marina* (L.) Bartling et Wendland 1825.

S. 144, Nr. 3/3, *Spergularia marginata* (DC.) Kittel 1844. — Giltiger Name: *S p. m e d i a* (L.) K. B. P r e s l 1826 (Fl. Sic., 1: 161; cum descr. et syn.), Grisebach 1843. — Syn.: *Sp. maritima* (All.) Chiovenda, in Annali di Bot., 10, 1912: 22; *Arenaria media* L. 1762, Pers. 1805; *Arenaria maritima* Allioni, Auct. 1774: 87; *Arenaria marginata* DC. (in Lam. et DC.) 1815; *Spergula media* (L.) Bartling et Wendland 1825. — Die früher von mancher Seite geäußerten Zweifel, ob *Arenaria media* L. wirklich hierher gehört, sind nach H. P. F u c h s sicher unbegründet. Vgl. übrigens auch A. B e c h e r e r, in Ber. d. Schweiz. Botan. Ges., 70, 1960: 85.

S. 144, Nr. 4 B, *Herniaria glabra* L. subsp. *ceretana* Sennen 1927. — Giltiger Name: s u b s p. *n e b r o d e n s i s* (J a n) N y m a n 1881.

S. 145, Gattg. 5, *Scleranthus.* — Ergänzung zu „Systematik".
R ö s s l e r W., Die *Scleranthus*-Arten R e i c h e n b a c h s. Annal. Naturhist. Mus. Wien, 57, 1950: 97—129.

S. 145, Nr. 4, *Scleranthus collinus.* — Bodenvag.

S. 147, Nr. 11, *Minuartia setacea.* — Am Schluß ist anzufügen: — Dazu:
B. s u b s p. *b a n a t i c a* (H e u f f e l) D e g e n. — Banater Miere. — Syn.: var. *banatica* (Heuff.) Hayek 1908; *Sabulina banatica* Heuffel in Rchb. 1832; *Alsine setacea* (Thuill.) Mert. et Koch var. *banatica* Heuffel 1858. — St (Peggau, A. v. H a y e k, K. F r i t s c h); Annäherungen (?, nach H. M e t l e s i c s) im Bgl (Zeilerberg, Ruster Berge) und in NÖ (Hoher Lindkogel). — Sonstige Verbreitung: Slovakei, Ungarn, Jugoslavien, Rumänien, Bulgarien.

S. 147/148, Nr. 14, u. S. 918, *Minuartia cherlerioides* (= *M. aretioides*). — Wächst auch in NTi: zw. Plumser Joch und Pertisau am Achensee (Hermann H a n d e l - M a z z e t t i, ÖBZ, 96, 1949: 83).

S. 148, Nr. 3, *Sagina subulata.* — Im mittleren und südlichen Bgl hfg. (H. M e l z e r).

S. 148, Nr. 5, *Sagina saginoides* (L.) D a l l a T o r r e 1882, Beck 1884, Karsten 1895.

S. 149, Nr. 8 b, *Sagina procumbens* L. var. *bryoides* (Froelich) Gremli. — Syn.: subsp. *bryoides* (Froelich) Dostál 1948.

S. 149, Nr. 9, *Sagina apetala.* — Die Angaben sind teilweise überprüfungsbedürftig. In Radkersburg (SSt) wächst nicht *S. apetala*, sondern *S. ciliata.*

S. 149, Nr. 10, *Sagina ciliata.* — Wächst auch im mittleren und südlichen Bgl mehrfach (Lackendorf, Lackenbach, Ober-Pullendorf, Rechnitz) und in SSt (Radkersburg). (Durchwegs nach H. M e l z e r.)

S. 149, Gattg. 8, *Arenaria.* — Nach der Überschrift ist einzuschalten:
S y s t e m a t i k. — F a v a r g e r C., Recherches cytotaxinomiques sur les populations alpines d'*Arenaria ciliata* L. (sens. lat.). Ber. d. Schweiz. Botan. Ges., 70, 1960: 126—140, 3 Textbilder. — Behandelt bes. die zwei geographisch geschiedenen Unterarten *moehringioides* und *tenella.*

S. 150, Nr. 2 B, *Arenaria serpyllifolia* L. subsp. *leptoclados* (R c h b.) Č e l a k. — Syn. (verbessert): *A. serp.* var. *leptoclados* Rchb. 1841; *A. leptoclados* (Rchb.) Guss. 1844.

S. 150, Gattg. 9, *Moehringia.* — Ergänzung zu „Systematik".
S a u e r W., Zur Kenntnis von *Moehringia bavarica.* Phyton 8, 1959 (3/4): 267—283. — *Moehringia Malyi* Hayek läßt sich von *M. bavarica* (L.) Grenier nicht als eigene Art abtrennen, sondern ist nur eine Schattenform derselben. *M. bavarica* wächst in Steiermark, Südtirol und Jugoslawien, nicht in Bayern.

S. 151, Nr. 4, *Moehringia Malyi* Hayek. — Giltiger Name: *M. b a v a r i c a* G r e n i e r 1841, Dalla Torre 1882, Kerner Dezember 1882. — Baldo-Nabelmiere. — Syn.: *M. Ponae* (Rchb.) Fenzl 1833; *Arenaria baldensis* Rchb. ex Nyman 1878 in synon. — Vgl. S a u e r 1959, siehe oben.

S. 152, Nr. 6, *Stellaria bulbosa*, und S. 918/919, Gattg. 12*, *Pseudostellaria.* — Ergänzung zum Schriftenverzeichnis (S. 919).
S c h a e f t l e i n H., Erforschungsgeschichte, Verbreitung und Ökologie von *Pseudostellaria europaea.* Botan. Jahrb., 80 (2), 10. I. 1961: 205—261, 1 Textbild, 1 Tafel, 2 Karten. — Eingehende Darstellung, bes. in ökologischer und geobotanischer Sicht. Die interessante Art wächst in Laubmischwäldern auf wasserzügigen, mäßig sauren Böden; Schwerpunkt in Alneto-Fraxineten. Verbreitung ostalpin-transalpin. Arealtyp submediterran-submontan-ozeanisch. Das noch zahlreiche Erforschungs- und Verbreitungslücken enthaltende Areal reicht nach Westen bis Piemont (Biella), nach Südosten bis West-Kroatien (Karlovac) und nach Norden bis Graz. Siehe auch Catalogus, S. 919.
F a v a r g e r C., Le nombre chromosomique du *Pseudostellaria europaea* Schaeftlein. Phyton (Graz), 9 (3/4), 1961: 252—256, 2 Textbilder.

S. 153/154, Gattg. 14, *Cerastium.* — Ergänzungen zu „Systematik".
K u n z H. und R e i c h s t e i n T., Kleine Beiträge zur Flora der Ostalpen. Phyton 8, 1959 (3/4): 284—293. — Behandelt auf S. 284/285 *Cerastium carinthiacum* Vest. Zwischen der typischen Art und der subsp. *austro-alpinum* Kunz gibt es Übergangsformen, z. B. auf dem Gartnerkofel in Kt, auch in NSt. Die subsp. *austro-alpinum* wächst außer in Süd-Kärnten auch in den nordöstlichen Kalkalpen (Raxalpe, Hochschwabgebiet, Eisenerzer Reichenstein).
M ö s c h l W., *Cerastium epiroticum* Möschl & Rechinger, species nova. Boletim da Sociedade Broteriana, 36, 1962, 41—46, 2 Tafeln. — Anläßlich der Neubeschreibung der vorstehenden griechischen Art werden auch einige verwandte österreichische Arten besprochen, so *C. Tenoreanum, C. brachypetalum* und *C. pumilum.*
S ö l l n e r R., Recherches cytotaxinomiques sur le genre *Cerastium.* Ber. Schweiz. Bot. Ges., 64, 1954: 221—354.

S. 154, Nr. 1, *Cerastium Cerastoides* (L.) Britton 1894. — Richtiger Name:

Cerastium lapponicum Crantz 1766. — Syn.: *Stellaria Cerastoides* L. 1763 partim (nomen confusum rejiciendum, sec. H. P. Fuchs); *C. trigynum* Vill. 1779; *C. refractum* All. 1785. — *C. lapponicum* Crantz bezieht sich zufolge der wörtlich gleichen kennzeichnenden Phrase deutlich auf Linnés *Stellaria Cerastoides,* ist aber nicht wie diese ein nomen confusum, sondern ist zufolge der Heimatsangabe Lappland klarerweise auf *C. trigynum* einzuschränken, kann auch mit keiner stichhaltigen Begründung als nomen illegitimum abgelehnt werden.

S. 155, Nr. 7, *Cerastium strictum* L. 1753 (partim?, vix 1762), emend. Haenke 1788. — Falls man den Namen *C. strictum* L. als nomen confusum ganz fallen ließe, so würde die Nomenklatur dadurch nur noch schwieriger und verworrener.

S. 155, Nr. 9, *Cerastium lanatum* Lam. — Wächst auch in Sb, Lungau: Zwischen den Bergen Speiereck (bei Mauterndorf) und Lanschütz (nördl. davon), bei ungefähr 2100 m, offenbar auf Quarzphyllit (Hans Brunner Graz, 1960, revid. Widder).

S. 155, Nr. 10 B, *Cerastium carinthiacum* Vest subsp. *austroalpinum* Kunz. — NÖ(?), NSt (Rax, Hochschwab, Eisenerzer Reichenstein), SKt (Karawanken); Übergänge zum Typus in NSt (mehrfach) u. SKt (Gartnerkofel). — Vgl. Kunz u. Reichstein (hier oben, zu S. 153/154).

S. 156, Nr. 15, *Cerastium vulgatum* L. 1762, non 1755. — Richtiger Name: *C. holosteoides* Fries 1817, amplif. Hylander 1945. — *C. vulgatum* L. 1762 ist von *C. vulgatum* L. 1755 in seiner Bedeutung so weit verschieden, daß letzteres als älteres Homonym die Verwendung von *C. vulgatum* L. 1762 leider unmöglich macht. Vgl. Hylander, Nomenklatorische und systematische Studien über nordische Gefäßpflanzen, 1945: 150/151.

S. 156, Nr. 16, *Cerastium macrocarpum* Schur. — Syn.: *C. vulgare* Hartman subsp. *macrocarpum* (Schur) Dostál 1954.

S. 156, Nr. 17, *Cerastium fontanum* Baumg. — Syn.: *C. vulgare* Hartman subsp. *fontanum* (Baumg.) Dostál 1954.

S. 157, Nr. 18, *Cerastium brachypetalum* Pers. — Nicht: Desp. in Pers.; denn Desportes erscheint hier nur als der Sammler, nicht als der Namengeber.

S. 157, Nr. 18 A, *Cerastium brachypetalum* Pers. subsp. *Tenoreanum* (Ser.) Soó 1951, Soó in Dostál 1954. — Nach Lonsing 1939 und nach Möschl 1962 (siehe oben) ist es berechtigt, diese Sippe als eigene Art abzutrennen: *C. Tenoreanum* Seringe; ihr Haupt-Verbreitungsgebiet sind die Balkanländer, von wo aus sie bis ins südöstliche Österreich vordringt.

S. 160, Gattg. 18, *Tunica.* — Statt des Autors „Boehmer" ist zu setzen: Scop., emend. Koch. — Der Name *Tunica* Boehmer in Ludwig 1757 wird von Dandy als illegitim abgelehnt, weil bei der Veröffentlichung *Dianthus* L. als Synonym zitiert wird, weil es sich somit um eine regelwidrige Umbenennung von *Dianthus* handelt. Der Umfang von *Tunica* Boehmer entspricht auch tatsächlich ganz jenem von *Dianthus* L. Bei Scopoli 1772 wird der Gattungsname *Tunica* ohne Bezugnahme auf Linné und auf Boehmer mit Beschreibung rechtsgiltig veröffentlicht, allerdings gleichfalls mit dem weiten Umfang wie *Dianthus* L., d. h. *Dianthus* + *Tunica* der

34

späteren Autoren. K o c h 1837 hat auf S c o p o l i zurückgreifend dessen
Namen *Tunica* in dem seither üblichen Sinn eingeschränkt. Daraus folgt als
richtige Benennung der Gattung die nachstehende: *Tunica* Scop. 1772, emend.
Koch 1837. Erst n a c h K o c h hat K u n t h 1838 von *Tunica* die Gattung
Kohlrauschia abgetrennt, wobei er ihr ganz richtig eine Zwischenstellung
zwischen *Tunica* s. str. und *Dianthus* s. str. zuschreibt. Es ist Ansichts- und
Geschmacksache, ob man *Tunica* s. str. und *Kohlrauschia* trennt oder vereinigt. In letzterem Fall hat das Vereinigungsprodukt *Tunica* zu heißen,
nicht aber *Kohlrauschia* s. l. In beiden Fällen bleibt der Name *Tunica saxifraga* (L.) Scop. unverändert bestehen.

S. 160, Gattg. 18, *Tunica saxifraga* (L.) Scop. 1772. — Syn.: *Kohlrauschia saxifraga* (L.) Dandy 1957 (Watsonia, 4: 42).

S. 162, Nr. 10, *Dianthus Sternbergii* Sieber ex Kerner 1882. — Giltiger
Name: *D i a n t h u s   W a l d s t e i n i i* S t e r n b e r g 1826. — *D. Sternbergii* ist nicht nur wesentlich jünger, sondern ist auch illegitim, weil bei
seiner Veröffentlichung in K e r n e r s Schedae *D. Waldsteinii* Sternberg
als Synonym zitiert wird. *D Waldsteinii* ist nach der Originalbeschreibung
sicher genau dasselbe wie *D. Sternbergii.* — In der Synonymie ist zu verbessern: *D. monspessulanus* subsp. *Sternbergii* (Sieber) Hegi 1911 (Ill. Fl. v.
MEur., 3: 338), älter als Hermann, Graebner und Novák.

S. 163, Nr. 18 B, *Dianthus Carthusianorum* L. subsp. *latifolius* (Griseb. et
Schenk) Hegi 1910. — Syn.: subsp. *alpestris* (Neilreich) Neumayer 1929;
subsp. *montivagus* (Domin) Dostál 1948.

S. 163/164, Nr. 19, *Dianthus capillifrons.* — Bgl: Im ganzen Serpentingebiet (von Bernstein, Redlschlag usw.) häufig (nach O. G u g l i a).

S. 164, Nr. 1 × 2, *Dianthus Hellwigii* A s c h e r s o n apud Borbás
1857.

S. 165, Nr. 2, *Silene nemoralis.* — In der Synonymie ist zu verbessern:
S. italica (L.) Pers. subsp. *nemoralis* (W. et K.) Nyman 1878, Kotula 1890.

S. 167, Nr. 18, *Silene gallica* L. — Die beiden Varietäten sind wohl
besser als Unterarten zu bewerten; vgl. L ö v e in Botan. Notiser, 114, 1961:
52. Sie heißen dann:
B. s u b s p. *q u i n q u e v u l n e r a* (L.) Á. e t D. L ö v e, und
C. s u b s p. *a n g l i c a* (L.) Á. e t D. L ö v e.

S. 167, Nr. 23, *Silene Cucubalus* Wibel 1799. — Giltiger Name: *S. v u l-
g a r i s* (M o e n c h) G a r c k e 1869. — Syn.: *Behen vulgaris* Moench 1794
(einwandfrei legitim!); *Cucubalus latifolius* Mill. 1768; *Cucubalus angustifolius* Mill. 1768; *Silene latifolia* Rendle et Britten 1907, non Poir. 1789;
Silene angustifolia Briquet 1910, non Poir. 1789. — Die P o i r e t schen
Namen beziehen sich auf gänzlich verschiedene Pflanzen und können nicht
auf *Silene vulgaris* umgedeutet werden; siehe auch M a n s f e l d, in
Rep. 46: 103.

S. 167/168, Nr. 23 B, *Sil. Cuc.* subsp. *bosniaca.* — Richtiger Name: *Sil.
vulg.* subsp. *bosniaca* (Beck) Janchen. — Syn.: *S. inflata* subsp. *bosniaca*
(Beck) Hegi 1910; *S. vulgaris* subsp. *Antelopum* (Vest) Hayek 1924; *Cucubalus Antelopum* Vest 1821; *Silene bosniaca* (Beck) Hand.-Mazz. 1905
(ÖBZ 55: 428).

S. 168, Nr. 24, *Silene Willdenowii* Sweet 1830. — Syn.: *S. alpina* (Lam.) Thomas 1848, non Pallas 1776.

S. 168, Nr. 24, *Silene Willdenowii* Sweet subsp. *prostrata* (Gaud.) O. Schwarz. — Syn.: *S. inflata* subsp. *prostrata* Gaud. 1828; *S. inflata* subsp. *alpina* (Lam.) Vaccari 1904; *S. vulgaris* subsp. *alpina* (Lam.) Schinz et Keller 1909; *S. vulgaris* subsp. *prostrata* (Gaud.) Schinz et Thellung 1923 (in S c h i n z et K e l l e r, Fl. d. Schweiz, 4. Aufl.); *S. Cucubalus* subsp. *prostrata* (Gaud.) Becherer 1934.

S. 169, Nr. 23/3, *H e l i o s p e r m a   V e s e l s k y i*   J a n k a. — Syn.: *H. glutinosum* Kerner. — Eine Zwischenform zw. dieser Sippe und *H. quadridentatum* wurde gefunden in SSt: Gebiet der Koralpe, an Gneisfelsen im Krumbachgraben unterhalb Mauthnereck bei Soboth (westlich von Eibiswald), leg. H. M e l z e r 1962, det. F. E h r e n d o r f e r. Von der subsp. *Heufleri* ist diese Pflanze sehr verschieden. Das Vorkommen der Zwischenform spricht dafür, daß *Veselskyi* vielleicht besser nur als Unterart von *H. quadridentatum* zu betrachten ist. N e u m a y e r (1923) unterscheidet von *Silene quadridentata* (Murr.) Pers. als gleichgeordnete Unterarten: subsp. *quadridentatum* (s. str.), subsp. *Heufleri* (Hausmann) Neumayer (Ampezzotal und Lienzer Dolomiten), subsp. *Veselskyi* (Janka) N. (Nordwest-Krain), subsp. *glutinosa* (Zois) N. (West-Krain) und noch mehrere balkanische Subspezies.

S. 169, Nr. 24/3, *Melandryum album* (Mill.) Garcke 1858. — Syn.: *M. pratense* (Rafn) Roehling 1812, Neilreich 1846, Beck 1890; *M. vespertinum* (Sibth.) Fries 1842; *M. dioicum* (L.) Cosson et Germain 1845; *Lychnis dioica* L. 1753 partim, emend. DC. 1805 (non Mill. 1768); *Lychnis alba* Mill. 1768; *Lychnis dioica* β. *L. arvensis* Schkuhr 1791; *Lychnis arvensis* (Schkuhr) Hoppe 1794 (Jänner); *Lychnis vespertina* Sibth. 1794; *Lychnis pratensis* Rafn 1796—1800; *Silene pratensis* (Rafn) Godron (in Gren. et Godr.) 1847.

S. 169, Nr. 5, *Melandryum rubrum* (Weigel) Garcke 1858, Hylander 1945. — Giltiger Name: *M. s i l v e s t r e* (S c h k u h r) R o e h l i n g 1812, Cosson et Germain 1845, Neilreich 1851, Beck 1890. — Syn.: *M. diurnum* (Sibth.) Fries 1842, Mansfeld 1941; *M. dioicum* (L.) Simk. 1886, n o n Cosson et Germain 1845!; *Lychnis dioica* L. 1753 partim, emend. Mill. 1768; *Lychnis dioica* L. var. *rubra* Weigel 1769; *Lychnis dioica* α. *L. silvestris* Schkuhr 1791; *Lychnis silvestris* (Schkuhr) Hoppe 1794 (Jänner), DC. 1805; *Lychnis diurna* Sibth. 1794; *Lychnis rubra* (Weigel) Patze, Meyer et Elkan 1850; *Silene silvestris* (Schkuhr) Clairville 1811; *Silene diurna* (Sibth.) Godron (in Gren. et Godr.) 1847. — *Lychnis dioica* Linné umfaßte *Melandryum rubrum* und *M. album*. M i l l e r trennte die weißblühende Art als *Lychnis alba* ab und schränkte den Namen *L. dioica* auf die rotblühende Art ein. In der Gattung *Lychnis* war daher das Epitheton *dioica* weiterhin in diesem Sinne giltig; alle späteren Art-Epitheta, also *silvestris, diurna, rubra,* waren überflüssige Neubenennungen, folglich illegitim. In der Gattung *Melandryum* hingegen war die Sachlage wesentlich anders. In Anlehnung an D e C a n d o l l e 1805, der *Lychnis dioica* L. im Sinne der weißblühenden Art emendiert hatte, wurde von C o s s o n et G e r m a i n eindeutig und ausschließlich die weißblühende Art *Melandryum dioicum* genannt. Dadurch wurde die Verwendung dieses Namens für die rotblühende Art unmöglich gemacht! Eine Umdeutung des Namens *M. dioicum* (L.) Coss. et Germ. im Sinne der rotblühenden Art, auch wenn man sie als Emendation oder Korrektur be-

36

schönigen wollte, käme einer Fälschung der Tatsachen gleich. Die rot-
blühende Art wird von C o s s o n et G e r m a i n *M. silvestre* (Schkuhr)
Roehling genannt. Dies ist in der Gattung *Melandryum* für die rotblühende
Art die älteste damals bereits vorhandene Namenskombination und sie besitzt
zugleich das (nach *dioicum*) älteste Art-Epitheton; sie hatte aber, solange
das Epitheton *dioicum* noch verfügbar gewesen wäre, noch keine legale
Grundlage. Aus der geschilderten Sachlage ergibt sich aber auch, daß in der
Gattung *Melandryum* das Epitheton *dioicum* als nomen ambiguum aufzu-
fassen ist.

S. 171, Gattg. 2*, *Ricinus.* — Nach der Überschrift ist einzuschalten:
A l l g e m e i n e s. — F i s c h e r Raimund, Der Rizinus, ein Kulturbegleiter der Mensch-
heit. Universum (Wien), 16, 1961 (15/16): 448—451, 3 Textbilder.

S. 171, Gattg. 3, *Euphorbia.* — Von Á. et D. L ö v e wird diese Gattung
auf die Sektion *Euphorbium* mit der Typus-Art *E. antiquorum* L. eingeschränkt. Die Sektion *Tithymalus,* zu der die in Mitteleuropa heimischen
Arten gehören, wird als eigene Gattung *Tithymalus* abgetrennt.

S. 171 bis 173 und S. 921. — Die heimischen *Euphorbia*-Arten (Nr. 1 bis
27) erhalten in der Gattung *Tithymalus* folgende Namen und Autorbezeich-
nungen: *T. villosus* (W. et K.) Pascher, *T. austriacus* (Kerner) Á. et D. Löve,
T. palustris (L.) Haworth, *T. dulcis* (L.) Scop., *T. angulatus* (Jacq.) Rafin.,
T. carniolicus (Jacq.) Rafin., *T. verrucosus* (L.) Rafin., *T. polychromus* (Kerner)
Prochanov, *T. platyphyllos* (L.) Rafin., *T. strictus* (L.) Klotzsch et Garcke,
T. Helioscopia (L.) Scop., *T. pannonicus* (Host) Á. et D. Löve, *T. Seguierianus*
(Neck.) Prochanov, *T. virgatus* (W. et K.) Klotzsch et Garcke, *T. lucidus*
(W. et K.) Klotzsch et Garcke, *T. Esula* (L.) Scop., mit subsp. *pinifolius*
(Lam.) Á. et D. Löve, *T. Cyparissias* (L.) Scop., *T. salicifolius* (Host)
Klotzsch et Garcke, *T. saxatilis* (Jacq.) Klotzsch et Garcke, *T. amygdaloides*
(L.) Garsault, *T. taurinensis* (All.) Klotzsch et Garcke, *T. segetalis* (L.) Lam.,
T. falcatus (L.) Klotzsch et Garcke, *T. acuminatus* (Lam.) Prochanov,
T. Peplus (L.) Gaertn., *T. exiguus* (L.) Lam., *T. Lathyris* (L.) Scop.

S. 172, Nr. 4 b, *Euphorbia dulcis* L. var. *purpurata* (Thuill.) Koch. —
Vielleicht besser als Unterart: subsp. *purpurata* (Thuill.) Rothmaler. —
Wächst auch in Kt: bei St. Lucia nördl. v. Bleiburg (M e t l e s i c s briefl.).

S. 174, Nr. 32, *Euphorbia supina* Rafin. = *E. maculata* L. — Syn.:
Chamaesyce maculata (L.) Small.

S. 175 u. S. 922/923, Gattg. *Callitriche.* — Ergänzung zu „Systematik".
S c h o t s m a n H. D., Races chromosomiques chez *Callitriche stagnalis* Scop. et *Callitriche obtusangula* Legall. Ber. d. Schweiz. Botan. Ges., 71, 1961: 5—17, 4 Textbilder.

S. 175 ganz unten u. S. 923, Nr. 5*, *Callitriche obtusangula* Le Gall. —
Gewölbter Wasserstern, Stumpfkantiger W. — Auch in NÖ: bei St. Pantaleon
(nördl. v. St. Valentin a. d. Enns, im Dorfgraben mehrere ausgedehnte Rasen
im langsam fließenden Wasser flutend) und bei Ponsee (östl. v. Traismauer,
im „Weingartelwasser" nahe dem Jagdhaus); beide Funde A. N e u m a n n
1962.

S. 176 u. S. 923, Gattg. *Platanus.* — Ergänzung zu den Schriften.
H u b e r H., *Platanaceae,* in H e g i, Ill. Fl. v. MEur., 2. Aufl., IV 2: 28—31, 3 Textbilder.

S. 177—440, **Dialypetalae.** — Ergänzungen und Verbesserungen.

S. 177 oben, Gattg. *Liriodendron.* — *L. Tulipifera* wird als Forstbaum auch im Bgl kult.: bei Bruck-Neudorf (wenig).

S. 177, Gattg. 2/2, *Aristolochia.* — Neue Schrift über Systematik.

H u b e r H., Die Abgrenzung der Gattung *Aristolochia* L. Mitt. d. Botan. Staatssammlung München, 3, 1960: 531—553. 18 Abb.

S. 177 unten u. S. 925, Familie *Berberidaceae.* — Ergänzung zu „Systematik".

A h r e n d t L. W. A., *Berberis* and *Mahonia*, A taxonomic revision. The Journ. of the Linnean Society of London, Botany, vol. 57 (nr. 369), 1961. 410 S., 67 Textfig., 51 Karten.

S. 178, 4. Familie u. S. 925, *Ranunculaceae.* — Ergänzung zu „Morphologie".

S c h a e p p i H. und F r a n k K., Vergleichend-morphologische Untersuchungen über die Karpellgestaltung, insbesondere die Plazentation bei Anemoneen. Botan. Jahrb. f. Syst., 81 (4), 1962: 337—357, 12 Abb.

S. 178, Gattg. 1, *Paeonia.* — Bei der Schrift von F. C. S t e r n (1946) ist zu ergänzen: Folio, 155 Seiten, 15 Farbtafeln, zahlreiche Textbilder.

S. 179, Gattg. 4, *Helleborus.* — Ergänzung zu „Systematik".

M e r x m ü l l e r H. und P o d l e c h D., Über die europäischen Vertreter von *Helleborus* sect. *Helleborus.* Feddes Repert., 64 (1), 1961: 2—8. Diese kritische Revision enthält auch eine sehr klare Darstellung der stammesgeschichtlichen Entwicklung. Manche bisher als Arten betrachtete Sippen werden als Unterarten aufgefaßt, z. B. *H. dumetorum* W. et K. subsp. *atrorubens* (W. et K.) Merxm. et Podlech.

S. 179, Gattg. 4, *Helleborus.* — Verbesserte „Gliederung der Gattung":
Sektion 1: *Griphopus: H. foetidus.*
Sektion 2. *Helleborastrum: H. viridis, dumetorum.*
Sektion 3. *Helleborus* s. str. (= *Chionorrhodon*): *H. niger.*

S. 179, Gattg. 4, *Helleborus.* — Am Beginn der Arten ist einzufügen:

H. f o e t i d u s L. — Stinkende Nießwurz, Bärenfuß. — Verwildert in NÖ: Kahlenberg bei Wien.

S. 180, Gattg. 6, *Isopyrum thalictroides.* — Nach H. M e l z e r wächst im Bgl, im östl. NÖ und in St anscheinend nur die var. *pubescens* Wierzb. Die Westgrenze dieser östlichen Sippe ist nicht bekannt.

S. 180, Gattg. 7 u. S. 925, *Aquilegia.* — Ergänzung zu „Nomenklatur".

B e e r G. de and S t e a r n W. T., The identity of *Isopyrum aquilegioides* L. Bull. of the British Museum (Nat. Hist.), Botany, Bd. 2, Nr. 7: 195—202, 1960. — Ergänzt in wichtigen Punkten die Ausführungen von A. B e c h e r e r (vgl. Catalogus, S. 925) und gelangt gleichfalls zur Ablehnung des Namens *Aquilegia aquilegioides* (L.) H. P. Fuchs.

S. 181, Gattg. 8, *Caltha palustris* L. subsp. *minor* (Mill.) G r a e b n e r in A. et G. 1926.

S. 182, Gattg. 9, *Trollius.* — Als neuere allgemeine Schrift ist einzufügen:
F i s c h e r Raimund, Die europäische Trollblume. Universum (Wien), 16, 1961 (10): 289—291, 1 Textbild, 1 Titelbild.

S. 182, Gattg. 10, *Nigella.* — Ergänzung zu „Systematik".
W a i s e l Y., Ecotypic variation in *Nigella arvensis* L. Evolution, 13, 1959: 469—475, 5 Fig.

S. 188, Nr. 13/3, *Consolida Ajacis* (L.) Schur. — Syn.: *C. ambigua* (L.) P. W. Ball et Heywood 1962.

S. 188, Nr. 14/1*, u. S. 926, *Thalictrum Morisonii* C. C. Gmelin 1826. -- Diese Art wächst in Süd- und Südwest-Deutschland, im Elsaß (?), in der Nord-Schweiz und in Vorarlberg. Dagegen ist *Th. exaltatum* Gaud. 1828 nach

H. P. F u c h s eine davon verschiedene Art, die auf die Süd-Schweiz (Tessin) und auf Nord-Italien (Lombardei) beschränkt ist.

S. 188, Nr. 14/3, *Thalictrum lucidum* L. — Syn.: *Th. flavum* L. subsp. *lucidum* Osvač (apud Dostál 1954).

S. 189, Nr. 9 c, *Thalictrum minus* var. *majus* (Crantz) Crépin 1882. — Syn.: subsp. *majus* (Crantz) Rouy et Fouc. 1893. — Eine subalpine Rasse, die vielleicht besser als - Unterart zu bewerten ist.

S. 190, Gattg. 15, *Anemone*. — Ergänzung zu „Systematik".

L a m p r e c h t H. v., Cyto-systematische Untersuchungen an *Anemone nemorosa* L. und *Anemone ranunculoides* L. Beiträge z. Biol. d. Pfl., 37 (1), 1962: 107—146, 9 Textbilder, 16 Tabellen.

S. 190, Nr. 7, *Anemone apennina*. — Die Art ist auf dem Krähenbühel bei Gresten schon seit längerer Zeit ausgerottet und ist auch aus den Grestener Gärten verschwunden; nur im Park des Schlosses Stiebar, südöstl. v. Gresten, sind noch wenige Exemplare vorhanden (briefl. Mitt. v. Theresia H o t s c h - S t i c k l e r in Gresten).

S. 191/192, Gattg. 17, *Pulsatilla*, siehe auch S. 926, 927, 969. — Ergänzung zu „Systematik" (Allgemeines).

F i s c h e r Raimund, Die große Kuhschelle. Universum (Wien), 16, 1961 (5): 121—131, 3 Textbilder. — Gemeinverständliche Besprechung von *Pulsatilla grandis* nach Beobachtungen in Niederösterreich.

W i n k l e r S., Systematische Untersuchungen über den Formenkreis *Pulsatilla grandis* Wenderoth. Zur Taxonomie der Gattung *Pulsatilla* Miller, II*). Botan. Jahrb. f. Syst., 81 (3), 1962: 213—251, 11 Taf., 15 Abb. im Text u. auf Beilagen. — Die diploide *P. grandis* subsp. *veležensis* (Beck) S. Winkler ist der mutmaßliche stammesgeschichtliche Vorläufer der tetraploiden Sippen, nämlich *P. grandis* subsp. *grandis* und *P. Halleri* s. l. einschl. deren subsp. *stiriaca*.

S. 191/192, Gattg. 17 u. S. 927, *Pulsatilla*. — Ergänzung zu „Morphologie und Anatomie".

Z i m m e r m a n n W. und H a u s e r - H e r t e r i c h R., Zur Morphologie und Anatomie von *Pulsatilla*, 1. Die Knospenschuppen. Zeitschr. f. Botanik, 49 (5), 1961: 489—514, 12 Textbilder.

S. 192, Nr. 1 C, *Pulsatilla alpina* (L.) Schrank subsp. *sulphurea* (DC.) Asch. et Gr. 1935. — Giltiger Name: *P. alp.* s u b s p. *a p i i f o l i a* (S c o p.) N y m a n 1878. — Syn.: *Anemone alpina* L. subsp. *sulphurea* (DC.) Arcang. 1882; *Anemone alpina* L. var. *sulphurea* DC. 1805, non *Anemone sulphurea* L. (quae ad *P. vernalis* pertinet); *Anemone apiifolia* Scop. 1772.

S. 195, Gattg. 19, *Batrachium*. — Ergänzung zu „Nomenklatur".

C o o k C. D. K., *Batrachium* nomenclature. Mitteil. d. Botan. Staatssammlung München, 3: 600—601, 1960.

S. 195, Gattg. 19, *Batrachium*. — Am Schluß der Schriften ist anzufügen:

Z y t o l o g i e. — C o o k C. D. K., Studies on *Ranunculus* L. subgenus *Batrachium* (DC.) A. Gray, I. Chromosome numbers. Watsonia (London), 5 (3), 1962: 123—126, 1 Textbild.

V e r b r e i t u n g. — C o o k C. und P a t z a k A., Über das Vorkommen von *Ranunculus Rionii* Lagger und *R. Baudotii* Godr. in Österreich. ÖBZ, 109, 1962 (3): 372—374. — Siehe unten: *Batrachium Rionii* und *Batrachium obtusiflorum*. Die Arbeit ist auch wegen der Nomenklatur der letztgenannten Art beachtenswert.

S. 196, Nr. 1 c, *Batrachium aquatile* (L.) Dum. var. *terrestre* (Rchb.) Dum. 1863. — Richtiger Name: v a r. *s u c c u l e n t u m* (K o c h) W o h l-

---

*) Die vorausgegangene Nr. I, verfaßt von W. Z i m m e r m a n n, siehe Catalogus, S. 926.

f a r t h 1890. — Syn.: *Ranunculus aquatilis* L. var. *succulentus* Koch 1837; *Ran. aqu.* var. *terrestris* Rchb. 1839.

S. 196, Nr. 3 b, *Batrachium Petiveri* var. *submersum*. — Syn.: *Ranunculus pseudofluitans* Newbould ex Syme.

S. 196, Nr. 4 B, u. S. 927, *Batrachium trichophyllum* subsp. *lutulentum*. — Diese Sippe ist wohl besser von *B. trichophyllum* zu trennen, u. zw. unter dem Namen: *B. c o n f e r v o i d e s* E. F r i e s 1845 s u b s p. *l u t u l e n t u m* (P e r r. e t S o n g.) Á. e t D. L ö v e 1961. — Vgl. auch G u t e r m a n n W., in Ber. d. Bayer. Botan. Ges., 33, 1960: 28, wo diese Sippe für Bayern nachgewiesen wird. — Sie wächst auch in St (Rottenmanner Tauern, nach H. M e l z e r 1962, brieflich).

S. 196, Nr. 4*. *Batrachium Rionii* (Lagg.) Nyman. — Syn.: *B. trichophyllum* (Chaix) F. Schultz 1837, van den Bossche 1851 subsp. *Rionii* (Lagger) C. D. K. Cook 1960. — NÖ: Bei Mannswörth und im Prater (unteres Heustadelwasser) von C o o k bzw. von C o o k und P a t z a k als neu für Österreich gefunden.

S. 197, vor Nr. 5, ist einzuschalten:
4**. *B. B a u d o t i i* (G o d r o n) F. S c h u l t z 1844. — Salz-Froschkraut. — Syn.: *Ranunculus Baudotii* Godron 1839; *B. obtusiflorum* („DC.") auct. partim, vix S. F. Gray 1821; *Ran. obtusiflorus* („DC.") Moss 1914; *B. Petiveri* („Koch") auct. partim, vix F. Schultz 1844; *Ran. Petiveri* auct. partim, non Koch 1840; *B. marinum* Fries 1842; *Ran. marinus* (Fr.) Hartman 1843; *B. confusum* (Godr.) F. Schultz 1850; *Ran. confusus* Godron 1848. — Bgl: Zicksee, westlich v. St. Andrä bei Frauenkirchen, von C. D. K. C o o k 1960 als neu für Österreich gefunden. — Dürfte in der Umgebung des Neusiedler Sees auch noch an anderen Stellen vorkommen.

S. 197/198 u. S. 927, Gattg. *Ranunculus*. — Ergänzungen zu „Systematik anderer Artgruppen".

P a d m o r e P. A., The varieties of *Ranunculus flammula* L. and the status of *R. scoticus* E. S. Marshall and of *R. repens* L. Watsonia, 4, 1957: 19—27. — Besprechung in: Excerpta Botanica, sect. A, Bd. 2, Heft 3, 1960: 218/219.

M a y e r Ernest, Prispevek k vrednotenju taksona *Ranunculus scutatus* W. K. [Beitrag zur Bewertung des Taxons *Ranunculus scutatus* W. K.] Slovenska akademija znan. in umetn., razred za prirod. in medic. vede, razprave, V: 25—43, 4 Textbilder, 1959. — Slowenisch, mit ausführlicher deutscher Zusammenfassung. Verf. bewertet den *R. scutatus* W. K. nur als eine „forma" von *R. Thora* L. Zwischen dem Typus dieser Art und der auf die Dinarischen Gebirge beschränkten forma *scutatus* steht die vom Verf. neu aufgestellte forma *pseudoscutatus* E. Mayer, welche das Gebiet zwischen den Dinarischen Gebirgen und den Alpen besiedelt. Zu dieser gehört auch die Pflanze des Obir in den Karawanken (SKt). Vom typischen *R. Thora* in anderer Richtung abweichend sind forma *albanicus* Degen und forma *carpaticus* (Griseb.) Porc.

G u t e r m a n n W., Ein verkannter und übersehener Hahnenfuß in Bayern. Berichte d. Bayer. Botan. Ges., 33, 1960: 23—26, 3 Textbilder. — Behandelt den mit *R. nemorosus* DC. nächst verwandten *R. serpens* Schrank 1789 = *R. radicescens* Jord. 1852. Dieses ist in Süd-Bayern ziemlich verbreitet; er bildet mit *R. nemorosus* fruchtbare Bastarde. Siehe auch unten (zu S. 201).

S. 199, Nr. 7, u. S. 928, *Ranunculus parnassifolius*. — Alp. v. St. — Wurde auf dem Gößeck, dem Hauptgipfel des Reiting (nordöstl. v. Mautern im Liesingtal) von H. M e l z e r 1961 wiedergefunden, ist also nicht gänzlich ausgerottet worden. Siehe M e l z e r in Mitteil. d. Naturw. Ver. f. Stmk., 92, 1962: 83/84.

S. 199, Nr. 11, *Ranunculus auricomus* L. — Die zwischen dieser Art und dem *R. cassubicus* L. (Nr. 12) stehenden Sippen, soweit sie in Österreich nachgewiesen sind, haben, als Arten (Kleinarten) betrachtet, folgende Namen zu führen:

R. reniformis Kittel 1844, non Wallich. — Syn.: *R. auricomus* L. var. *reniformis* (Kittel) Beck 1890, Hegi 1912.

R. fallax (Wimm. et Grab.) Schur 1876, Gáyer 1918. — Syn.: *R. cassubicus* L. subsp. *fallax* (Wimm. et Grab.) Jávorka 1924; *R. aur.* var. *fallax* Wimm. et Grab. 1829.

R. silvicola (Wimm. et Grab.) Gáyer 1918 (Magy. Botan. Lapok, 16: 50), Haas 1954 (ex Ind. Kew.). — Syn.: *R. cassubicus* L. subsp. *silvicola* (Wimm. et Grab.) Jávorka 1924; *R. aur.* var. *silvicola* Wimm. et Grab. 1829.

S. 200, Nr. 14, u. S. 928, *Ranunculus Thora* L. — Die Pflanze des Obir-Gebietes in SOKt gehört nach E. Mayer 1959 (siehe oben) zur forma *pseudoscutatus* E. Mayer.

S. 200, Nr. 16, *Ranunculus Steveni.* — An Stelle dieser Art gehören die nachstehenden 2 Sippen:

15 B. *Ranunculus acer* L. subsp. *Friesianus* (Jordan) Rouy et Fouc. 1893. — Fries-Hahnenfuß. — Syn.: *R. Friesianus* Jord. 1847; *R. nemorivagus* Jordan 1864; *R. Stevenii* auct. partim, non Andrz.; *R. lanuginosus* L. subsp. *Friesianus* (Jord.) Tutin. — Spontan in Vb: Bodenseegebiet hfg. (Gutermann briefl.). — Hierher gehören wahrscheinlich auch die eingeschleppten Vorkommen, die im Catalogus unter Nr. 16, *R. Steveni* genannt sind. — Heimat: WEur. (bes. OFrankreich, Schweiz), im übrigen Eur. nur adventiv; nicht in OEur.!

16. *R. strigulosus* Schur. — Striegelhaariger H. — Syn.: *R. Steveni* auct. partim, vix Andrz.; *R. lanuginosus* L. subsp. *strigulosus* (Schur) Hylander. — NÖ, nördliches Weinviertel: zw. Ottental und Pottenhofen (westl. davon), nahe der mährischen Grenze; in Trockenrasen, zerstreut (W. Gutermann 1956). — Allg. Verbrtg.: OEur. (Rußland, Rumänien, Bulgarien, Jugoslavien, Ungarn), westwärts bis ČSSR und NÖ.

S. 201, Nr. 22*, *Ranunculus radicescens* Jord. 1852. — Giltiger Name: *R. serpens* Schrank 1789. — Syn.: *R. nemorosus* DC. subsp. *radicescens* (Jord.) Á. et D. Löve 1861. — Ist auch in Österreich nachgewiesen: Vb, Kleines Walsertal (W. Gutermann 1959, vgl. Gutermann 1960, siehe oben, zu S. 197/198); NTi, Karwendel (Wiesing-Berg bei Hinterriß, Gutermann 1961, nach alten Belegen auch bei Kitzbühel); wahrsch. auch in Sb (bei Lofer, zumindest im Berchtesgadener Funtenseegebiet nahe der österreichischen Grenze, nach Gutermann). — Sonstige Verbrtg.: Süd-Deutschland, Schweiz, Frankreich, Italien, u. zw. in den Alpengebieten, im Schweizer Jura und in den Pyrenäen.

S. 201, Nr. 23* (besser vor 22* zu stellen), *Ranunculus polyanthemophyllus* W. Koch et H. Hess. — Syn.: *R. nemorosus* DC. subsp. *polyanthemophyllus* (W. Koch et H. Hess) Á. et D. Löve 1961. — Aus Österreich bisher noch nicht nachgewiesen. — Sonstige Verbrtg: Voralpen von Süd-Deutschland, Schweiz, Frankreich und Italien.

S. 201, Nr. 28, *Ranunculus lateriflorus* DC. — Der lang bekannte Wuchsort auf der Parndorfer Platte (zwischen Parndorf und Neusiedl a. S.) ist durch Erweiterung der Kulturflächen vernichtet worden. Das Vorkommen bei

Bruck a. L. war nur ganz vorübergehend. Demnach dürfte diese Art in Österreich überhaupt ausgestorben sein.

S. 202. Zu den Bastarden von *Ranunculus* ist anzufügen:

22 × 22*. *R. n e m o r o s u s* × *R. s e r p e n s* = *R. G u t e r m a n n i i* J a n - c h e n, nova hybrida. — NTi: Karwendel, Wiesing-Berg bei Hinterriß (mit beiden Stammeltern, G u t e r m a n n 1961), nach alten Belegen auch bei Kitzbühel; wahrsch. auch in Sb: bei Lofer (zumindest im Berchtesgadener Funtenseegebiet). — Der Bastard ist stellenweise häufiger als reiner *R. serpens*, da er ökologisch weniger spezialisiert ist als letzterer. — Alle Angaben nach W. G u t e r m a n n.

S. 203, Gattg. 21, *Ficaria.* — Ergänzung zu „Morphologie usw.".
H e y w o o d V. H., Morphological separation of cytological races in *Ranunculus ficaria* L. Nature (St. Albans, England), vol. 189, nr. 4764, 1961: 604, mit 1 Tabelle. — In den meisten Fällen sind Pflanzen o h n e Knöllchen (Catal. subsp. A) diploid (2 n = 16), Pflanzen m i t Knöllchen (Catal. subsp. B) tetraploid (2 n = 32). Von dieser Regel gibt es jedoch beachtliche Ausnahmen, bes. in West-Europa (siehe unten). Verf. führt auch weiteres Schrifttum an.

S. 203, Gattg. 21, *Ficaria verna* Huds. 1762. — Nach neueren Forschungen und Ansichten ist als Typus von *Ranunculus Ficaria* L. bzw. *Ficaria verna* Huds. eine westeuropäische knöllchentragende, aber trotzdem diploide (2 n = 16) Sippe zu betrachten. Nur diese ist daher mit Recht als *Ficaria verna* subsp. *verna* zu bezeichnen, welcher Name allerdings sehr oft in anderem Sinne verwendet worden ist. Die beiden in Österreich heimischen Sippen heißen richtig:

A. subsp. *calthaefolia* (Rchb.) Velen. und

B. s u b s p. *b u l b i f e r a* (A l b e r t) Á. et D. L ö v e (März 1961, Bot. Not.). — Syn.: *Ficaria bulbifera* (Albert) Holub 1961; *Ranunculus Ficaria* L. subsp. *bulbifer* (Albert) Lawalrée 1955 (Fl. Belg., 2: 60); *Ran. Fic.* var. *bulbifer* Albert in A l b e r t et J a h a n d i e z, Cat. pl. vasc., 7, 1908, Marsden-Jones, Journ. Linn. Soc. Bot. London, 50, 1935: 40.

S. 204, Nr. 24/1, *Callianthemum anemonoïdes* (Joh. Zahlbr.) E n d - l i c h e r, apud H e y n h o l d, Nomenclator, 2, 1846: 106; S c h o t t, Skizzen österreichischer Ranunkeln, 1852: 14, tab. VI.

S. 204, Gattg. 25, *Adonis.* — Vor „Gliederung der Gattung" ist einzufügen:
A l l g e m e i n e s. F i s c h e r Raimund, Gefährdete Blumen-Schönheit: Frühlings-Adonis. Universum (Wien), 17, 1962 (7/8): 149—152, 3 Textbilder.

S. 205, Nr. 1/1, *Nuphar luteum.* — Wächst auch im Bgl: Altwässer der Strem unterhalb Güssing häufig und im Mühlarm der Lafnitz (noch Bgl!) westlich von Rudersdorf (östl. v. Fürstenfeld) nicht selten (nach O. G u g l i a).

S. 205, Gattg. 2, u. S. 929, *Nymphaea.* — Vor Nr. 1 ist einzuschalten:
S y s t e m a t i k. — N e u h ä u s e l R. und T o m s o v i č P., Die Gattung *Nymphaea* (L.) Smith in der Tschechoslowakei. Preslia, 29, 1957: 225—249, 6 Abb., 3 Diagramme. — Tschechisch, mit deutscher Zusammenfassung.

S. 206 u. S. 929, Familie *Papaveraceae.* — Ergänzung zu „Systematik".
R y b e r g M., A morphological study of the *Fumariaceae* and the taxonomic significance of the characters examined. Acta Horti Bergiani (Uppsala), Bd. 19, Nr. 4, 1960: 121—248, 31 Textbilder, 12 Tafeln.
— Studies in the morphology and taxonomy of the *Fumariaceae*, Uppsala 1960. 20 Seiten.

S. 206, Gattg. 2, und S. 929, *Chelidonium majus* L. var. *tenuifolium* Retzius 1779, Liljeblad 1792. — Syn.: var. *laciniatum* (Mill.) Koch 1833.

S. 207, Gattg. 5, u. S. 929, *Papaver.* — Ergänzung zu „Systematik und Genetik".
H r i s h i N. J., Cytogenetical studies on *Papaver somniferum* L. and *Papaver setigerum* DC. and their hybrids. Genetica ('s Gravenhage), 1960: 1—130, 56 Fig.

S. 207, Nr. 4, u. S. 930 (samt Fußnote), *Papaver Burseri* Crantz. — Richtiger Name: *P. a l p i n u m* L. s. str. bzw. als Unterart: *P. alpinum* L. subsp. *alpinum* im Sinne von M a r k g r a f in H e g i, 2. Aufl., Bd. IV 1. — Wie mir F. M a r k g r a f in einem Brief vom 18. November 1962 mitteilt, liegt im Herbarium Burser, von L i n n é als *P. alpinum* bezeichnet, die einzige Pflanze, von der man mit Sicherheit weiß, daß sie L i n n é vor 1753 gesehen hat; es ist eine Schneebergpflanze mit weißen Blüten und fein geteilten Blättern. Folglich muß *P. alpinum* L. in diesem Sinne typisiert werden und ist *P. Burseri* Crantz als nomen superfluum et illegitimum abzulehnen.

S. 208, Nr. 7 *β*, *Papaver Rhoeas* L. f o r m a *s t r i g o s u m* (B o e n - u i n g h a u s e n) R o t h m a l e r. — Syn.: var. *strig.* Boenningh.; subsp. *strig.* (Boenn.) Simk.; *P. strig.* (Boenn.) Schur. — „Sippen mit anliegender Behaarung haben sich als nur durch Abwandlung e i n e s Allels entstandene, taxonomisch unwichtige Formen erwiesen" (R o t h m a l e r). — Wurde auch im Bgl beobachtet: Höflein, St. Margareten, Siegendorf, Draßburg.

S. 208, Nr. 8, *Papaver somniferum.* — Die Stammpflanze, als Unterart betrachtet, heißt: subsp. *setigerum* (DC.) Corbière 1893 (Nouv. Fl. de Norm.: 30), Thellung 1914.

S. 209, Nr. 6/3, *Corydalis alba.* — Richtiger Name: *C. c a p n o i d e s* (L.) P e r s. 1807. — Syn.: *Fumaria capnoides* L. s. str. — Die Auffassung von M a n s f e l d in Repert. spec. nov., 46: 111 ist nicht berechtigt, da die *Fumaria capnoides* L. nicht bei M i l l e r 1768, sondern erst bei L i n n é 1771 richtig aufgeteilt worden ist.

S. 209, Nr. 6/7, *Corydalis solida* (L.) C l a i r v i l l e 1811, Swartz 1819.

S. 210 u. S. 930, Familie *Cruciferae.* — Ergänzung zu „Systematik und Morphologie".
M a r k g r a f F., *Cruciferae,* in H e g i, Ill. Fl. v. MEur., 2. Aufl., Bd. IV 1, Liefg. 1—6, S. 47—480, 228 Textbilder, 10 Farbtafeln, 4 Schwarz-Weiß-Tafeln. 1958—1962.

S. 211, Gattg. 3, *Descurainia Sophia* (L.) P r a n t l (nicht Webb).

S. 212, Gattg. 5, u. S. 931, *Arabidopsis.* — Nach der Arbeit über „Systematik" ist einzuschalten:
M o r p h o l o g i e. — M ü l l e r A., Zur Charakterisierung der Blüten und Infloreszenzen von *Arabidopsis thaliana* (L.) Heynh. Die Kulturpflanze, 9, 1961: 364—393, 18 Textbilder, 6 Tabellen.

S. 212, Gattg. 5, *Arabidopsis.*
S y s t e m a t i s c h e S t e l l u n g: *Arabidopsis* Heynhold 1842 ist mit *Cardaminopsis* (C. A. Meyer) Hayek 1908 (Fl. v. Stmk., 1: 477) sichtlich nahe verwandt, unterscheidet sich aber durch einen anderen (ursprünglicheren) Keimlingbau und wurde daher von mir zur Tribus *Sisymbrieae* gestellt. Eine Vereinigung der beiden Gattungen erscheint mir bedenklich. Eher könnte man *Arabidopsis* trotz des abweichenden Keimlingbaues zu den *Arabideae* übertragen und dort unmittelbar vor *Cardaminopsis* einordnen (vgl. Catalogus, S. 931).

S. 212, Gattg. 10, *Erysimum*. — Ergänzung zu „Systematik".

A h t i T., On the taxonomy of *Erysimum cheiranthoides* L. (*Cruciferae*). Archivium soc. zool. botan. Finn. „Vanamo", 16 (1), 1961: 22—35, 5 Textbilder.

S. 213, Nr. 3 B, *Erysimum hieracifolium* Jusl. subsp. *virgatum*. — An-statt dessen sind z w e i Unterarten zu setzen wie folgt:

B. s u b s p. *d u r u m* (P r e s l) H e g i et E. S c h m i d 1919. — Harter Schöterich. — Syn.: *E. durum* Presl. — Wächst vorwiegend in niederen Lagen östlicher und nördlicher Gegenden. — NÖ: Bei Wien, Hollenburg und Mailberg und wohl noch anderwärts.

C. subsp. *virgatum* (Roth) Schinz et Keller 1909. Ruten-Schöterich. — Syn.: *E. virgatum* Roth. — Wächst vorwiegend in der Voralpenstufe der Alpenländer. — WTi: Ober-Inntal, von Pfunds aufwärts; auch Sb: Stubachtal, in Schluchten bei Widrechtshausen (M. R e i t e r 1962, von E. F u g g e r u. K. K a s t n e r in Mitt. d. Ges. f. Salzburger Landes-kunde, 39, 1899: 72, als *E. pannonicum* $=$ *E. odoratum* veröffentlicht). — Häufiger in der Schweiz. — Vgl. M a r k g r a f in H e g i, 2. Aufl., IV 1: 143.

S. 213, Nr. 4 b, und S. 931, *Erysimum odoratum* Ehrh. var. *sinuatum* Neilr. — Wird wohl besser wenigstens als Unterart bewertet und heißt als solche:

4 B. *E. odoratum* Ehrh. s u b s p. *c a r n i o l i c u m* (D o l l i n e r) A r c a n g. 1894. — Syn.: *E. carniolicum* Dolliner 1827. — Hauptverbreitung in Jugoslavien; in NÖ nur Annäherungsformen.

S. 213, Nr. 7 B, *Erysimum helveticum* (Jacq.) DC. subsp. *rhaeticum* (Schleich) Janchen. — Syn.: *E. silvestre* (Crantz) Scop. subsp. *rhaeticum* (Schleich.) Á. et D. Löve.

S. 214, Gattg. 12, *Malcolmia africana* (L.) R. Br. — Syn.: *Wilckia africana* (L.) F. Muell.

S. 214 u. S. 931/932, Gattg. 16, *Barbaraea* („*Barbarea*") R. Br. 1812. — Die Veröffentlichung dieses Gattungsnamens bei A g o s t i 1770 ist illegitim (vgl. S. 932), die Veröffentlichung bei B e c k m a n n 1801 in der sprachlich richtigen Wortform ist von keiner Diagnose begleitet.

S. 215, Nr. 16/3, *Barbaraea intermedia* Boreau. — Auch in NÖ gefunden: Schneeberg, am steinigen Wegrand nahe unter dem Baumgartner-Schutzhaus (M e t l e s i c s 1961).

S. 215, nach Nr. 16/3 ist einzuschalten:

4. *B a r b a r a e a v e r n a* (M i l l.) A s c h e r s. — Frühlings-Barbarakraut. — Syn.: *B. praecox* (Smith) R. Br. — Alte Angaben aus NÖ (bei Baden) und OÖ (bei Ried und „unter dem Fischer am Gries") dürften irrtümlich gewesen sein. Jedenfalls wurde diese Art in neuerer Zeit nirgends mehr gefunden. — Allg. Verbrtg.: Süd-west-, West- und Nordwest-Europa.

S. 218, Nr. 2 B, *Cardamine pratensis* s u b s p. *p a l u d o s a* (K n a f) Č e l a k. 1870 (Živa 4: 78). — Syn.: subsp. *palustris* (Wimm. et Grab.) Janchen 1957. — Wird von vielen Autoren mit subsp. *dentata* (Schult.) Čelak. 1874 (Catal. Nr. 2 C) vereinigt.

S. 219, vor Nr. 5, *Cardamine impatiens*, ist einzuschalten:

4*. *C. p a r v i f l o r a* L. — Kleinblütiges Sch., Teich-Sch. — NÖ. — March-Auen bei Baumgarten und Marchegg; spät austrocknende Senken und Flutmulden, lückig beraste Stellen nasser Auwiesen (anderwärts gern an den Rändern austrocknender Fischteiche); zieml. slt., aber gesellig (A. N e u m a n n 1959, auch H. M e l z e r 1960). — Neu für Österreich! — Allg. Verbrtg.: Europa, gemäßigtes Asien, Algerien.

S. 220, vor Nr. 21/4, *Dentaria bulbifera*, ist einzufügen:

3*. *D. g l a n d u l o s a* W. et K. — Drüsen-Zahnwurz. — Syn.: *Cardamine glanduligera* O. Schwarz 1939; *Cardamine glandulosa* (W. et K.) Schmalhausen 1895, non Blanco 1837. — Eingeschleppt in SSt: nördl. v. Ehrenhausen, in einem Buchenmischwald ein größerer Bestand (H. M e l z e r 1961 brieflich und in Mitteil. d. Naturw. Ver. f. Stmk., 92, 1962: 85). — Heimat: Ost-Mähren, Slowakei, Ungarn, Nord-Serbien, Rumänien, Polen, Rußland.

S. 220, vor Gattg. 22, *Cardaminopsis*, ist einzufügen:

21*. *Arabidopsis* Heinh., siehe Gattg. 5 auf S. 212 und hier oben zu S. 212.

S. 220, Nr. 1, *Cardaminopsis hispida* (Mygind) Hayek 1908. — Syn.: *Arabis hispida* Mygind 1774; *Arabis petraea* Koch in Mertens et Koch 1833 et auct. medio-europ. complur., non (L.) Lam. 1789, non *Cardamine petraea* L. 1753, non *Cardaminopsis petraea* (L.) Hiitonen 1950; *Arabis Crantziana* Ehrhart 1790; *Arabis petraea* (L.) Lam. var. *Crantziana* (Ehrh.) DC. 1821. — Über die Unterschiede zwischen *Cardaminopsis hispida* und *C. petraea* vgl. K e r n e r, Schedae ad Fl. exs. Austro-Hung., 2, 1882: 102—104, ad nr. 605.

S. 220, Nr. 2, *Cardaminopsis arenosa* (L.) Hayek. — Syn.: *Arabidopsis arenosa* (L.) Lawalrée 1960 (Bull. Soc. Bot. Belg., 92, 1/2, 1960: 242). — Trotz der engen Verwandtschaft zwischen den Gattungen *Cardaminopsis* und *Arabidopsis* scheint mir eine völlige Vereinigung derselben, wie sie L a w a l r é e (a. a. O.) vornimmt, wegen des verschiedenen Keimlingbaues nicht empfehlenswert. — Zu *Card. arenosa* gehört als bemerkenswerte Varietät:

b. v a r. *i n t e r m e d i a* (K o v á t s) H a y e k 1908 (Fl. v. Stmk., I: 479). — Syn.: *Arabis arenosa* var. *intermedia* Kováts ex Neilreich 1851; *Arabis petraea* var. *intermedia* (Kováts) Neilreich 1851; *Arabis hispida* var. *intermedia* (Kováts) Freyn 1889. — Felsen, Gesteinsfluren, Schuttfluren und Bachschotter der Voralpen; von den Tälern bis in die Krummholzstufe; sicher in NÖ und St, aber wohl weiter verbreitet. — In NÖ, bes. im Schneeberg-Rax-Gebiet häufig, auch andw. in den Kalkvoralpen. In St stellw. auch in den Zentralalpen, an bes. tiefen Standorten bei Gösting (nächst Graz) und in der Weizklamm. Das Vorkommen auf der Hohen Veitsch und auf dem Eisenerzer Reichenstein gab Anlaß zu der irrigen Angabe von *Cardaminopsis neglecta* (vgl. Catal., S. 933).

S. 220, Gattg. 24, *Arabis*. — Ergänzung zu den Schriften.

N o v o t n á I., Untersuchungen über die Chromosomenzahl innerhalb *Arabis hirsuta* (Komplex). Preslia, 34, 1962 (3): 249—254. — Die subsp. *planisiliqua* hat 2 n = 16; die subsp. „*euhirsuta*" hat 2 n = 32.

S. 221, Nr. 3 C, *Arabis hirsuta* L. subsp. *Gerardi* (Bess.) Hartman fil. 1854. — Giltiger Name: *A. h i r s. s u b s p. p l a n i s i l i q u a* (P e r s.) T h e l l u n g 1914. — Syn.: *Turritis hirsuta* L. subsp. *planisiliqua* Pers. 1807 (ältester Unterart-Name); *Turritis nemorensis* Wolf 1804 (pro synon.!); *Arabis nemorensis* (Wolf) Rchb. 1832 partim, non C. A. Mey. 1831; *Turritis Gerardi* Besser 1809; *Arabis Gerardi* Besser 1831; *Arabis planisiliqua* (Pers.) Rchb. fil. 1837.

S. 222, Nr. 8, *Arabis corymbiflora* Vest 1821. — Syn.: *A. ciliata* Koch 1833, non (Reynier) R. Br. 1812, DC. 1821.

S. 224, Nr. 4 b, *Alyssum montanum* L. var. *Preissmanni*. — Wird wohl besser als Unterart bewertet: s u b s p. *P r e i s s m a n n i i* (H a y e k) Á. et D. L ö v e 1961.

S. 224, Nr. 5, *Alyssum transsilvanicum* Schur. — Syn.: *A. repens* Baumg. subsp. *transsilvanicum* (Schur) Nyman.

S. 226, Nr. 3 b, *Draba carinthiaca* Hoppe var. *glabrata*. — Wird vielleicht besser als Unterart bewertet: s u b s p. *g l a b r a t a* (K o c h) Á. et D. L ö v e 1961.

S. 226, Nr. 4, u. S. 933, *Draba Pacheri* Stur. — Das einzige gesicherte Vorkommen dieser Art, der Berg „Stern-Spitze", liegt am Ostrand der zu den Hohen Tauern gehörigen Ankogelgruppe in NKt. Die Angabe aus dem Lungau (Sb) ist unbelegt und sehr unsicher. Die Pflanze wächst nur im Rasen, nicht in Schuttfluren, nicht in Felsspalten. Anderslautende Angaben im Catalogus, S. 226 und bei M a r k g r a f in H e g i, 2. Aufl., IV 1: 308, sind im vorstehenden Sinne richtigzustellen. (Siehe M e l z e r 1962: 84/85.)

S. 226, Nr. 5, u. S. 933, *Draba norica* Widder. — Wegen genauerer Angaben über das Vorkommen und die Standortsverhältnisse in den Seetaler Alpen siehe M e l z e r 1962: 84.

S. 226, Nr. 7 b, *Draba tomentosa* Clairv. var. *nivea*. — Syn.: subsp. *nivea* (Sauter) Á. et D. Löve 1961.

S. 227, Nr. 10 b u. c, *Draba aïzoides*. — Bei den Varietäten ist in der Synonymie zu verbessern: subsp. *montana* (Koch) Arcang. 1882 (statt O. Schwarz 1949) bzw. subsp. *affinis* (Host) Arcang. 1882 (statt O. Schwarz 1949).

S. 227, vor Nr. 11, *Draba Hoppeana* ist neu einzufügen:
10*. *D. B e r t o l o n i i* N y m a n v a r. *e r i o s c a p a* (C a r u e l), nova comb. — Syn.: *D. aïzoides* subsp. *Bertolonii* Nyman 1878; *D. aïzoides* var. *erioscapa* Caruel 1893; *D. longirostra* Schott, Nyman, Kotschy 1854 var. *erioscapa* (Caruel) O. E. Schulz 1927. — Wächst hart außerhalb der Grenze Österreichs im nördlichen Slowenien in den Steiner Alpen. Könnte auch im südöstlichen Kärnten vorkommen; wurde dort aber von F. T u r n o w s k y im Sommer 1962 vergeblich gesucht, so daß dieser von ihrem Fehlen auf Kärntner Boden ziemlich sicher überzeugt ist.

S. 227, Nr. 14, u. S. 933, *Draba muralis* L. — Über die Verbreitung in St siehe M e l z e r 1962: 85.

S. 227, Nr. 15, u. S. 934, *Draba nemorosa* L., Gelbliches F., Hain-F. — Im nördl. Bgl, im östl. NÖ und in St zerstr., stellw. mäßig hfg.

S. 229, Gattg. 31, *Erophila verna* (L.) Bess. 1822, Cheval. 1827, E. Meyer 1839. — Bei B e s s e r, Enum. plant. Volhyn., 1822: 71, steht die Kombination *Erophila verna* neben dem Namen *Draba verna* nicht als ein ungiltiges Synonym des letzteren, sondern wie ein gleichberechtigter Name. Auf den Seiten 82 und 103 desselben Werkes wird die Gattung *Erophila* ausdrücklich als eigene Gattung anerkannt. Dadurch wird die auf Seite 71 stehende Kombination *Erophila verna* vollgiltig legitimiert.

S. 230, Nr. 1 E, *Erophila verna* subsp. *obconica*. — Syn.: *E. obconica* D e B a r y apud Rosen, in Bot. Zeitg. 47, 1889: 600/601, nicht: (De Bary) Rosen.

S. 231, Gattg. 35, *Camelina*. — Nach der Überschrift ist einzuschalten:
V e r b r e i t u n g. — M e l z e r H., *Camelina rumelica* Vel., der Rumelische Leindotter, neu für das Burgenland. Burgenländische Heimatblätter, 24, 1962 (2): 92/93. — Bgl, Seewinkel: nahe der Fuchslochlacke westl. v. St. Andrä.

S. 231, Nr. 4, *Camelina Alyssum* (Mill.) Thellung 1906. — Syn.: *C. dentata* (Willd.) Pers. 1807; *C. sativa* (L.) Crantz subsp. *dentata* (Willd.) Arcang. 1882; *C. sativa* (L.) Crantz subsp. *Allyssum* (Mill.) Hegi et E. Schmid 1919; *Myagrum Alyssum* Mill. 1768; *Myagrum dentatum* Willd. 1794. — Dazu:
b) v a r. *i n t e g r i f o l i a* (W a l l r.) K. M a l y. — Syn.: *C. sativa* var. *integrifolia* Wallr. 1822; *C. dentata* var. *integrifolia* (Wallr.) Beck 1892.
    — Mit dieser Varietät wurde zeitweilig vermutungsweise verwechselt: *C. macrocarpa* Wierzbicki apud Rchb., Icon. fl. Germ., 2, 1837: 10; in Österreich kommt letztere Art ziemlich sicher n i c h t vor.

S. 231, Nr. 35/5, *Camelina rumelica* Velen. — Auch im Bgl, Seewinkel: In der Nähe der Fuchslochlacke westlich von St. Andrä, in mehreren Kornfeldern und an einem Ackerrain, zahlreich (H. M e l z e r 1953 und 1962). — Vgl. M e l z e r 1962 (siehe oben).

S. 231, Gattg. 36, *Neslia* Desv. 1813. — Benannt nach J. A. N. de N e s l e. — Die richtige Schreibweise *Neslea* wurde von A s c h e r s o n 1864 eingeführt.

S. 233, Nr. 8, *Thlaspi silvestre* Jord. — Am Schluß ist anzufügen: — Dazu:
b) v a r. *H u t e r i* (P e r n h o f f e r) D a l l a T o r r e (1899, Die Alpenflora: 108). — Syn.: *Th. Huteri* Pernhoffer, in Kerner, Flora exs. Austro-Hung., VII, 1896: 39/40, nr. 2523.

S. 234, Nr. 44/2, u. S. 935, *Iberis pinnata*. — In NÖ im Wiener Becken und im Steinfeld auf Äckern und Brachen eingebürgert und stellw. massenhaft, bes. bei Ebreichsdorf (M e l z e r 1961: 187/188).

S. 235, Nr. 4, u. S. 935, *Lepidium latifolium*. — Wurde von H. M e l z e r (1960) im Pulkautal bei Wulzeshofen gefunden, u. zw. auf Ödland, was gegen seine Ursprünglichkeit spricht (M e l z e r 1961: 188/189).

S. 235, Nr. 5, *Lepidium cartilagineum* (J. May.) Thellung. — Der nomenklatorische Typus dieser Art wächst nur in Südwest-Rußland und auf der Krim, wogegen die subsp. *crassifolium* in Ost-Europa (ab Bgl) und im gemäßigten Asien (bis Afghanistan und Altai) weit verbreitet ist.

S. 235, Nr. 9, *Lepidium densiflorum*. — Eingeschleppt auch im Bgl: bei St. Margareten, an Wegen und in Äckern, sonst meist Eisenbahnpflanze (M e l z e r 1961).

S. 236, Nr. 49/1, *Conringia orientalis* (L.) Dumort. 1827. — *C. or.* Andrz. steht bei DC. 1821 nur in der Synonymie, nicht als giltig anerkannter Name.

S. 236, Nr. 49/2, *Conringia austriaca* (Jacq.) S w e e t 1827, Rchb. 1832.

S. 236, Gattg. 51, u. S. 970, *Brassica*. — Ergänzungen zu „Systematik".
H e l m J., Brokkoli und Spargelkohl. Beiträge zur Geschichte ihrer Kultur und zur Klärung ihrer morphologischen und taxonomischen Beziehungen untereinander sowie zum Blumenkohl. Der Züchter, 30 (6). 1960: 223—241, 10 Textbilder. — Verf. gliedert die *Brassica oleracea* L. convar. *botrytis* Alef. in var. *botrytis*, d. i. Blumenkohl einschl. Kopf-Brokkoli, und var. *italica* (Plenck) J. Helm (= var. *cymosa* = var. *asparagoides*), d. i. Spargelkohl, verzweigter Brokkoli, Sprossen-Brokkoli. Vgl. unten (zu S. 237, Nr. 5).

H e l m J., Die „Chinakohle" im Sortiment Gatersleben, 1. *Brassica pekinensis* (Lour.)
Rupr. Die Kulturpflanze, 9, 1961: 88—113, 7 Textbilder.
O l s s o n G., Species crosses within the genus *Brassica*, I. Artificial *Brassica juncea*
Coss. Hereditas (Lund), 46 (1/2), 1960: 171—223, 19 Fig. — Durch die Kreuzung von
B. campestris L. (= *B. Rapa* subsp. *silvestris*) mit *B. nigra* (L.) Koch wurde *B. jun-
cea* (L.) Czernjajev künstlich erzeugt.
— Species crosses within the genus *Brassica*, II. Artificial *Brassica napus* L. Hereditas
(Lund), 46, 1960: 351—386, 14 Fig. — Durch die Kreuzung von *B. campestris* L.
subsp. *oleïfera* (Metzger) Sinskaja 1928 (d. i. *B. Rapa* L. subsp. *oleïfera* DC.) mit
B. oleracea ist *B. Napus* L. subsp. *oleïfera* (Metzger [recte DC.]) Sinskaja hergestellt
worden. Durch die Kreuzung von *B. campestris* L. subsp. *rapifera* (Metzger)
Sinskaja (d. i. *B. Rapa* L. subsp. *Rapa)* mit *B. oleracea* ist *B. Napus* L. subsp.
rapifera (Metzger) Sinskaja hergestellt worden.
B e r g g r e n G., Reviews on the taxonomy of some species of the genus *Brassica,* based
on their seeds. Svensk Botanisk Tidskrift, 56, 1962 (1): 65—135, 4 Textbilder,
4 Tafeln, 8 Tabellen.

S. 236, Nr. 51/1, u. S. 935, *Brassica elongata* Ehrh. — Auch in NÖ: Im
oberen Grillenberger Tal (südwestl. v. Berndorf), auf Dolomitgrushalden bei
etwa 450 m auf beschränktem Raume nicht selten und sicher bodenständig
(H. M e t l e s i c s, August 1958, briefl. Mitt.).

S. 237, Nr. 5, *Brassica cretica* Lam. subsp. *Botrytis* (L.) O. Schwarz. —
Am Schluß ist anzufügen: — Dazu:

b) v a r. *c y m o s a* (L a m.) O. S c h w a r z 1949. — Spargelkohl, Brokkoli.
— Syn.: *B. (oleracea) botrytis* var. *cymosa* Lam. 1789; *B. oleracea* L.
var. *italica* Plenck 1794; *B. oleracea, Botrytis* (b) *Botrytis cymosa,* sive
asparagoides Brotero 1804; *B. oleracea* var. *asparagoides* Gmelin 1808;
B. Botrytis var. *italica* (Plenck) Vietz 1817; *B. oleracea* L. convar. („F.")
Botrytis (L.) DC. var. *asparagoides* (Gmel.) DC. 1821, 1824; *B. oleracea*
L. convar. *botrytis* (L.) Alef. var. *italica* (Plenck) J. Helm apud Mansfeld 1958 und in „Der Züchter" 1960. — Wird in Österreich sehr wenig
kult.

S. 237, Nr. 6, *Brassica Napus*. — Die Entstehung dieser Art aus der
Kreuzung von *B. oleracea* mit *B. Rapa* wurde von G. O l s s o n 1960 (siehe
oben II) experimentell nachgewiesen, u. zw. sowohl für subsp. A als auch
für subsp. C.

S. 238, Nr. 7 A, *Brassica Rapa* L. subsp. *silvestris* (Lam.) Janchen 1953.
— Giltiger Name: s u b s p. *c a m p e s t r i s* (L.) C l a p h a m 1952.

S. 238, Nr. 8, *Brassica pekinensis*. — Syn.: *B. campestris* L. subsp. *pekinensis* (Lour.) Olsson.

S. 238, Nr. 9, *Brassica chinensis*. — Syn.: *B. campestris* L. subsp.
chinensis (L.) Makino.

S. 238, Nr. 10, *Brassica juncea*. — Die Entstehung dieser Art aus der
Kreuzung von *B. Rapa* subsp. *campestris* (= subsp. *silvestris*) mit *B. nigra*
wurde von G. O l s s o n 1960 (siehe oben I) experimentell nachgewiesen.

S. 239, Gattg. 53, *Eruca sativa* Mill. — Syn.: *E. vesicaria* (L.) Cavan.
subsp. *sativa* (Mill.) Thellung.

S. 240, Gattg. 55, u. S. 936, *Brassicella Erucastrum*. — Nach
A. B e c h e r e r ist der giltige Name: *B r a s s i c e l l a   C h e i r a n t h o s*
(V i l l.) F o u r r e a u 1866. — Vgl. S c h i n z et T h e l l u n g, in Viertel-
jahrsschrift d. Naturf. Ges. Zürich, 66, 1921: 278—280 u. 282/283. — Der
Gattungsname *Brassicella* Fourr. ist nicht als nomen nudum abzulehnen, da

48

die Art *B. Cheiranthos* (Vill.) Fourr. durch die beigefügte Synonymie als ausreichend beschrieben anzusehen ist.

S. 240, Gattg. 56, *Hirschfeldia incana*. — Eingeschleppt auch in NÖ: Kleefelder um Radlbrunn (südwestl. v. Ziersdorf) und Aspersdorf (nördl. v. Hollabrunn), beides nach Josef J u r a s k y (dzt. St. Andrä vor dem Hagental).

S. 241, Gattg. *Reseda*. — In der „Gliederung der Gattung" ist zu verbessern:

Sektion 3. *Reseda* s. str. (= *Resedastrum*).

S. 241, Nr. 5, *Reseda odorata* L. — Heimat: Libyen.

S. 243, Gattg. *Elatine*. — Ergänzung zu „Systematik".

B r a u n Alex., Observationes quaedam in *Elatines* species. In ejusdem: Sylloge Plantarum novarum itemque minus cognitarum, Ratisbonae, I, 1824: 81—84. — Verf. unterscheidet hier: *E. triandra* Schkuhr, *E. hexandra* DC., *E. Hydropiper* Linn. und die neue *E. major* (Schkuhr pro var.); letztgenannte wie *E. Hydropiper* 4petalig, 8männig, 4weibig, mit 4klappiger Kapsel, vielleicht nur Varietät.

S. 244, Gattg. *Elatine*, Nr. 2, *E. gyrosperma*. — Giltiger Name: *E. H y d r o p i p e r* L., emend. A. Braun 1824 (siehe oben). — Syn.: *E. Schkuhriana* Hayne ex Rchb. 1832.

S. 244, Familie *Droseraceae*. — Ergänzung zu „Systematik und Ökologie".

H u b e r H., mit Beiträgen von S c h a e f t l e i n H., *Droseraceae*, in H e g i, Ill. Fl. v. MEur., 2. Aufl., IV 2: 4—20, 11 Textbilder, 1 Farbtafel. 1961.

S. 244, Gattg. *Drosera*. — Nach der Überschrift ist einzufügen:

V e r b r e i t u n g. — S c h a e f t l e i n H., *Drosera* (Sonnentau) auf der Turracher Höhe. Ein Beitrag zur Kenntnis von *Drosera* ×*obovata* Mert. et Koch. Carinthia II, 70 (150) (1), 1960: 61—81, 1 Textbild. — Der Bastard wächst in dem genannten Grenzgebiet von Steiermark und Kärnten zufolge starker vegetativer Vermehrung auffallend reichlich, bes. beim Schwarzsee, wogegen *D. rotundifolia* selten ist und *D. anglica* ganz fehlt.

S. 245, Gattg. *Viola*. — Ergänzung zu „Systematik der ganzen Gattung". (Ersatz für S. 245, Zeile 6/5 von unten).

S c h m i d t Alexander, Zytotaxonomische Untersuchungen an europäischen *Viola*-Arten der Sektion *Nomimium*. ÖBZ, 108, 1961 (1): 20—88, 8 Textbilder. — Verf. hat 19 Arten und 13 Bastarde der Subsektionen *Acaules* (= *Uncinatae*) und *Caulescentes* (= *Rostratae*) zytologisch eingehend untersucht und konnte auch beachtliche systematische Folgerungen ziehen. Verwandte Arten unterscheiden sich mitunter in der Chromosomenzahl, so *V. Thomasiana* (2 n = 20) und *V. ambigua* (2 n = 40), analog auch *V. silvestris* (= *V. Reichenbachiana*, diploid) und *V. Riviniana* (tetraploid) sowie *V. odorata* und *V. suavis* MB. s. l., zu welch letzterer vom Verf. auch die im Catalogus als *V. Beraudii* subsp. *austriaca* zusammengefaßten Sippen mit einbezogen werden. *V. Schultzii* wird wie im Catalogus als Subspecies zu *V. montana* gestellt.
— Zytotaxonomische Untersuchungen an *Viola*-Arten der Sektion *Melanium*. Berichte d. Bayer. Botan. Ges., 34, 1961: 93—95. — Von den 8 untersuchten Arten wachsen in Österreich nur 2, nämlich *Viola calcarata* L. und *V. Zoysii* Wulfen. Beide sind tetraploid (2 n = 40).

V a l e n t i n e D. H., Variation and evolution in the genus *Viola*. Preslia, 34 (1/2), 1962: 160—206, 2 Textbilder, 4 Tabellen.

S. 245 u. S. 246, *Viola*. — Systematik der Subsektionen *Rostratae* und *Uncinatae:* siehe S c h m i d t 1961, ÖBZ.

S. 246, *Viola*. — Systematik der Series *Calcaratae:* siehe S c h m i d t 1961, Ber. Bayer. Bot. Ges.

S. 248, Nr. 10, *Viola ambigua* und Nr. 11, *V. Thomasiana*. — Von diesen zwei einander nahestehenden Arten ist *V. Thomasiana* diploid, folglich voran zu stellen; *V. ambigua* ist tetraploid, also stärker abgeleitet, wenn auch wohl sicher kein unmittelbarer Abkömmling der westalpinen *V. Thomasiana*.

S. 249, Nr. 15 A, *Viola alba* Bess. subsp. *scotophylla* (Jord.) N y m a n 1878, Arcang. 1882.

S. 250, Nr. 23 B, *Viola tricolor* L. subsp. *subalpina* Gaudin 1828 (Fl. Helv. II: 210). — Syn. (verbessert): subsp. *alpestris* (DC.) Marcailhou-d'Ayméric 1900 (Catal. plant. Bass. Haute Ariège, in Bull. Soc. d'hist. nat. Autun, vol. 13); Schinz et Keller 1905; var. *alpestris* DC. 1824; *V. alpestris* (DC.) Hegetschw. 1839 partim (nom. illeg.), Jordan 1846, Wittrock 1897, W. Becker 1910.

S. 256, Gattg. *Hypericum*. — Vor „Gliederung der Gattung" ist einzufügen: V e r b r e i t u n g. — J u r a s k y J., Das Zierliche Johanniskraut (*Hypericum elegans* Steph.) mehrfach in Niederösterreich. Natur und Land, 48, 1962 (4): 92—93.

S. 257, Nr. 5, *Hypericum barbatum*. — Wächst auch im Bgl: Unter-Petersdorf (westl. v. Deutsch-Kreuz, Bezirk Ober-Pullendorf, T r a x l e r, in Natur u. Land, 48, 1962: 46); angeblich auch in Süd-St: Goritz bei Rad-kersburg (nach H a y e k, Fl. v. Stmk. „bei Windisch-Goritz nächst Radkers-burg"), doch dort in neuerer Zeit nicht wiedergefunden (H. M e l z e r).

S. 257, Nr. 6, *Hypericum elegans*. — Wächst in NÖ auch im Schmida-Tal und im nördlichen Weinviertel (nach J u r a s k y, siehe oben).

S. 257, Familie *Crassulaceae*. — Ergänzung zu „Systematik".
H u b e r H., *Crassulaceae*, in H e g i, Ill. Fl. v. MEur., 2. Aufl., IV 2: 62—80, 16 Text-bilder, 1 Farbtafel, 1961, unvollendet.

S. 258, Gattg. *Sedum*. — Ergänzung zu „Systematik".
J a l a s J. und R ö n k k ö M. T., A contribution to the cytotaxonomy of the *Sedum telephium* group. Archivium Soc. 'Vanamo', 14: 2, 1959. Helsinki 1960: 112—116. — Die Verfasser fanden *Sedum telephium* subsp. *fabaria* (Koch) Kirschleger diploid $(2 n = 24)$, die Unterarten *purpurascens* und *maximum* beide tetraploid $(2 n = 48)$.
W e b b D. A., What is the type of *Sedum Telephium* L.? Feddes Repert., 64 (1), 1961: 18/19. — Nach Ansicht des Verf. ist als Typus von *S. Telephium* zu betrachten: *S. Tel.* subsp. *purpureum* var. *album* (L.) Schinz et Thellung. Dazu kommt: Von der Sammelart *S. Telephium* L. wurde 1791 von H o f f m a n n *S. maximum* (L.) als eigene Art abgetrennt; dadurch wurde *S. Telephium* s. str. auf *S. purpureum* (L.) eingeschränkt.

S. 258, Nr. 2, *Sedum purpureum* (L.) Schultes 1814. — Giltiger Name: *S. T e l e p h i u m* L. s. s t r. (siehe W e b b 1961). — Syn. (verbessert): *S. purpurascens* Koch 1843; *S. Telephium* L. subsp. *purpureum* (L.) Hartman 1849, Kirschleger 1852, Schinz et Keller 1909; *S. Telephium* L. subsp. *pur-purascens* (Koch) Syme 1865, Areschoug 1866.

S. 258, Nr. 3, *Sedum maximum* (L.) Hoffmann 1791, Suter 1802. — Syn. (verbessert): *S. Telephium* L. subsp. *maximum* (L.) Pers. 1805, Kirschleger 1852, Rouy et Camus 1901.

S. 258, ganz unten, nach Nr. 3, ist einzuschalten:
3*. *S e d u m F a b a r i a* K o c h 1837. — Berg-Fetthenne, Berg-Fettblatt, Gebirgs-F. — Syn.: *S. Telephium* L. subsp. *Fabaria* (Koch) Kirschleger 1852, Syme 1865, Schinz et Keller 1909; *S. maximum* (L.) Hoffm. subsp. *Fabaria* (Koch) Á. et D. Löve 1961. — Wird als Zierpfl. kult., dient auch als Bienennährpflanze. — Allg. Verbrtg.: WestEur., nördl. MEur., OstEur., bes. in den Mittelgebirgen.

S. 259, Nr. 12, *Sedum Hillebrandtii* („*Hillebrandii*") Fenzl 1856. — Syn. (verbessert): *S. sexangulare* L. subsp. *Hillebrandii* (Fenzl) Nyman (Consp. fl. Eur.: 261, etwa 1879), Huber 1936; *S. Sartorianum* Boiss. subsp. *Hillebrandii* (Fenzl) D. A. Webb. — Benannt nach Franz H i l l e b r a n d t, geboren in Eisgrub (Mähren) am 7. November 1805, gestorben in Wien am 5. Dezember 1860. Er war gärtnerischer Leiter des Gartens der österreichischen Flora (bekannt als H o s t scher Garten) im Belvedere in Wien. Das von F e n z l nach ihm benannte *Sedum* hatte H i l l e b r a n d t aus Ungarn mitgebracht.

S. 259/260, Nr. 14, u. S. 970, *Sedum rupestre* L. — Richtiger Name: *S. r e f l e x u m* L. 1755, 1762. — Syn.: *S. rupestre* L. 1753 partim, non L. 1755, 1762. — Das *S. rupestre* L. 1753 umfaßt wenigstens die beiden Arten *S. reflexum* L. und *S. Forsterianum* Smith 1808 (incl. *S. elegans* Lejeune 1811 = subsp. *elegans* [Lej.] E. F. Warburg); letztere hat ihre Hauptverbreitung in West-Europa und reicht noch bis West-Deutschland. Dazu kommen noch folgende westeuropäische und südeuropäische Sippen: *S. montanum* Perr. et Song. 1866 (= *S. arrigens* Grenier 1875 = *S. rupestre* L. subsp. *montanum* [Perr. et Song.] E. Schmid in Hegi = *S. ochroleucum* subsp. *montanum* [Perr. et Song.] D. A. Webb 1961, von den Seealpen bis Graubünden), *S. pruinatum* Link ex Brotero 1804 (Spanien und Südwest-Frankreich) und *S. ochroleucum* Chaix 1785 (= *S. anopetalum* DC. 1808, Südeuropa). Im Jahre 1755 (und 1762) hat L i n n é von seinem *S. rupestre* das *S. reflexum* als eigene Art abgetrennt. Mit letzterem Namen meinte er allerdings zunächst nur die rein grüne (nicht glauke) Kulturform. Dennoch wurde durch Abtrennung des *S. reflexum* der Name *S. rupestre* L. 1755, 1762 s. str. auf die westeuropäischen Sippen oder doch in erster Linie auf diese eingeschränkt. Die weitere systematische Gliederung derselben kann hier außer Betracht bleiben. Die blaugrüne Wildform des *S. reflexum* L. kann aber nicht mehr mit dem Namen *rupestre* bezeichnet werden, sondern hat subsp. (oder var.) *glaucum* zu heißen; siehe die nächsten Zeilen.

S. 260, Nr. 14 A, und S. 970. — Die Wildform des *S. reflexum*, als Unterart bewertet, heißt: s u b s p. *g l a u c u m* (L e j e u n e) J a n c h e n, nova comb. — Syn.: var. *glaucum* Lejeune 1824, Mert. et Koch 1831; *S. glaucum* Donn 1809, Fries 1817, Smith 1824, non Lam. 1778, non Poir. 1798, non W. et K. 1805.

S. 260, Nr. 14 B, und S. 970. — Die Kulturform des *S. reflexum* heißt als nomenklatorischer Typus: s u b s p. *r e f l e x u m*. — Syn.: var. *reflexum* Mansfeld; var. *viride* Koch 1837.

S. 260, Nr. 16 b, *Sedum atratum* L. var. *carinthiacum* Hoppe. — Syn.: subsp. *carinthiacum* (Hoppe) D. A. Webb 1961 (in Feddes Repert., 64, 1961: 21). — Auf Grund der klar herausgearbeiteten Unterscheidungsmerkmale gegenüber dem Typus der Art wird diese Sippe vom Verf. als Unterart bewertet; ihre Verbreitung ist: österreichische Alpen, Dolomiten, Jugoslawien, Nord-Albanien, Epirus; sie scheint in den Balkanländern gegenüber dem Typus vorzuherrschen.

S. 260, Gattg. *Sempervivum*. — Ergänzung zu „Systematik".
Z é s i g e r F., Recherches cytonomiques sur les Joubarbes (genres *Sempervivum* L. et *Jovibarba* Opiz). Ber. d. Schweiz. Botan. Ges., 71, 1961: 113—117, 1 Textbild.

S. 261, Nr. 1, *Sempervivum soboliferum* Sims. — Syn.: *Jovibarba sobolifera* (Sims) Opiz.

S. 261, Nr. 2, *Sempervivum arenarium* Koch. — Syn.: *Jovivarba arenaria* (Koch) Opiz.

S. 261, Nr. 2 B, *Sempervivum arenarium* Koch subsp. *Neilreichii* (Schott). — Die richtige Autorbezeichnung für *S. Neilreichii* ist nicht Schott, sondern: Schott, Nyman, Kotschy.

S. 261, Nr. 3, *Sempervivum hirtum* Juslen. — Syn.: *Jovibarba hirta* (Juslen.) Opiz.

S. 261, Nr. 3 B, *Sempervivum hirtum* Juslen. subsp. *adenophorum.* — Syn.: *Jovibarba hirta* (L.) Opiz subsp. *adenophora* (Borb.) Á. et D. Löve.

S. 262, Nr. 7, *Sempervivum Pittonii* Schott. — Die richtige Autorbezeichnung ist: Schott, Nyman, Kotschy.

S. 262, Nr. 10, *Sempervivum Schottii* Baker. — Hierher könnten möglicherweise die im Burgenland (Hackelsberg, Hochberg, Goldberg) wildwachsenden Pflanzen als nördlichste Vorposten ihrer Verbreitung gehören. Siehe jedoch Nr. 11.

S. 262, Nr. 11, *Sempervivum tectorum* L. — Nördl. Bgl.: Südosthang des Hackelsberges bei Jois (altbekannter Fundort, zahlreiche dicht gedrängte Pflanzen auf eng begrenztem Raum), Südhang des Hochberges bei St. Georgen (G. T r a x l e r 1959), auf dem Goldberg bei Oslip (G. T r a x l e r 1960). — Die örtlichen Verhältnisse lassen es möglich erscheinen, daß es sich um verwilderte Kulturpflanzen handelt.

S. 262, Nr. 12, *Sempervivum glaucum* Ten. — Ist aus der Flora Österreichs zu streichen; siehe *S. Schottii* (Nr. 10) und *S. tectorum* (Nr. 11).

S. 263, Nr. 5 × 6, *Sempervivum Braunii* × *S. arachnoideum* = *S. noricum* Hayek. — Syn.: *S. barbulatum* Schott var. *noricum* (Hayek) Rowley, Repertorium plantarum succulentarum, 9, 1958, ersch. 1960: 29. — *S. Braunii* (= *S. stiriacum*) wird von R o w l e y als Varietät von *S. montanum* betrachtet.

S. 263, Nr. 5 × 8, *Sempervivum Braunii* × *S. Wulfenii* = *S. Pernhofferi* Hayek. — Syn.: *S. rupicolum* Kerner var. *Pernhofferi* (Hayek) Rowley, Repert. plant. succ., 9, 1958, ersch. 1960: 29. — Siehe den vorhergehenden Bastard.

S. 264, Familie *Saxifragaceae.* — Ergänzung zu „Systematik".

H u b e r H., *Philadelphaceae,* in H e g i, Ill. Fl. v. MEur., 2. Aufl., IV 2: 37—42, 5 Textbilder. 1961.
— *Grossulariaceae,* ebenda, 43—61, 18 Textbilder. 1961.

S. 264, Gattg. 2, *Saxifraga.* — Ergänzungen zu „Systematik usw.".

F u c h s H. P., Kleine Beiträge zur Nomenklatur und Systematik der Schweizer Flora, III. Ber. d. Schweiz. Botan. Ges., 70, 1960: 46—49. — Einleuchtender Nachweis, daß die als *Saxifraga Aïzoon* Jacq. 1778 allgemein bekannte Art aus Prioritätsgründen den Namen *S. paniculata* Mill. 1768 zu führen hat. (Vgl. Catalogus, S. 938, zu S. 267, Nr. 26.)
— *Saxifraga crustata* oder *Saxifraga incrustata?* Phyton (Graz), 9 (1/2), Dezember 1960: 37—44. — *S. incrustata* Vest (März 1804) ist bei strenger Anwendung der Nomenklaturregeln als „nomen provisorium", demnach als nomen illegitimum zu betrachten. Giltig ist daher *S. crustata* Vest (Oktober 1804). Dies entspricht auch der Auffassung von E n g l e r und I r m s c h e r im „Pflanzenreich" und von F r i t s c h im Jahr 1922.

S. 265, Nr. 3 B, *Saxifraga stellaris* subsp. *prolifera.* — Wurde auch in Jugoslawien gefunden, u. zw. in den Steiner Alpen (Berg Krnes oberhalb des Ortes Ljubno, nach T. W r a b e r).

S. 267, Nr. 19, u. S. 938, *Saxifraga decipiens*. — Wurde bei Hardegg vergeblich gesucht; dürfte demnach in NÖ und überhaupt in Österreich gänzlich fehlen.

S. 267, Nr. 21 B, *Saxifraga moschata* Wulf. subsp. *pseudoëxarata* Braun-Blanquet. — Ist sicher nachgewiesen auch für Alp. v. OÖ, u. zw. für den Nordteil des Dachsteingebietes (M o r t o n brieflich).

S. 267, Nr. 25, *Saxifraga crustata* Vest (Oktober 1804). — Syn.: *S. [Cotyledon* L. var.] *incrustata* Vest (März 1804, nom. illeg.). — Vgl. H. P. F u c h s 1960 in Phyton.

S. 267, Nr. 26, u. S. 938, *S a x i f r a g a   p a n i c u l a t a* M i l l. 1768. — Deutscher Name: Rispen-Steinbrech. — Syn.: *S. Aïzoon* Jacq. 1778. — Vgl. H. P. F u c h s 1960 in Ber. Schweiz. Bot. Ges.

S. 268, Nr. 29, S. 938 u. S. 970, *Saxifraga Cotyledon* L. — Von der echten nordischen Sippe dieses Namens ist die in den Alpen (von Vorarlberg westwärts) wachsende Sippe in mehreren wesentlichen Merkmalen auffallend verschieden, wie H. P. F u c h s einleuchtend dargelegt hat. Die Sippe der Alpen verdient also wohl als eigene Art abgetrennt zu werden. Der älteste binäre Name ist: *S. H a l l e r i* V e s t 1 8 0 5. Wie H. P. F u c h s nachgewiesen hat, wurde die bereits von H a l l e r beschriebene Sippe von V e s t binär benannt. Die Identität ist aus einem Vergleich der Beschreibungen von H a l l e r und von V e s t deutlich zu erkennen. Ein jüngeres Synonym ist *S. montavoniensis* A. Kerner 1890.

S. 269, Nr. 39, *Saxifraga macropetala* Kerner. — Syn.: *S. biflora* All. var. *Kochii* Kittel 1844; *S. Kochii* Bluff, Nees et Schauer 1838, non Hornung 1835.

S. 270, Gattg. 6, *Philadelphus*. — Ergänzung zu „Systematik".
H u b e r H., *Philadelphaceae*, in H e g i, Ill. Fl. v. MEur., 2. Aufl., IV 2: 37—42, 5 Textbilder, 1961.

S. 271 oben, *Philadelphus coronarius* L. — Wildwachsend und wahrscheinlich ureinheimisch auch in OÖ: in Wäldern bei Gmunden und an zwei Stellen bei Steyr (nach N e u m a y e r, in Verh. d. ZoBoG, 79, 1929: 365).

S. 271, Gattg. 7, *Ribes*. — Ergänzungen zu „Systematik und Nomenklatur".
H u b e r H., *Grossulariaceae*, in H e g i, Ill. Fl. v. MEur., 2. Aufl., IV 2: 43—61, 18 Textbilder. 1961.
W e b b D. A., in Feddes Repertorium, 64 (1), 1961: 26. — An Stelle von *R. Schlechtendalii* Lange 1870 vertritt W e b b sehr entschieden die Verwendung des Namens *R. spicatum* Robson 1797 (emend. Wilmott 1918), obwohl diese nach wie vor unsichere Kulturpflanze nach der Originalbeschreibung in sehr wesentlichen Kennzeichen (äußerst kurz gestielte, der aufrechten Traubenachse angedrückte Beeren) von *R. Schlechtendalii* abweicht; W e b b hält *R. spicatum* Robson für „eine seltene Variante, die man schwerlich als eine Monstrosität betrachten kann". — Bezüglich der Verwendung des Namens *Ribes rubrum* L. für die westeuropäische Art stimmt W e b b (a. a. O., S. 25/26) mit der im Catalogus (S. 271) vertretenen Auffassung überein.

S. 272, Nr. 6, *Ribes Uva-crispa* L. — Syn.: *Grossularia Uva-crispa* (L.) Mill.

S. 272, Nr. 7, *Ribes Cynosbati* L. — Syn.: *Grossularia Cynosbati* (L.) Mill.

S. 272, Nr. 8, *Ribes oxyacanthoides* L. — Syn.: *Grossularia oxyacanthoides* (L.) Mill.

S. 273, Familie *Rosaceae*. — Ergänzung zu „Systematik".

D u h a n K., Die wertvollsten Obstsorten. Wien (Fromme), seit 1957 im Erscheinen. Lieferungswerk in Loseblattausgabe, in Zusammenarbeit mit dem Bundesausschuß der Landesobstbauverbände Österreichs. Quer-Klein8°. Liefg. 1: Äpfel u. Birnen, 1. Teil, 1957, 48 Blätter Text u. 21 Farbtafeln; Liefg. 2: Äpfel u. Birnen, 2. Teil, 1961, 42 Bl. Text u. 20 Farbtafeln; Liefg. 3: Steinobst, 1. Teil, 1959, 46 Bl. Text, 20 Farbtaf., 1 Schwarzdrucktafel. — Es sollen noch folgen: Steinobst, 2. Teil und Beerenobst.

K r ü m m e l H., G r o h W. und F r i e d r i c h G., Deutsche Obstsorten. Arbeiten der Zentralstelle für Sortenwesen. Berlin (Deutscher Bauernverlag), 1956—1960. In 10 Lieferungen erschienen. Enthält rund 145 Sortenbeschreibungen mit 220 Farbtafeln, darunter 43 Sorten von Äpfeln, 25 von Birnen, 40 von Süß- und Sauerkirschen, 20 von Pflaumen und Zwetschken, 8 von Pfirsichen, 4 von Aprikosen, 2 von Edeleberbereschen, 3 von Walnüssen.

S. 274, Nr. 1/2, u. S. 938, *Spiraea media* Franz Schmidt*). — Wächst in St noch immer nördlich von der Peggauer Wand auf einer großen Fläche massenhaft (H. M e l z e r und W. M a u r e r 1961) und außerdem am Westhang der „Kanzel" nördl. v. Graz reichlich (M a u r e r 1958: 6). Alle österreichischen Fundorte gehören zu der (wohl häufigsten) v a r. *o b l o n g i f o l i a* (W. et K.) D i p p e l. Näheres bei M e l z e r 1962: 85—87.

S. 274, Gattg. 4, *Aruncus*. — Nach T u t i n und nach L ö v e wachsen in Europa und in Nordamerika zwei verschiedene Arten. Die europäische Pflanze hat *A. v u l g a r i s* R a f i n. zu heißen, die nordamerikanische hingegen *A. dioicus* (Walt.) Fernald.

S. 275, vor Nr. 5/2, *Filipendula vulgaris*, ist einzuschalten:

1*. *F i l i p e n d u l a s t e p p o s a* J u z e p c z u k. — Steppen-Mädesüß. — NÖ. — March-Auen bei Forsthaus Baumgarten und bei Schloß Marchegg; wechselfeuchte Auwiesen, lichtbedürftiger als *F. Ulmaria* und daher nicht wie diese in die Augebüsche und Auwälder eindringend, aber auf den flußnahen Auwiesen die *F. Ulmaria* gänzlich vertretend; zerstreut und gesellig. (A. N e u m a n n 1959.) — Neu für Österreich. Nach A. N e u m a n n sicher eine gute Art, von *F. Ulmaria* morphologisch und verbreitungsökologisch gut unterschieden.

S. 276, Nr. 2 B, u. S. 970, *Sanguisorba minor* Scop. subsp. *muricata* (Spach) Briquet. — Für *S. muricata* (als Art) ist die richtige Autorbezeichnung: (Spach) Gremli 1874, nicht (Spach) Franchet. Denn Franchet bildete diese Kombination nicht 1866, sondern erst 1885 in der „Flore de Loir ct Cher", S. 181. (A. B e c h e r e r, Brief v. 8. Mai 1960). — Typische subsp. *muricata* wurde auch in Sb gefunden, u. zw. eingeschleppt in Taxenbach an einer neuen Straßenböschung (M. R e i t e r 1962).

S. 276/277, Gattg. 10, *Geum*. — Ergänzung zu „Systematik".

G a j e w s k i W., Evolution in the genus *Geum*. Evolution (Lanc., Pa.), 13, 1959: 378 bis 388, 4 Fig. — Ref. v. J. K r a u s e in Ber. ü. d. wiss. Biol., 144 (1), 1960: 109.

S. 279, Nr. 6, *Potentilla micrantha*. — Wächst auch in Sb: um Taxenbach (Unter-Pinzgau) verbreitet (nach M. R e i t e r, Brief v. 14. Mai 1960).

S. 279/280, Nr. 13 a, *Potentilla recta* var. *recta*. — Wurde auch in Sb gefunden, u. zw. eingeschleppt in Taxenbach an einer neuen Straßenböschung (M. R e i t e r 1962).

S. 282, Nr. 25, *Potentilla serpentini* Borb. — Syn.: *P. Crantzii* subsp. *serpentini* (Borbás) Á. et D. Löve 1961. — Die Bewertung als Unterart hätte

---

*) Nicht der viel bekanntere Friedrich Wilhelm Schmidt, der gewöhnlich als F. Schmidt, als Schmidt oder Schm. abgekürzt wird.

54

manche Gründe für sich. — Bgl: Im ganzen Serpentingebiet (von Bernstein, Redlschlag usw.) sehr häufig (nach O. G u g l i a).

S. 285, Gattg. 15, u. S. 970, *Fragaria*. — Ergänzung zu „Systematik".
S t a u d t G., Die Entstehung und Geschichte der großfrüchtigen Gartenerdbeeren *Fragaria* ✕ *ananassa* Duch. Der Züchter, 31, 1961 (5): 212—218, 5 Textbilder. — *F. ananassa* ist aus *F. chiloënsis* (L.) Duch. ♀ ✕ *F. virginiana* Duch. ♂ entstanden; sie ist wie beide Elternarten oktoploid. Vgl. S t a u d t in Catal., S. 285.

S. 286, Nr. 2 ✕ 3, *Fragaria viridis* ✕ *F. moschata* = *F. neglecta* L i n d e n (nicht Lindemann!).

S. 286/287, Gattg. 17, u. S. 939/940, *Alchemilla*. — Ergänzung zu „Systematik".
W a l t e r s S. M., Suggested treatment for *Alchemilla* in Flora Europaea. Feddes Repert., 63 (2), 1960: 127—131. — Gliederung der Gattung und Übersicht der Arten auf Grundlage der Arbeiten von W. R o t h m a l e r.

S. 288, Nr. 9, *Alchemilla fissa* Guenther et Schummel. — Syn.: *A. fissa* G. et Sch. subsp. *glabra* (DC.) Dostál 1954.

S. 288, Nr. 10, *A. pyrenaica* Dufour. — Syn.: *A. fissa* G. et Sch. subsp. *firma* (Buser) Dostál 1954.

S. 289, Nr. 13, *A. incisa* Buser. — Syn.: *A. fissa* G. et Sch. subsp. *incisa* (Buser) Dostál 1954.

S. 289, Nr. 16, *Alchemilla Kerneri* Rothm.*). — Syn.: *A. splendens* Christ agsp. *Kerneri* (Rothm.) Á. et D. Löve, Chromosome numbers, 1961: 207 und in Feddes Repert., 63: 143 (1961). — NTi: Im Floitengrund des Zillertales (A. K e r n e r 1960, Originalfundort); Vb: Umgebung des Fellhorns in den Allgäuer Alpen (E. H e p p 1947). — Sonstiges Vorkommen: Bayern, Allgäuer Alpen, Fellhorn, selten (H e p p 1947).

S. 289, Nr. 17, *A. hybrida* L. — Syn.: *A. glaucescens* Wallr. subsp. *pubescens* (Lam.) Dostál 1954.

S. 290, Nr. 20, *A. plicata* Buser. — Syn.: *A. glaucescens* Wallr. subsp. *plicata* (Buser) Dostál 1954.

S. 292, Nr. 33, *Alchemilla reniformis* Buser. — Wächst auch im Bgl: Ödenburger Gebirge, bei Sieggraben (T r a x l e r 1962).

S. 293, Nr. 43b, *Alchemilla filicaulis* Buser var. *vestita* (Buser) Rothmaler. — Syn.: *A. vestita* (Buser) Raunkiaer.

S. 298, Nr. 1, *Rubus saxatilis* L. — Wächst auch im Bgl: bei Bernstein, auf Serpentin.

S. 304, nach Nr. 46, *Rubus bifrons*, ist einzuschalten:
46*. *R u b u s u l m i f o l i u s* S c h o t t. — Ulmenblatt-Brombeere. — NÖ (Wien): zwischen Hütteldorf und Hadersdorf an einem Gartenzaun über dem sonnseitigen Wienfluß-Ufer, vor etwa 4 Jahrzehnten gepflanzt und seitdem ohne Pflege erhalten geblieben, wobei sie nach Angabe des Gartenbesitzers regelmäßig fruchtet (A. N e u m a n n 1962). — Heimat: Mittelmeergebiet (bis Süd-Krain u. STi) und West-Europa.

S. 304, Nr. 47, *Rubus rudis* W e i h e e t N e e s (nicht Weihe allein).

S. 332/333, S. 940 u. S. 971, Gattg. *Rosa*. — Ergänzung zu „Systematik".
P a r k B., The guide of Roses. Princeton (New Yersey), 1956. 288 Seiten, bebildert. — Behandelt die in Gartenkultur befindlichen Rosen.

---

*) R o t h m a l e r W., in Catal. flor. Austr., Heft 2, 1957: 289, nomen nudum; in Feddes Repertorium, 66, 1962: 226, cum descriptione.

S. 338, Nr. 23/1, *Amelanchier ovalis* Medik. — Syn.: *Aronia ovalis* (Medik.) Pers.

S. 338, Nr. 23/2, u. S. 941, *Amelanchier canadensis* (L.) Medik. — Die für Europa hauptsächlich in Betracht kommenden Sippen dieses Verwandtschaftskreises heißen:

2 B.   *A. can.* subsp. *spicata* (Lam.) Á. et D. Löve = *A. spicata* (Lam.) K. Koch 1868 (Koehne 1893).

2 C.   *A. can.* subsp. *confusa* (Hylander) Á. et D. Löve = *A. confusa* Hylander (= *A. laevis* auct. partim, non Wiegand).

2 D.   *A. laevis* Wiegand 1912.

S. 338/339 u. S. 941, Gattg. 24, *Sorbus*. — Ergänzungen zu „Systematik".

K á r p á t i Z., Die *Sorbus*-Arten Ungarns und der angrenzenden Gebiete. Feddes Repert., 62 (2/3), 1960: 71—320. — Wichtige und äußerst gründliche Monographie, bes. auch für das Bgl beachtenswert. Eingehende Besprechung bei G u g l i a O., in Burgenländische Heimatblätter, 23, 1961 (2): 51—55.

D ü l l R., Die *Sorbus*-Arten und ihre Bastarde in Bayern und Thüringen. Ber. d. Bayer. Botan. Ges., 84, 1961: 11—65, mit 17 z. T. ganzseitigen Textbildern. — Eine sehr gründliche Bearbeitung, die auch für Österreich beachtenswert ist. Verf. unterscheidet 4 Untergattungen: I. *Sorbus* (= *Cormus* + *Torminaria*), II. *Aucuparia*, III. *Aria*, IV. *Chamaemespilus*. Die Bastarde *S. aucuparia* × *S. Aria* erscheinen unter dem Namen *S. pinnatifida* (Sm.) Düll 1961, begründet auf *Pyrus pinnatifida* Smith 1796.

K o v a n d a M., Flower and fruit morphology of *Sorbus* in correlation to the taxonomy of the genus. Preslia, 33, 1961: 1—16. — Verf. unterscheidet gleichfalls 4 Untergattungen: *Sorbus*, *Aucuparia*, *Aria* und *Chamaemespilus*.

S. 339, Nr. 1 b u. c, und S. 971, *Sorbus aucuparia* L. — Die beiden als Varietäten angeführten Sippen sind besser als Unterarten zu bewerten:

B. s u b s p. *g l a b r a t a* (W i m m. et G r a b.) H a y e k 1908.

C. s u b s p. *m o r a v i c a* (Z e n g e r l i n g) Á. et D. L ö v e 1 9 6 1. — Ältester Varietätsname: var. *edulis* Dieck 1887.

S. 340, Nr. 4, *Sorbus austriaca*. — Als neue Unterart ist anzufügen: — Dazu:

B. s u b s p. *s e r p e n t i n i* K á r p á t i 1960. — Bgl: Steinstückel bei Bernstein, auf Serpentin.

S. 340, Nr. 6, *Sorbus Aria*. — Am Schluß ist anzufügen: — Dazu:

b. v a r. *l o n g i f o l i a* P e r s. — Dies ist der älteste Name für die schmalblättrigen Formen Mitteleuropas. Dazu gehört wohl auch die von D ü l l als *S. rupicola* (Syme) Hedlund = *S. salicifolia* (Myrin) Hedlund bezeichnete Pflanze aus NÖ (Höllenstein bei Kaltenleutgeben); siehe Catalogus, S. 941.

S. 340, Nr. 7, *Sorbus graeca* (Spach) Hedlund. — Syn.: *S. cretica* (Lindley) Fritsch. — In NÖ auch auf dem Leopoldsberg (nach K á r p á t i 1960).

S. 340, Nr. 7 b, *Sorbus graeca* var. *danubialis*. — Diese Zwischensippe von *S. cretica* (= *graeca*) und *S. umbellata* (Desf.) Fritsch wird von K á r p á t i neuerdings als eigene Art bewertet, mit dem Namen *S. danubialis* (Jávorka) Kárpáti.

S. 341, Nr. 1 × 6, *Sorbus aucuparia* × *S. Aria* = *S. p i n n a t i f i d a* (S m.) D ü l l 1961. — Syn.: *S. semipinnata* (Roth) Hedlund.

S. 341, Nr. 6 × 8, *Sorbus Aria* × *S. Chamaemespilus* = *S. ambigua* (Decne.) M i c h a l e t 1864. — Syn.: *S. Chamaemespilus* subsp. *ambigua* (Decne.) Nyman.

S. 342, Gattg. 25, *Pirus*. — Ergänzungen zu „Systematik usw.".

T e r p ó A., Magyarország vadkörtéi *(Pyri Hungariae)*. A Kertészeti és Szőlészeti Főiskola évkönyve, Annales Academiae horti- et viticulturae, vol. XXII, tom. 6, fasc. 2, 1960. 258 Seiten, 164 Textbilder. — Ungarisch, mit lateinischen Beschreibungen. Eine sehr gründliche, in die feinsten Einzelheiten eingehende Monographie, die auch außerhalb Ungarns volle Beachtung verdient. Zahlreiche Sippen werden neu beschrieben. Enthält auch Verbreitungsangaben aus dem Bgl; vgl. G u g l i a O., in Burgenländische Heimatblätter, 23, 1961 (2): 51—55.

W e r n e c k H. L., in Schriften d. Ver. z. Verbrtg. naturw. Kenntn., Festschrift 1960: 193—198. — Behandelt die bodenständigen Arten *P. Piraster* s. l. und *P. nivalis* als Stammpflanzen von Wirtschafts- und Mostbirnen.

— Die Stammformen der bodenständigen Mostbirnen (Birnlandsorten) in Oberösterreich, Niederösterreich, Steiermark. Brücke zwischen Wildbirnen und Edelbirnen. Naturkundliches Jahrbuch der Stadt Linz, 1962. 170 Seiten, 30 Bilder.

S. 342, Nr. 1, *Pirus Piraster* (L.) M e d i k. 1793, Borkh. 1798. — Siehe Nr. 4 (hier unten).

S. 342, Nr. 2, *Pirus Achras* Gaertn. — Siehe Nr. 4 (hier unten, bes. den Schlußsatz).

S. 342, Nr. 3, *Pirus nivalis*. — Bei „Sonstige Verbreitung" ist (nach T e r p ó) zu ergänzen: Nord-Italien (Bergamasker Alpen), Süd-Schweiz (Tessiner Alpen), Frankreich. — Anzufügen ist:

B. s u b s p. *s a l v i i f o l i a* (D C.) S c h i n z e t T h e l l u n g (in S c h i n z et K e l l e r, Fl. d. Schweiz, 4. Aufl., I, 1923: 342). — Salbei-Birnbaum, Salbeiblättriger B. — Syn.: *P. salvifolia* DC.; *P. nivalis* Jacq. var. *salvifolia* (DC.) Rouy et Camus; *P. communis* L. subsp. *salvifolia* (DC.) Gams in Hegi. — Als Fruchtbaum kult., bes. in WestTi und Vb, weniger in den anderen Bundesländern, außer der reinen Sippe auch Bastarde mit *P. Piraster;* wurde am Stadtrand von Wien verwildert beobachtet. — Heimat: Süd- u. Mittel-Frankreich und West-Schweiz; kult. auch in anderen Teilen von West- und Mittel-Europa; wohl eine westliche Rasse der sonst östlichen *P. nivalis* Jacq.

S. 342, Nr. 3 b, *Pirus nivalis* var. *austriaca*. — Diese Sippe ist nach T e r p ó (1960: 139 ff.) keine Varietät, sondern ein Bastard, daher am Schluß der Gattung anzufügen wie folgt:

B a s t a r d. — 1 × 3. *P. P i r a s t e r × P. n i v a l i s = P. a u s t r i a c a* K e r n e r. — Bgl (Oggau), NÖ (hfg.), St (mehrfach), Vb (Feldkirch). — Aus OÖ nicht sicher nachgewiesen. Die Angabe aus Vb bezieht sich wahrscheinlich auf *P. Piraster × P. nivalis* subsp. *salviaefolia* (siehe Nr. 3 B).

S. 342, Nr. 4, u. S. 971, *Pirus communis* L. s. str. — Syn.: *P. domestica* Medik. 1793 [non (L.) Smith 1796, quae est *Sorbus domestica*]. — Die erste Aufteilung von *P. communis* L. sensu lato erfolgte nicht erst 1793 durch M e d i k u s, wie in Catal., S. 971, irrtümlich angenommen wurde (er unterschied *P. Piraster* und *P. domestica*), sondern bereits 1791 durch G a e r t n e r, indem dieser unter dem Namen *P. Achras* die heimischen Wildarten (*P. Piraster + P. Achras*) abtrennte, so daß *P. communis* L. pro parte majore als Sammelname für die Kulturbirnen übrig blieb. *P. nivalis* Jacq. 1774 war bereits früher abgetrennt worden. K. K o c h, Dendrologie, I, 1869: 215, faßte *P. Achras* im selben Umfang wie G a e r t n e r und fügte hinzu: „Absichtlich habe ich den Namen *Pirus communis* L. vermieden, da unter diesem Namen nur unsere kultivierten Sorten zu verstehen sind". Bei L i n n é steht var. *Piraster* zwar als α an erster Stelle unter den Varietäten, wohl wegen ihrer stammesgeschichtlichen Ursprünglichkeit; daß sie aber von L i n n é selbst nicht als „nomenklatorischer Typus" betrachtet wurde, ergibt sich deutlich daraus, daß er ihr einen eigenen Varietätnamen gibt, eben *Piraster*, der sogar durch seine Namensform eine gewisse Abweichung von einer typischen *Pirus* andeutet. Es folgen bei L i n n é (1753, 1762) noch 4 Varietäten, die durchwegs Kulturbirnen sind, die also in ihrer Gesamtheit die *Pirus communis* L. pro maxima parte darstellen. Dem Gesagten zufolge kann der Name *P. communis* L. (emend. Gaertn.) entweder als Sammelname für die Kulturbirnen verwendet werden, wie bei G a e r t n e r, K. K o c h, J a n c h e n (Kl. Fl. v. Wien 1753, Catal. 1957/58) und in den meisten populärwissenschaftlichen Büchern und Schriften, oder er müßte als nomen ambiguum ganz ausgeschaltet und durch *P. domestica* Medik. ersetzt werden. Die Begründung für die letztere Alternative wäre aber sehr schwach. Jedenfalls wäre es ganz regelwidrig und unhaltbar, den Namen *P. communis* im Sinne von *P. Piraster* zu verwenden. — Als Synonym von *P. communis* L. emend. Gaertn. bzw. *P. domestica* Medik. findet man im Schrifttum sehr häufig *P. sativa* DC. (in Lam. et DC., 4: 430) angeführt, so auch im Catalogus, S. 342. An der angegebenen Stelle findet sich aber nur eine *P. communis* L. var. *sativa* DC., was hier berichtigend vermerkt sei. — Falls man *P. Piraster* und *P. Achras* zu e i n e r Art zusammenfaßt, hat diese aus Prioritätsgründen *P. Achras* zu heißen, wie bei G a e r t n e r und K. K o c h und sie wäre in zwei Unterarten, subsp. *Achras* und subsp. *Piraster*, zu gliedern.

S. 345, Gattg. 28, *Crataegus*. — Ergänzung zu „Systematik".

L a w a l r é e A., Une aubépine méconnue de Belgique et de France: *Crataegus calycina* Peterm. Bull. Jard. Bot. Bruxelles, 30 (2), 1960: 247 bis 253. — Verf. betrachtet *C. calycina* Petermann 1849, emend. Lindman 1904 (u. 1918) als eine eigene Art, die von *C. curvisepala* Sterner 1938 verschieden ist. Zwischen *C. calycina* und *C. monogyna* Jacq. kommt ein Bastard vor; zu diesem gehört vielleicht *C. kyrtostyla* Fingerhuth 1829.

S. 345, Nr. 28/2, *Crataegus Oxyacantha* L. 1753 partim, emend. Jacq. 1775. — Syn.: *C. oxyacanthoides* Thuill. 1790.

S. 346 B, *Crataegus monogyna* subsp. *intermedia*. — Richtiger Name: s u b s p. *c u r v i s e p a l a* (L i n d m a n) S o ó. — Syn.: subsp. *intermedia* (Fuss) Pénzes, non Jávorka.

S. 346, Nr. 1, *Padus serotina*. — Forstlich kult. in NÖ: in den Donau-Auen (mehrfach, zerstr.) und bei Gablitz nächst Purkersdorf (wenig).

S. 347, Nr. 2 b, u. S. 942, *Padus avium* Mill. var. *transsilvanica* (Schur) Janchen 1959/60. — Besser: s u b s p. *p e t r a e a* (T a u s c h) P a w ł o w s k i. — Syn.: var. *petraea* (Tausch) Janchen olim (1950, 1957); *Padus racemosa* (Lam.) C. Schneid. subsp. *petraea* (Tausch) Dostál 1948, 1954; weitere Synonyme in Catal., S. 347 u. S. 942.

S. 347, Gattg. 31, *Cerasus*. — Ergänzung zu „Systematik".

P é n z e s A. 1959, siehe unter *Prunus* (Gattg. 32).

H r u b ý K., Chromosome behavior and phylogeny of cultivated *Cerasus*. Preslia, 34 (1/2), 1962: 85—97, 5 Tabellen.

347, Gattg. 31, *Cerasus*. — Ergänzung zu „Verbreitung" u. Kulturgeschichte.

W e r n e c k H. L., in Schriften d. Ver. z. Verbrtg. naturw. Kenntn., Festschrift 1960: 198—202. — Die Kultur-Kirschen (Herz- und Knorpel-Kirschen) sind Abkömmlinge der ureinheimischen Wild-Kirschen.

S. 347, Nr. 3 A, *Cerasus vulgaris* Mill. subsp. *acida* (D u m.) D o s t á l 1948, 1954, Janchen 1957/58.

58

S. 347, Nr. 4, *Cerasus avium.* — Wildformen siehe bei P é n z e s 1959 unter *Prunus.*

S. 348, Nr. 3 × 4, u. S. 971, *Cerasus vulgaris* × *C. avium.* — In der Synonymie ist zu verbessern: *Prunus Aproniana* Schübler et Martens 1834, Beck 1892.

S. 348/349, Gattg. 32, S. 942 u. S. 971, *Prunus.* — Ergänzungen zu „Systematik usw."

D o m i n K., De variabilitate *Pruni spinosae* L. Bulletin international de l'Académie tchèque des Sciences, ann. 54, 1944, nr. 27: 1—24.
-- De origine prunorum diversi generis et fundamenta classificationis botanicae specierum cultarum sectionis *Prunophora.* Bulletin international de l'Académie tchèque des Sciences, ann. 54, 1944, nr. 28: 1—31.
P é n z e s A., Új *Prunus*-Változatok II. Neue *Prunus*-Varietäten II. Botanikai Közlemények, 48, 1959, (1/2): 52—67, 8 Tafeln. — Ungarisch, mit deutscher Zusammenfassung. — Neue Kombination: *Prunus avium* subsp. *actiana* (L.) Pénzes; Syn.: *P. avium* var. *silvestris* Dierb., die gewöhnliche Wildform der Süßkirsche. — Neue Unterart: *Prunus avium* subsp. *rubroactiana* Pénzes, eine Wildform mit roten Früchten und hellem Saft und mit rein weißen Blüten, außer in Ungarn auch in Steiermark nachgewiesen (Seckau, Fl. exs. Austro-Hung., nr. 2413). — Neue Varietäten anderer *Prunus*-Arten nur aus Ungarn.
W e r n e c k H. L., in Schriften d. Ver. z. Verbrtg. naturw. Kenntn., Festschrift 1960: 202—210. — Die Gliederung von *Prunus domestica* ist hier fast genau die gleiche wie in seiner Spezialarbeit aus 1958, wiedergegeben im Catalogus, S. 943; nur ist die Reihenfolge etwas geändert und sind die dort zu e i n e r Unterart vereinigten Varietäten *culinaria* und *mamillaris* jetzt als eigene Unterarten aufgefaßt.
— Die wurzel- und kernechten Stammformen der Pflaumen in Oberösterreich (unter Zugrundelegung des römischen Obstweihefundes von Linz/Donau). Naturkundliches Jahrbuch der Stadt Linz, 1961: 7—129, 20 Bildtafeln, 1 Falttabelle.

S. 351, Gattg. 3, *Armeniaca.* — Ergänzung zu „Verbreitung usw.".

W e r n e c k H. L., Das Steinobst vom römischen Erdkastell zu Linz/D. Naturkundl. Jahrbuch, Linz, 1955: 41—54. — Marillenbaum und Pfirsichbaum wurden wahrscheinlich aus dem Osten auf dem Donauweg in den österreichischen Raum eingeführt und hier bereits von den Kelten kultiviert, nicht erst von den Römern aus dem Süden gebracht.
— in Schriften d. Ver. z. Verbrtg. naturw. Kenntn., Festschrift 1960: 220—221. — Kurze Begründung der vorstehenden Auffassung.

S. 351, Gattg. 34, *Persica.* — Ergänzung zu „Verbreitung usw.".

W e r n e c k H. L., siehe die bei *Armeniaca* (Gattg. 33) genannten Arbeiten aus 1955 und 1960 über die Kulturgeschichte von Pfirsich und Marille.

S. 352, Familie *Papilionaceae.* — Ergänzung zu „Systematik".

K i f f m a n n R., Illustriertes Bestimmungsbuch für Wiesen- und Weidepflanzen des mitteleuropäischen Flachlandes, Teil C: Schmetterlingsblütler (*Papilionatae*, einschl. kleeartige Ackerfutterpflanzen). Freising-Weihenstephan, 1957. 67 S., 130 Textbilder.

S. 353, Gattg. 1, *Gleditschia triacanthos.* — Forstlich kult. in NÖ auch in den Donau-Auen (spärlich an verschiedenen Stellen, z. B. Angern a. d. D. und Lobau).

S. 353, Gattg. 3 u. S. 944, *Lupinus.* — Ergänzung zu „Systematik".

H a n e l t P., Die Lupinen. Zur Botanik und Geschichte landwirtschaftlich wichtiger Lupinenarten. Wittenberg (Ziemsen), 1960. 104 S., 37 Abb. — Behandelt vorwiegend *Lupinus albus, L. luteus* und *L. angustifolius.*
K a z i m i e r s k i T. und N o w a c k i E., Indigenous species of lupins regarded as initialforms of the cultivated species: *Lupinus albus* L. and *Lupinus mutabilis* Sweet. Flora, 151 (2), 1961: 202—209, 7 Textbilder. — *L. jugoslavicus* Kazim. et Now. in den Balkanländern ist die wildwachsende Stammpflanze von *L. albus* und *L. Termis. L. mutabilis* im nordwestl. Südamerika stammt wahrscheinlich von zwei nordamerikanischen Arten. *L. luteus* wächst wild in Spanien, Portugal und Nordwest-Afrika.

S. 355, Nr. 7, *Cytisus procumbens.* — Syn.: *Corothamnus procumbens* (W. et K.) Presl.

S. 355, Nr. 7*, *Cytisus diffusus.* — Syn.: *Corothamnus diffusus* (Willd.) Presl.

S. 355, Gattg. 6, *Sarothamnus.* — Nach der Überschrift ist einzuschalten: Nomenklatur: *Sarothamnus* Wimmer 1832 ist ein nomen conservandum.

S. 356, Gattg. 9, *Spartium* und Gattg. 10, *Ulex.* — Verbreitung: Fischer Raimund, Zwei fremdländische Ginster-Arten in Niederösterreich. Natur und Land, 48, 1962 (4): 93—94. — Siehe unten.

S. 356, Gattg. 9, *Spartium junceum* L. — Verwildert in NÖ: In der Gemeinde Teesdorf (nordöstl. v. Leobersdorf), im Jahr 1957 von R. F i s c h e r entdeckt; im Jahr 1962 standen etwa 10 Büsche in Blüte. — Die ersten Samen waren vermutlich mit Gartenmüll an die Stelle gelangt.

S. 356/357, Gattg. 10, u. S. 944, *Ulex europaeus* L. — Als Wildfutterpflanze angepflanzt in NÖ: bei Kulm in der Buckligen Welt (südl. v. Neunkirchen), von R. F i s c h e r gefunden.

S. 357, Gattg. 12, *Robinia.* — Ergänzung zu den Schriften: Troll-Obergfell B., Die große Robinie von Steyregg in Oberösterreich. Natur und Land, 47, 1961 (4): 94.

S. 358, Gattg. 16, *Astragalus.* — Ergänzung zu „Systematik".
Rechinger K. H., Dulfer H. und Patzack A., Širjaevii fragmenta astragalogica. I—III im Anzeiger d. math.-naturw. Kl. d. Österr. Akad. d. Wiss., Jahrg. 1958, Nr. 5: 91—93; IV—XII in d. Sitzber. d. Österr. Akad. d. Wiss., m.-n. Kl., Abt. I, u. zw. IV in Bd. 167, 1958 (6—8): 321—361; V—VIII in Bd. 168, 1959 (2): 92—182; IX—XI u. XII im Bd. 168, 1959 (8/9): 693—718 u. 719—787. — Die Nummern behandeln je eine Sektion, u. zw. vom ganzen Erdkreis.

S. 358, Nr. 7, *Astragalus danicus* Retz. — Trift-Tragant. — In NÖ auf der Saliter-Heide (also auf salzhaltigem Boden) bei Zwingendorf im Pulkautal ein größerer Bestand (M e l z e r 1960, siehe 1961: 189).

S. 359, Gattg. 17, *Oxytropis.* — Vor „Gliederung der Gattung" ist einzuschalten:
Systematik. — Gutermann W. und Merxmüller H., Die europäischen Sippen von *Oxytropis* sectio *Oxytropis.* Mitteilungen der Botanischen Staatssammlung München, Bd. 4, Dezember 1961: 199—275, 9 Textbilder (54 Fig.), 5 Verbreitungskarten.

S. 359, Gattg. 17, *Oxytropis.* — Die „Gliederung der Gattung" ist (nach G u t e r m a n n) zu verbessern wie folgt:
Sektion 1. *Oxytropis* s. str. (= *Phacoxytropis*; *Protoxytropis*): *O. Jacquinii, pyrenaica, triflora; lapponica.*
Sektion 2. *Chrysantha* (= *Ortholoma* partim): *O. pilosa.*
Sektion 3. *Orobia* (incl. *Diphragma*): *O. campestris, Halleri.*

S. 360, Nr. 1 u. 1 B, *Oxytropis montana.* — Zu verbessern wie folgt:

1. *O. J a c q u i n i i* B u n g e 1847. — Österreichischer Spitzkiel, Österr. Fahnenwicke. — Syn.: *O. montana* (L.) DC. partim et auct. partim, non sensu stricto (sec. Bunge), nomen ambiguum rejiciendum; *O. montana* (L.) DC. subsp. *Jacquinii* (Bunge) Nyman 1878; *Astragalus montanus* L. var. *Jacquinii* (Bunge) Gams in Hegi 1924. — Alp. (verbr.); in den nördl. u. südl. Kalkalpen Österreichs verbreitet, in den Zentralalpen von den Tauern ostwärts fehlend. — Allg. Verbrtg.: Mittel- und Ostalpen, von Savoyen über Schweiz, Süd-Bayern, Nord-Italien bis zum

Alpen-Ostrand; fehlt in den illyrischen Gebirgen (siehe Nr. 2). — Die var. *carinthiaca* ist zu streichen; siehe unter Bastard.

S. 360, Nr. 2, u. S. 945, *Oxytropis neglecta* J. Gay 1831, mit den Synonymen *O. Gaudini* Bunge 1851 und *Astragalus triflorus* var. *Gaudini* (Bunge) Gams in Hegi 1924. — Ist aus der Flora Österreichs zu streichen.

S. 360, nach Nr. 2, u. S. 945, Nr. 2*, *Oxytropis generosa*. — Zu verbessern wie folgt:

2. *O. pyrenaica* G o d r. et G r e n. 1848. — Pyrenäen-Spitzkiel, Pyr.-Fahnenwicke. — Syn.: *O. generosa* Brügger 1882; *O. Huteri* Rchb. fil. 1885; *O. pyrenaica* subsp. *generosa* (Brügg.) Nyman 1889; *O. triflora* Hoppe var. *insubrica* (Brügg.) Schinz et Thellung 1914; *Astragalus triflorus* var. *insubricus* (Brügg.) Gams in Hegi 1924*). — Alp. v. NÖ, St, Kt, OTi. — Steinige Grasfluren und Magermatten der subalpinen Stufe; zerstr. u. slt. — Belegte Vorkommen: Schneeberg-Rax-Gebiet, Reisalpe, Ötscher; Raxalpe, Hochschwabgebiet, Eisenerzer Alpen (Reichenstein, Wildfeld, Reiting nordöstl. v. Mautern im Liesingtal); Steiner Alpen, Karawanken, Karnische Alpen, Gailtaler Alpen. — Allg. Verbrtg.: Von Kantabrien und den Pyrenäen über See-Alpen und Abruzzen sowie Süd- und Nordost-Alpen bis nach Illyrien und in die Südwest-Karpaten. — Original-Fundort der *O. generosa:* Mte. Generoso im Tessin; Original-Fundort der *O. Huteri:* Mte. Caballo in Venezien (Gegend von Belluno), nach H u t e r in ÖBZ, 55, 1905: 79/80.

S. 360, Nr. 3, *Oxytropis triflora* Hoppe. — Wenigblütige Fahnenwicke.

S. 360, Nr. 4, *Oxytropis lapponica* (Wahlenbg.) J. Gay. — Nordische Fahnenwicke. — Das Vorkommen in Sb ist zweifelhaft, da kein sicherer Fundort bekannt ist. — Bei der allg. Verbrtg. ist zu ergänzen: Zentral-Pyrenäen und Albanien.

S. 361 oben, vor dem Namensverzeichnis ist einzufügen:
Bastard. — 1 × 2. *O. J a c q u i n i i* × *O. p y r e n a i c a* = *O. c a r i n t h i a c a* Fischer-Ooster. — Alp. v. NÖ, St, Kt, OTi: Schneeberg, Rax, Ötscher, Dürrenstein, Hochschwab, Eisenerzer Alpen, West-Karawanken, Karnische Alpen, Gailtaler Alpen usw. — Ziemlich hfg.; kommt auch ohne die Eltern als Halbwaise oder Waise bzw. als hybridogene Spezies vor. — Es lassen sich zwei Bastardformen unterscheiden:

a) v a r. (nm.) *c a r i n t h i a c a* = *O. Jacquinii* × *O. pyrenaica* var. *insubrica.* — Vorwiegend in OTi u. Kt (sonst slt.).

b) v a r. (n m.) *s u b v i l l o s a* (B r ü g g e r) M e r x m ü l l e r et G u t e r m a n n = *O. Jacquinii* × *O. pyrenaica* var. *carniolica.* — Vorwiegend in NÖ u. St, seltener in Kt u. OTi.

S. 362, Nr. 19/2 A, *Anthyllis Vulneraria* L. subsp. *rubriflora* (Ser.) Arcang. 1882. — Syn.: subsp. *iberica* (Becker) Jalas 1959. — Die in NÖ vorkommenden rotblühenden Pflanzen dürften jedoch nicht hierher gehören, sondern zu C. subsp. *polyphylla* (Kit.) Arcang.

---

*) Innerhalb der sehr variablen *O. pyrenaica* unterscheiden M e r x m ü l l e r und G u t e r m a n n 7 Varietäten. Von diesen wachsen in Österreich: var. *insubrica* Brügger (vorwiegend in Kt, seltener in St und NÖ) und var. *carniolica* (Kerner) Merxm. et Guterm. (vorwiegend in NÖ und St, etwas weniger in Kt). Eine durchgreifende geographische Gliederung erwies sich als unmöglich.

S. 362, Nr. 19/2 B, *Anthyllis Vulneraria* L. subsp. *affinis* (Britt.) Murbeck 1891, Domin 1935. — Giltiger Name: s u b s p. *c a r p a t i c a* (P a n t o c s e k) N y m a n 1889.

S. 362, Nr. 19/2 C, *Anthyllis Vulneraria* L. subsp. *polyphylla* (K i t.) N y m a n 1878, Arcang. 1882.

S. 362, Nr. 19/2 E, u. S. 946, *Anthyllis Vulneraria* L. subsp. *vulgaris* (K o c h) C o r b i è r e 1894, Asch. et Gr. 1908. — Syn.: subsp. *communis* Rouy 1897, Jalas 1959. — Vgl. J. C u l l e n in A. L a w a l r é e, Flore gén. de Belgique, vol. IV, fasc. 1, 1961: 132.

S. 362, Nr. 20/1, *Dorycnium germanicum* (Gremli) Rikli. — Syn.: *D. pentaphyllum* Scop. subsp. *sericeum* (Neilr.) Dostál 1954.

S. 363, Gattg. 21, u. S. 946, *Lotus.* — Ergänzung zu „Systematik".

U j h e l y i J., Études taxonomiques sur le groupe du *Lotus corniculatus* L. sensu lato. Ann. Hist. Nat. Mus. Nat. Hung., 52, 1960: 185—200, 5 Fig., 4 Tafeln. — Eine auch für Österreich in Betracht kommende neue Sippe ist *L. Borbásii,* ein pannonisch-illyrischer Endemit, der für Niederösterreich, Mähren, Slowakei, Ungarn und Jugoslawien angegeben wird. Wahrscheinlich identisch damit ist *L. corniculatus* subsp. *slovacus* Žertová.

Ž e r t o v á Anna, Nové plemeno *Lotus corniculatus* L. z přírodní reservace „Kováčovské kopce". Eine neue Unterart des *Lotus corniculatus* L. im Naturschutzgebiet „Kováčovské kopce". Ochrana přírody, 15 (3), 1960: 138/139.

— Studie über die tschechoslowakischen Arten der Gattung *Lotus* L., I. Preslia, 33, 1961: 17—35. — Die Art *L. corniculatus* wird gegliedert in subsp. *corniculatus* (incl. subsp. *major*), subsp. *tenuifolius* (L.) Hartman und subsp. *slovacus* Žertová. Letztere ist für xerotherme Steppen- und Waldsteppen-Gesellschaften kennzeichnend; sie hat ihre Nordgrenze in Süd-Mähren und Süd-Slowakei und wächst außerdem in Österreich, Ungarn und Jugoslawien.

S. 363, Gattg. 21, u. S. 946, *Lotus.* — Vor „Ökologie" ist einzuschalten:
N o m e n k l a t u r. — L a í n z M., *Lotus uliginosus* Schkuhr (1804), ein unausrottbarer Name? Bull. Jard. Bot. Bruxelles, 30 (1), 1960: 35—36. — *Lotus pedunculatus* Cavan. 1793 hat die Priorität vor *L. uliginosus* Schkuhr 1796.

S. 363, Nr. 21/1, *Lotus corniculatus.* — In der Synonymie der Unterart C soll es statt *Lotus tenuis* Kit. richtig heißen: *L. tenuis* W. et K. (in Willd. 1809). — Als vierte Unterart ist anzufügen:

D. s u b s p. *s l o v a c u s* Ž e r t o v á 1960. — Siehe oben bei Ž e r t o v á 1961. — Soll nach W. G u t e r m a n n mit *L. Borbásii* Ujhelyi identisch sein. — Wächst nicht selten im Nordosten von NÖ. — Allenfalls kann auch die Sippe der Krummholzstufe und alpinen Stufe als Unterart bewertet werden; sie heißt:

E. s u b s p. *a l p i n u s* (S e r i n g e) R o t h m a l e r. — Syn.: var. *alpicola* Beck.

S. 363, Nr. 21/2, *Lotus uliginosus* Schkuhr 1796. — Giltiger Name: *L. p e d u n c u l a t u s* C a v a n. 1793. — In OÖ nicht nur kult., sondern auch ursprünglich, u. zw. im Ibmer Moor (K r i s a i 1960); siehe K r i s a i, Ergänzungsheft, Erg. zu S. 21—25.

S. 365, Nr. 3, *Onobrychis viciaefolia* Scop. — Verbesserung in der Synonymie: *O. viciaefolia* Scop. subsp. *sativa* (L a m.) Thellung.

S. 366, Gattg. 30, *Arachis hypogaea* L. — Erdnuß. — Hat für unser Klima eine zu lange Vegetationszeit und reift nur zu geringem Teil aus; wird daher in letzter Zeit nur mehr auf einem Gartenbeet kultiviert (Otto K ö h l e r, Marchegg, Brief vom 14. VII. 1961).

S. 367, Gattg. 32, *Trigonella*. — Ergänzung zu „Systematik".
B h a t t a c h a r y y a N. K., A comparative study on the cytology of a few species of
two allied genera *Trigonella* and *Melilotus*. Caryologia 11, 1958: 165—180. 60 Fig.,
1 Tafel. Die beiden Gattungen sind cytologisch sehr ähnlich; in beiden wurde
2 n — 16 gefunden.

S. 368, Gattg. 33, *Melilotus*. — Ergänzung zu „Systematik": siehe *Trigonella*.

S. 369, Gattg. 34, *Medicago*. — Ergänzung zu „Systematik".
H e y n Ch. C., The genus *Medicago* L. in Linnaeus's Species plantarum. Bulletin of the
Research Council of Israël, vol. 7 D, nr. 3/4, 1959: 157—174, 3 figs., 1 table. 3 append.
— Besprechung in: Excerpta Botanica, sect. A, Bd. 2, Heft 3, 1960: 213.

S. 370, Nr. 7, *Medicago scutellata* (L.) M i l l. 1768, All. 1785.

S. 372, Nr. 13, *Trifolium retusum* Höjer. — In NÖ auch auf Saliterwiesen
östlich von Zwingendorf (im Pulkautal), mehrere kräftige Stöcke (M e t l e-
s i c s 1961).

S. 372, nach Nr. 16 ist einzuschalten:
16*. *Trifolium Bonannii* Presl 1822. — Syn.: *T. neglectum* Fisch., Mey. et Avé-Lall.
1842. — Heimat: Süd-Europa, Rußland u. Vorderasien, nordwärts bis Ungarn. —
Diese mit *T. fragiferum* nächst verwandte, durch längliche Köpfchen gekennzeichnete Art könnte vielleicht auch in NÖ oder Bgl eingeschleppt gefunden
werden.

S. 375, Gattg. 45, *Vicia*. — Ergänzung zu „Systematik".
Ž e r t o v á A., Ein Schlüssel zur Bestimmung der tschechoslowakischen Arten der
Gattung *Vicia* L. nach den morphologischen Merkmalen der Samen. Acta Horti Bot.
Pragensis, 1962: 113—118, 3 Textbilder.

S. 377, Nr. 15, *Vicia oroboides* Wulf. — Sicher in OÖ und neu für Sb: je
ein Fundort östlich des Passes Gschütt (Gemeinde Gosau, OÖ) und westlich
des Passes Gschütt (am Fuße des Gamsfeldes, Gemeinde Rußbach, Sb),
gefunden von Leopold K i e n e r (Mondsee, OÖ).

S. 377, vor Nr. 19, *Vicia Lathyroides*, ist einzuschalten:
18*. *V i c i a p e r e g r i n a* L. — Landstreicher-Wicke. — Eingeschleppt in
NÖ. — Bei Rauchenwarth in einem Stoppelfeld (H. M e t l e s i c s 1948),
wohl nur vorübergehend. — Heimat: Mittelmeergebiet.

S. 377, Nr. 20, *Vicia lutea*. — Auch im nördl. Bgl: Bei Draßburg
(G. T r a x l e r 1962).

S. 378, Nr. 24, *Vicia Faba*. — Heimat: Algerien, Marokko. Stammpflanze:
V. Pliniana (Trabut) Muratowa. — Die Hauptgliederung erfolgt in Analogie
zu anderen Kulturpflanzen besser in Unterarten; demnach:
A. s u b s p. *m i n o r* (P e t e r m a n n) R o t h m a l e r. — Syn.: var. *minuta*
(Alefeld) Rothmaler.
B. s u b s p. *e q u i n a* (P e r s.) R o t h m a l e r. — Syn.: var. *equina* Pers.
C. s u b s p. *F a b a*. — Syn.: var. *megalosperma* (Alefeld) Beck.

S. 380, Nr. 1 A, *Lathyrus laevigatus* subsp. *occidentalis* (Fisch. et Mey.)
B r e i s t r o f f e r Januar 1940 (Bull. Soc. Bot. France, 87: 53), Mansfeld
Mai 1941.

S. 380, Nr. 1 A b, *Lathyrus laevigatus* (W. et K.) Gren. var. *carniolicus*.
— Wird besser als Unterart aufgefaßt und heißt dann:
B. s u b s p. *S c o p o l i i* (F r i t s c h) R o t h m a l e r. — Die bisherige Unter-
art B erhält den Ordnungsbuchstaben C.

S. 381, Nr. 5 B, *Lathyrus pannonicus* subsp. *collinus* (Ortmann) Soó 1943.
— Syn.: subsp. *lacteus* (MB.) Dostál 1954.

S. 382, Nr. 12, *Lathyrus heterophyllus* L. — Syn.: *L. silvester* L. subsp.
heterophyllus (L.) Gams in Hegi. — Wächst in St an der ganzen Südseite des
Puxerberges (bei Teufenbach) zw. 560 u. 1400 m, auch an grasigen Hängen
und im lichten Föhrenwald (M e l z e r 1962: 87).

S. 382, Nr. 14, *Lathyrus latifolius* L. — Syn.: *L. silvester* L. subsp. *lati-*
folius (L.) Gams in Hegi. — Eingeschleppt in NTi: bei Innsbruck-Hötting
(nach Hermann Frh. v. H a n d e l - M a z z e t t i 1960/61).

S. 382, vor Nr. 17, *Lathyrus Cicera*, ist einzuschalten:
16*. *L a t h y r u s   a n n u u s* L. — Einjahrs-Platterbse. — Eingeschleppt in
NÖ. — Bei Rauchenwarth in einem Stoppelfeld (H. M e t l e s i c s 1948)
wohl nur vorübergehend. — Heimat: Mittelmeergebiet.

S. 384, Gattg. 42, *Phaseolus*. — Zu „Heimat und Stammpflanze von *Pha-*
seolus vulgaris". — Die Stammpflanze heißt: *Ph. aborigineus* Burkart 1952
oder *Ph. vulgaris* L. subsp. *aborigineus* Burkart 1953 (nicht *aborigeneus!*).

S. 385 unten, u. S. 948, *Thymelaea Passerina*. — Auch im mittleren Bgl:
zwischen Lackenbach und Lackendorf (nach M e l z e r 1961: 189).

S. 388, Nr. 4*, *E p i l o b i u m   l a n c e o l a t u m* S e b a s t i a n i   e t
M a u r i. — Bgl: Leithagebirge, im Doktorbrunngraben, unter der Klause, am
Wegrand, in mäßiger Anzahl (A. N e u m a n n 1961), neu für das Bgl. — NÖ:
An zwei Stellen westl. bzw. südwestl. v. Hardegg, u. zw. an der Straße gegen
Felling (M e l z e r 1960, vgl. 1961: 1890) und in einem Waldgraben beim
Fugnitztal (M e t l e s i c s 1961).

S. 392, Gattg. 4, *Oenothera*. — Ergänzung zu „Systematik".
G a t e s R. R., Taxonomy and Genetics of *Oenothera*. Monographiae Biologicae, vol. VII.
Den Haag (Junk), 1958. 115 S., 20 Textbilder.

S. 396, Gattg. 4, *Abutilon Theophrasti* Medik. — Eingeschleppt in Bgl u.
NÖ. — Bgl: Im Seewinkel bei Andau (M e l z e r 1961). — NÖ: In Marchegg
in einem Hausgarten seit 1945 (nach Erich G o t z 1960).

S. 399, Nr. 6, *Tilia argentea* Desf. 1813. — Von manchen Autoren, so
auch von W. R o t h m a l e r, wird *T. t o m e n t o s a* M o e n c h 1785 als
zweifelsfrei und daher als giltiger Name betrachtet; im Einvernehmen mit
F. W i d d e r möchte ich mich dieser Auffassung anschließen.

S. 400, Nr. 2, *Oxalis stricta* L. (partim, emend. All. 1785). — Syn.: *Oxalis*
europaea Jord. 1854. — Davon als eigene Art abzutrennen ist die frühere
Nr. 2 b; sie heißt:
2*. *O x a l i s   D i l l e n i i* J a c q. 1794. — Syn.: *O. Navieri* Jord. 1854;
O. stricta L. var. *Navieri* (Jord.) Knuth 1930; *O. stricta* L. partim, sensu
Robinson 1906, Rendle et Britton 1907.

S. 405, Nr. 6, *Linum usitatissimum* L. — Die Stammpflanze heißt:
L. bienne M i l l. 1768. — Syn.: *L. angustifolium* Huds. 1778.

S. 405, Nr. 9, u. S. 950, *Linum tenuifolium*. — Wächst auch in St (SSt):
Kreuzberg bei Gamlitz (nächst Ehrenhausen, M e l z e r 1960).

S. 407, Gattg. *Ailanthus*. — Der richtige Name der allbekannten Art ist:
A i l a n t h u s   a l t i s s i m a (M i l l.) S w i n g l e 1916. — Syn.: *A. pere-*

grina (Buc'hoz) F. A. Barkley; *Toxicodendron altissimum* Mill. 1768 (sicher hierher gehörig).

S. 408, Nr. 5, *Polygala alpestris* Rchb. — Syn.: *P. microcarpa* Gaud. — Wächst in OÖ und St nur im Dachsteingebiet. Vgl. W e n d e l b e r g e r G. 1962 (siehe Ergänzungsheft, Seite 7 u. 8).

S. 409, Nr. 7 B, *Polygala amara* L. subsp. *brachyptera* (Chodat) Hayek. — Wächst im südlichen Bgl auf Bernsteiner Serpentin zusammen mit *Thlaspi goesingense* und *Dianthus capillifrons* (M. M a c h u l e 1962).

S. 410, Gattg. *Acer.* — Ergänzungen zu den Schriften.

H o f f m a n n E., Der Ahorn. Wald-, Park- und Straßenbaum. VEB Deutscher Landwirtschaftsverlag: 5—190, zahl. Abb., 1 Tafel, 1 Karte. 1960.

S c h o l z E., Blütenmorphologische und -biologische Untersuchungen bei *Acer pseudoplatanus* L. und *Acer platanoides* L. Der Züchter, 30, 1960 (1): 11—16, 8 Textbilder. — Nach Ansicht des Verf. befinden sich beide Arten auf dem Wege zur Zweihäusigkeit.

S. 411 oben, *Acer tataricum.* — NÖ: March-Auen bei Marchegg, hinter dem Schloß, wenige Sträucher, spontan (Gerland G o t z fil. 1960, Erika T i c h y 1960).

S. 411 unten, Gattg. *Aesculus.* — Nach der Überschrift einzuschalten:

A l l g e m e i n e s. — F i s c h e r Raimund, Die Roßkastanie, Lebensbild eines vertrauten Baumes. Universum (Wien), 16, 1961 (9): 257—261, 4 Textbilder.

Ö k o l o g i e. — T h a l e r I. und W e b e r F., Frühblühende *Acsculus*-Bäume. ÖBZ, 107 (5), 1960: 463—470, 2 Textbilder.

S. 412 Mitte, *Ilex Aquifolium* L. — Wächst auch im Bgl: Zwischen Schwarzenberg (NÖ, östliche Bucklige Welt) und Landsee (Mittel-Bgl, westl. v. St. Martin) westlich und östlich des die Landesgrenze bildenden Kohlgrabens, in Bergwäldern vereinzelt; schließt sich sehr natürlich an das lang bekannte Vorkommen von Hollenthon und Horndorf südl. v. Wiesmath an (O. G u g l i a 1962).

S. 412, Gattg. *Evonymus.* — Nach der Schrift über „Systematik" ist einzufügen:

K u l t u r u n d N u t z u n g. — B e r e s k l e ţ, *Evonymus* als Guttaperchapflanze und die wissenschaftliche Begründung von deren Kultur und Nutzung. Arbeiten des Waldinstitutes, 46, Akad. Wissensch. USSR, Moskau, 1958. 153 Seiten mit Abb. u. Tab. — Russisch. Referat in Excerpta Botanica, sectio A, Bd. 1, Heft 8/9, 1959: 409. — Behandelt *E. europaea* und *E. verrucosa.* Guttapercha ist in der Wurzelrinde enthalten.

S. 414, Gattg. *Vitis.* — Ergänzungen zu „Systematik usw.".

C o n s t a n t i n e s c u Gh. und Mitarbeiter. Ampelografia republicii populare Romîne. Editura Acad. rep. pop. Rom. — Sehr umfangreiches mehrbändiges Sammelwerk. Band III umfaßt 691 S., 37 Taf., 183 Fig.

M o o g H., Einführung in die Rebsortenkunde. Stuttgart (E. Ulmer), 1957. 93 S., 97 Textbilder. — Behandelt nicht nur die Sorten von *Vitis vinifera,* sondern auch die amerikanischen Arten und die Bastarde.

S. 415, Gattg. *Vitis.* — Ergänzung zu „Verbreitung von *Vitis silvestris".*

Z i m m e r m a n n J., Die Bedeutung der Wildrebe (*Vitis silvestris* Gmel.) in Jugoslawien für Forschung und Weinbau. Die Weinwissenschaft, 1958 (8): 79—87, 10 Textbilder. — Verf. bespricht die ampelographischen, physiologischen und sonstigen Eigentümlichkeiten von *Vitis silvestris.* Diese ist in Jugoslawien noch häufig und von ihrer Eignung als Unterlagsrebe wird dort ausgiebig Gebrauch gemacht. Zwei Bilder zeigen *Vitis silvestris* in der Lobau bei Wien.

S. 415, Gattg. *Vitis.* — Ergänzung zu „Herkunft d. ältest. österr. Kulturreben".

W e r n e c k H. L., in Schriften d. Ver. z. Verbreitg. naturw. Kenntn., Festschrift 1960: 210—217. — Wie Verf. bereits 1956 dargelegt hat, wurde der Weinbau nicht erst von den Römern eingeführt, sondern es wurde auf österreichischem Boden bereits von den Kelten ein Weinbau betrieben, natürlich auf Grund der heimischen *Vitis silvestris*.

S. 416, Nr. 5, *Vitis Longii* Prince. — Nach neueren Forschungen soll diese mit *V. Solonis* nicht identisch sein. Die Sippe, die im Catalogus gemeint ist (Nr. 5, Nr. 21, Nr. 25), wäre richtiger als *V. acerifolia* R a f i n. 1830 zu bezeichnen; Syn.: *V. Solonis* Engelmann.

S. 417, Nr. 18, *Vitis riparia* × *V. rupestris*. — Dies ist die zweit-wichtigste amerikanische Unterlagsrebe, nach Nr. 22 (*V. riparia* × *V. Berlandieri*).

S. 418, Gattg. *Cornus*. — Ergänzung zu „Systematik" usw.
W e r n e c k H. L., in Schriften d. Ver. z. Verbrtg. naturw. Kenntn., Festschrift 1960: 217—219. — Verf. bringt beachtliche Angaben über Verbreitung und Variabilität von *Cornus mas*, die in Mitteleuropa und den Ostalpen zweifellos bodenständig ist.

S. 418, Nr. 1, *Cornus sanguinea* L. — Syn.: *Swida sanguinea* (L.) Opiz 1838; *Thelycrania sanguinea* (L.) Fourr. 1868.

S. 418, Nr. 2, *Cornus stolonifera* Michx. — Syn.: *Swida alba* (L.) Opiz 1838 subsp. *stolonifera* (Michx.) Á. et D. Löve 1961; *Thelycrania stolonifera* (Michx.) Pojarkova; *Thelycrania sericea* (L.) Dandy. — Die Untergattung *Thelycrania* heißt, als Gattung aufgefaßt: *Swida* Opiz 1838 (in B e r c h t o l d et O p i z, Ökon.-techn. Flora v. Böhmen, 2: 174—180). — Syn.: *Thelycrania* Fourr. 1868.

S. 419, Familie *Umbelliferae*. — Ergänzung zur „Morphologie".
K i f f m a n n R., Bestimmungsatlas für Sämereien der Wiesen- und Weidepflanzen der mitteleuropäischen Flachländer. Kräuter. Freising-Weihenstephan 1958. 106 S., 277 Fig. Teil D: Doldenblütler. S. 3—11, Fig. 1—23.

S. 421, Nr. 2*, *Bupleurum canalense* Wulf. — Syn.: *B. ranunculoides* L. subsp. *canalense* (Wulf.) Nyman 1879, Vollmann 1914.

S. 422, Nr. 2, *Trinia ramosissima*. — NÖ: Auch im nordöstl. Weinviertel bei Kottingneusiedl (ostsüdöstl. v. Laa a. d. Thaya, M e l z e r 1960, siehe 1961: 190).

S. 423, Nr. 8/1 b, *Apium graveolens* L. — Die „Varietäten" sind wohl besser als Unterarten zu bewerten: B. s u b s p. *d u l c e* (M i l l.) L e m k e et R o t h m a l e r. und C. s u b s p. *r a p a c e u m* (M i l l.) A l e f e l d („convar.")

S. 423, Gattg. 9, *Petroselinum*. — Nach der Überschrift ist einzufügen:
S y s t e m a t i k. — D a n e r t S., Zur Gliederung von *Petroselinum crispum* (Mill.) Nym. Die Kulturpflanze, 7: 73—81. 1959.

S. 423, Gattg. 9, Nr. 1 B, *Petroselinum hortense* subsp. *tuberosum*. — Syn.: *P. crispum* (Mill.) Nyman subsp. *radicosum* (Alef.) Á. et D. Löve.

S. 424, Gattg. 17, *Pimpinella*. — Neue Schrift über Systematik:
W e i d e H., Systematische Revision der Arten *Pimpinella saxifraga* L. und *Pimpinella nigra* Willd. in Mitteleuropa. Feddes Repert., 64 (2/3), 1962: 240—268, 1 Verbr.-Karte. — *P. nigra* (Catal. Nr. 2 B) wird von *P. saxifraga* als eigene Art abgetrennt. Von *P. saxifraga* unterscheidet der Verf. folgende Unterarten: subsp. *saxifraga*, subsp. *minor* (Spreng.) Wallr. (auch in Österreich), subsp. *montana* Weide, subsp. *rupestris* Weide und subsp. *alpestris* (Spreng.) Vollmann (Catal. Nr. 3). Von *P. nigra* unterscheidet Verf.: subsp. *nigra*, subsp. *arenaria* (Brylin) Weide, subsp. *bipinnata* (Rothert) Weide, subsp. *villosa* (Schur) Weide (z. B. in Kt: Millstatt) und subsp. *procera* Weide.

S. 425, Nr. 19/2, *Sium Sisarum* L. — Die Stammpflanze, als Unterart bewertet, heißt: *S. Sisarum* subsp. *lancifolium* (MB.) Á. et D. Löve.

S. 426, Gattg. 21, *Libanotis montana* Crantz. — Syn.: *L. pyrenaica* (L.) Bourgeau subsp. *montana* (Crantz) Dostál 1954.

S. 430, Nr. 32/1, *Ligusticum Mutellina* (L.) Crantz. — Bei der allfälligen Abtrennung als eigene Gattung, wofür manche Gründe sprächen, wäre der giltige Name: *Mutellina purpurea* (Poir.) Thellung in Pawłowski.

S. 431, Nr. 2, *Angelica Archangelica* L. — Syn.: *Archangelica officinalis* (Moench) Hoffm. subsp. *eu-Archangelica* (Thellung) Dostál 1949.

S. 431, Gattg. 36, *Peucedanum.* — Ergänzung zu „Systematik" usw.
M a r z e l l H., Die Meisterwurz. Jahrbuch des Vereins zum Schutze der Alpenpflanzen und -tiere, 24. Jahrg., 1959: 36—42, 1 Textbild.

S. 433, Gattg. 38, *Heracleum.* — Ergänzung zu „Systematik".
S a n d i n a I. B., The significance of the carpological characters for the taxononym of the genus *Heracleum* L. Botan. Journ., 53, 1958: 535—555, 8 Taf. — Russisch. Besprechung in: Excerpta Botanica, sect. A, Bd. 2, Heft 3: 221.

S. 436, Gattg. 44, *Caucalis Lappula* (Weber) Grande. — Syn.: *C. daucoides* L. 1767 et auct., non L. 1753 (nomen ambiguum); *C. platycarpos* L. 1753 partim, non L. 1767 et auct. (nomen ambiguum); *C. echinophora* Benkö 1778 (nomen nudum); *Daucus Lappula* Weber 1780.

S. 440, Gattg. 55, *Bifora radians.* — Auch in neuerer Zeit in NTi: zw. Kauns und Ried im Ober-Inntal (nach K i e l h a u s e r 1956).

S. 441—710, **Sympetalae.** — Ergänzungen und Verbesserungen.

S. 441, Gattg. *Armeria.* — Nach den Schriften über „Systematik" ist einzufügen:
M o r p h o l o g i e. — R o t h I., Histogenese und morphologische Deutung der basilären Plazenta von *Armeria.* ÖBZ, 109 (1/2), 1962: 18—40, 12 Textbilder.

S. 441, Nr. 1, *Armeria elongata* (Hoffm.) Koch 1823, Bonnier 1927. — Syn.: *A. vulgaris* Willd. var. *elongata* (Hoffm.) Koch 1826. — Am Schluß ist anzufügen: — Dazu:
B. *s e r p e n t i n i* (G a u c k l e r) H o l u b 1960, in: Kleine Beiträge zur Flora der ČSSR, Novitates botanicae et Delectus seminum etc. Horti botanici universitatis Carolinae Pragensis 1960: 3—9, speziell S. 3. — Syn.: *A. maritima* var. *serpentini* Gauckler, in Ber. d. Bayer. Botan. Ges., 30, 1954: 20. — Kennzeichnung: Äußere Hüllkelchblätter sehr kurz, eilanzettlich, 2—5 mm lang. — Diese Sippe wurde aus dem Serpentingebiet von Nord-Bayern beschrieben und dann von Josef H o l u b an mehreren Serpentinstandorten in Böhmen und Mähren nachgewiesen. — Die Pflanze des Serpentingebietes von Kraubath in Ober-Steiermark entspricht aber nach Josef E g g l e r und Helmut M e l z e r n i c h t der obigen Kennzeichnung.

S. 441, Nr. 2, *Armeria alpina* (DC.) Willd. 1809. — Syn.: *Statice Armeria* L. var. *alpina* DC. 1805; *Armeria maritima* (Mill.) Willd. subsp. *alpina* (DC.) Hultén.

S. 442, Familie *Primulaceae.* — Ergänzung zu den Schriften:
S p a n o w s k y W., Die Bedeutung der Pollenmorphologie für die Taxonomie der *Primulaceae-Primuloideae.* Feddes Repert., 65 (3), 1962: 149—213, 2 Textbilder davon 1 Stammbaum), 4 Tafeln, 3 Tabellen.

S. 443, Nr. 2, *Anagallis femina* Mill. 1768. — Giltiger Name: *A. c o e r u l e a* N a t h. 1756, Schreb. 1771, Lam. 1778. — Syn.: *A. arvensis* L. subsp.

coerulea (Nath.) Hartman 1846; *A. arvensis* L. subsp. *femina* (Mill.) Schinz et Thellung 1914.

S. 444, Gattg. 7, *Cortusa.* — Ergänzung zu „Systematik".
L a w r a n c e G. H. M., The genus *Cortusa.* Baileya, 5, 1957: 81—83, 1 Fig.

S. 444, Nr. 8/1, *Soldanella montana* W i l l d. 1809, Mikan fil. apud **Pohl** 1910.

S. 444, Nr. 8/2, *Soldanella hungarica.* — Syn.: *S. montana* Willd. subsp. usw.

S. 447/448, Gattg. 10, u. S. 953, *Primula.* — Ergänzung zu „Systematik".
W e n d e l b o P., Studies in *Primulaceae, 2.* An account of *Primula* subgenus *Sphondylia* (syn. sect. *Floribundae*) with a review of the subdivisions of the genus. Arbok. Univ. Bergen, Mat.-Naturw. serie, 1961, Nr. 11. 49 S., 5 Fig. — Die Gattung *Primula* wird in 7 Untergattungen und 35 Sektionen eingeteilt.

S. 448, Gattg. *Primula.* — Vor „Gliederung der Gattung" ist einzuschalten:
M o r p h o l o g i e. — R o t h Ingrid, Histogenese und morphologische Deutung der Kronblätter von *Primula.* Botan. Jahrb. f. Syst., 79 (1), 1959: 1—16, 11 Abb. — Die Kronblätter entstehen als sekundäre Randbildungen der Staubblätter.

S. 449, Nr. 5, *Primula Halleri* J. F. G m e l i n 1775, Honckeny 1782. — Syn.: *P. longiflora* Jacq. 1778, All. 1785.

S. 449, Nr. 7, *Primula hirsuta* All. 1774. — Syn.: *P. rubra* J. F. Gmel. 1775.

S. 451, Gattg. 11, u. S. 953, *Hottonia.* — Neuere Schrift über Verbreitung:
W e n d e l b e r g e r G., Von der Wasserfeder in Niederösterreich. Natur und Land, **48,** 1962 (4): 94. — *Hottonia palustris* wächst nicht nur in den Donau-Auen (bei Wallsee und wohl sicher auch anderswo in NÖ), sondern auch an der March, u. zw. unweit nördlich von Hohenau in **größerer Menge.**

S. 452, Gattg. 2, *Pirola.* — Vor „Gliederung der Gattung" ist einzuschalten:
N o m e n k l a t u r. — F u c h s H. P., Zur Nomenklatur von *Pyrola chlorantha* Swartz. Ber. d. Schweiz. Botan. Ges., 70, 1960: 448—450. — Wie Verf. nachweist, datiert *P. chlorantha* Swartz aus der zweiten Hälfte des Jahres 1810, *P. virens* Schweigg. erst aus Anfang 1811.

S. 453 unten, Gattg. *Empetrum.* — Ergänzung zu „Systematik".
F a v a r g e r C., R i c h a r d J.-L. et D u c k e r t M.-M., La camarine noire *Empetrum nigrum* et *Empetrum hermaphroditum* en Suisse. Ber. d. Schweiz. Botan. Ges., **69,** 1959: 249—259.
V a s s i l j e v V. N., Die Gattung *Empetrum.* Akad. Wissensch. USSR., Moskau-Leningrad 1961. 132 S., 23 Abb., 3 Karten. — Monographische Bearbeitung der Gattung mit Bestimmungsschlüssel. Vgl. Excerpta Botanica, sect. A, Bd. 4, Heft 3, 1962: 249/250. Von *E. hermaphroditum* werden eine var. *europaeum* V. Vassilj. und eine var. *americanum* V. Vassilj. unterscheiden.

S. 454 oben, *Empetrum hermaphroditum* (Lange) Hagerup 1927. — Syn. (berichtigt): *E. nigrum* L. forma *hermaphrodita* Lange 1880 (Consp. fl. Groenl.: 18); *E. nigrum* L. subsp. *hermaphroditum* (Lange) Oberdorfer 1956; *E. Eamesii* Fernald et Wiegand 1913 (Rhodora, 15: 215) subsp. *hermaphroditum* (Lange) D. Löve 1960; *E. hermaphroditum* (Lge.) Hag. var. *europaeum* Vassiljev.

S. 455, Gattg. 4, *Rhododendron.* — Nach der Überschrift ist einzufügen:
S y s t e m a t i k u n d M o r p h o l o g i e. — S e i t h e A., Die Haarformen der Gattung *Rhododendron* L. und die Möglichkeit ihrer taxonomischen Verwertung. Botan. Jahrb. f. Syst., 79 (3), 1960: 297—393, 1 Textbild, 6 Tafeln.
— Die Haarformen der Gattung *Rhododendron* L. Nomenklatorischer Nachtrag. Botan. Jahrb. f. Syst., 81 (3), 1962: 336. — Der chorus subgenerum *Azalea* (L.) Seithe wurde umbenannt in *Nomazalea* Seithe, weil von S a l i s b u r y 1807 die Gattung *Azalea*

auf *A. procumbens* (d. i. *Loiseleuria*) eingeschränkt worden ist. *Loiseleuria* Desv. wurde erst 1814 aufgestellt.

S. 455, Gattg. 4, *Rhododendron*. — Ergänzung zu „Verbreitung".

W e n d e l b e r g e r G., Von der Gelben Alpenrose. Natur und Land, 48, 1962 (5): 114—119, 1 Textbild. — Behandelt das natürliche Vorkommen des *Rhododendron luteum* Sweet in Kärnten und die umfangreichen Maßnahmen zu seinem Schutz, ferner die natürlichen Vorkommen dieser Arten in Slowenien und zwei verwilderte Vorkommnisse in NÖ und St (siehe unten).

S. 455, Nr. 3, *Rhododendron luteum* Sweet. — Wächst verwildert in NÖ um Schloß Goldegg im Dunkelsteiner Wald (sehr zahlreich an verschiedenen Stellen) und in St um Schloß Hollenegg südlich von Deutschlandsberg (als Unterholz im Wald verbreitet).

S. 456, Gattg. 6, *Arctostaphylos*. — Nach der Überschrift ist einzufügen:
N o m e n k l a t u r: *Arctostaphylos* Adans. 1763 ist ein nomen conservandum gegenüber *Uva-ursi* Duhamel 1755.

S. 458, Nr. 2, *Vaccinium macrocarpum* Aiton. — Syn.: *Oxycoccus macrocarpus* (Ait.) Pursh; *Oxycoccus palustris* Pers. var. *macrocarpus* (Ait.) Pers.

S. 459, Nr. 2, *Calystegia silvatica*. — Syn.: *C. sepium* (L.) R. Br. subsp. *silvatica* (Waldst.) Maire.

S. 461, Familie *Polemoniaceae*. — Ergänzung zu „Systematik".
G r a n t V., Natural history of the *Phlox* family, vol. I. Systematic Botany. The Hague (M. Nijhoff), 1959. 280 S., 79 Textbilder.

S. 463, Gattg. 3. *Onosma*. — Ergänzung zu „Systematik".
P o p o v M. G., Ad cognitionem meliorem generis *Onosma* L. Not. Syst. Herb. Inst. Bot. Acad. Sci. URSS, 14, 1951: 287—304.

S. 465, Gattg. 6, *Myosotis*. — Ergänzung zu „Systematik".
D o m i n K., Monografická studie o *Myosotis silvatica* (Ehrh.) Hoffm. ... Carpatica, 1, 1939: 209—379.
M e l z e r H., Neues und Kritisches usw. Mitteil. d. Naturw. Ver. f. Stmk., 90, 1960: 85—102. — Auf den Seiten 89—92 werden die beiden „Serpentin-Vergißmeinnichte" bezüglich Kennzeichnung und Verbreitung eingehend besprochen. Vgl. Catal. S. 954, Nr. 3 B und Nr. 4 B.

S. 465, Gattg. 6, *Myosotis*. — Vor „Gliederung der Gattung" ist einzufügen:
Ö k o l o g i e. — M o r t o n F., Das Vorkommen von *Myosotis palustris* L. forma *submerse-florens* mihi im Traunsee (Oberösterreich). Archiv für Hydrobiologie, 49 (3), 1954: 335—348, 3 Tafeln mit 9 Bildern. — Im Traunsee, u. zw. nahe dem Westufer, befindet sich schon seit sehr langer Zeit ein großer Bestand dauernd unter Wasser lebender und regelmäßig blühender *Myosotis palustris*. Verf. beschreibt genau deren anatomischen Bau sowie deren ökologische Verhältnisse und Lebensgemeinschaften. — Eine blühende Vergißmeinnichtwiese auf dem Seegrunde. Natur und Volk (Frankfurt a. M.), 86, 1956, (10): 343—348, 10 Textbilder.
— Blühende Vergißmeinnichtwiese auf dem Seegrunde. Universum (Wien), 15, 1960 (11): 339—341, 5 Textbilder. — Die vom Verf. im Jahr 1954 ausfürlich beschriebene submerse *Myosotis*-Wiese wurde von ihm bis 1962 ständig beobachtet.

S. 465, Nr. 1, *Myosotis palustris*. — Am Schluß von subsp. A ist anzufügen: — Dazu:
β. f o r m a *s u b m e r s e - f l o r e n s* M o r t o n. — OÖ: Im Traunsee, nahe dem Westufer, zwischen Altmünster und Traunkirchen. — Siehe oben unter M o r t o n 1954, 1956 u. 1960.

S. 466, Nr. 3 B, *Myosotis silvatica* subsp. *Gáyeri*. — Bgl.: Im Serpentingebiet von Bernstein und Umgebung auf nicht zu trockenen Waldschlägen häufig (nach O. G u g l i a).

S. 466, Nr. 4 B, u. S. 954, *Myosotis alpestris* subsp. *stenophylla*. — Im Bgl auch auf der Großen Plischa nordwestl. v. Rechnitz (M e l z e r) und auf der Kleinen Plischa nordöstl. v. Schlaining, s. slt. (M e l z e r).

S. 466/467, Nr. 5 A, und S. 954, *Myosotis variabilis* subsp. *Kerneri*. — Syn.: *M. variabilis* var. *Kerneri* (DT. et S.) Stroh. — Diese Sippe ist nach M e l z e r (1962: 88—90) von der typischen *M. variabilis* weder morphologisch noch geographisch scharf geschieden. Sie wächst auch mehrfach in Nord-Stmk.

S. 467, Nr. 10, *Myosotis sparsiflora* Mikan pater. — Wächst auch in OÖ: bei Eferding, in der „Eckarts-Au" unweit der Donau, an einer Stelle, spärlich (A. N e u m a n n 1962).

S. 468, Nr. 8/3, *Lappula heteracantha* (Ledeb.) Gürke. — Syn.: *Lappula Myosotis* Moench subsp. *heteracantha* (Ledeb.) Á. et D. Löve.

S. 468, Nr. 10/2, *Omphalodes scorpioides* (H a e n k e) S c h r a n k 1812 (Denkschr. Münch. Akad., 3: 122). — Syn.: *Cynoglossum scorpioides* Haenke 1788. — Die Autorbezeichnung „(Haenke) Schrader", die in manchen neueren Werken, so auch im Catal. fl. Austr., zu lesen ist, dürfte auf einem Druckfehler beruhen, der sich nun beharrlich weiterschleppt.

S. 469, Gattg. 11, *Cynoglossum*. — Neuere Schrift über Systematik:
R i e d l H. B., Bemerkungen über *Cynoglossum* . . . sowie Versuch einer Neugliederung der Gattung *Cynoglossum*. ÖBZ, 109 (4/5), 1962: 385—394, 1 Textbild.

S. 469, Gattg. 12, *Pulmonaria*. — Ergänzung zu „Systematik".
P a w ł o w s k i B., Annotationes de Pulmonariis. Acta Soc. Botan. Poloniae, 31, (2), 1962: 229—238. — Verf. gliedert die Gattung nicht in Sektionen, sondern in 4 Serien (siehe unten). *P. officinalis* wird gegliedert in subsp. *maculosa* (Lieblein) Gams und subsp. *obscura* (Dum.) Murb.

S. 469, Gattg. 12, *Pulmonaria*. — G l i e d e r u n g d e r G a t t u n g (nach P a w ł o w s k i).
Series 1. *Strigosae: P. angustifolia, Kerneri*.
Series 2. *Asperae: P. officinalis* s. l. (*maculosa* u. *obscura*), *stiriaca*.
Series 3. *Molles: P. mollis, mollissima*.
Series 4. *Rubrae: P. rubra*.

S. 469, Nr. 12/2, *Pulmonaria Kerneri* Wettstein. — In St liegt das südlichste Vorkommen „von Jassingau bis ins Ofenbachtal" (unweit Hieflau). *P. Kerneri* ist nahe verwandt mit *P. angustifolia*, ist aber zufolge der Behaarungsweise bestimmt kein Bastardabkömmling dieser mit *P. officinalis*. Siehe M e l z e r 1962: 90/91.

S. 470, Nr. 7, *Pulmonaria mollis* D. Wolff. — Das Vorkommen in OÖ auf der Gowilalpe bei Spital am Pyhrn (am Fuß des Kleinen Pyrgas, sehr zahlreich) wurde von H. M e l z e r 1961 bestätigt. Weitere Angaben aus OÖ sind folgende: ober der Feuchtauer Alpe bei Molln (B r i t t i n g e r 1862) und „in der Passauer Gegend auf Gneißabhängen" (D u f t s c h m i d 1883). Ein Neufund für St ist: auf dem Raidling nördl. v. Wörschach (Ennstal, H. M e l z e r 1961). Siehe M e l z e r in Mitteil. d. Naturw. Ver. f. Stmk., 92, 1962: 91.

S. 470, Nr. 8, *Pulmonaria mollissima* Kerner. — Syn.: *P. mollis* D. Wolff subsp. *mollissima* (Kerner) Nyman (etwa 1880), Á. et D. Löve 1961.

S. 472, nach Nr. 3, *Anchusa officinalis*, ist neu einzufügen:
4. *A n c h u s a o c h r o l e u c a* M B. — Gelblichweiße Ochsenzunge, Weiße O. — NÖ, Wiener Becken: auf einem Bahndamm bei Gramat-

Neusiedl (Prof. Heinrich S w o b o d a 1936, mitgeteilt von G. W e n d e l-
b e r g e r 1962). NÖ, östliches Weinviertel: zw. Grub u. Ebenthal (nördl.
v. Gänserndorf) auf einem Brachfeld mehrfach; vielleicht aus Ungarn
eingeschleppt (M e l z e r 1960 u. 1962). — Neu für Österreich. —
Heimat: Ungarn, Ost- u. Südost-Europa, Kleinasien, Armenien.

S. 472, Gattg. 16, *Symphytum*. — Ergänzung zu „Systematik".

P a w ł o w s k i B., Observationes ad genus *Symphytum* L. pertinentes. Fragmenta
floristica et geobotanica, ann. 7, pars 2, 1961: 327—356, 6 Textbilder, 2 Tabellen.

S. 475, Gattg. 5, *Solanum*, Nachtschaden. — Ergänzung der Fußnote:

Der Name „Nachtschade" (d. i. schwarzer Schade) des alten deutschen Schrifttums bezeichnete das *Solanum nigrum* mit Bezug auf seine Giftigkeit.

S. 475, Gattg. 5, *Solanum*. — Ergänzungen zu „Systematik der ganzen Gattung".

L a w r e n c e G. H. M., The cultivated species of *Solanum*. Baileya, 8, 1960: 20—35,
75—76, 8 Fig.

W e s s e l y I., Die mitteleuropäischen Sippen der Gattung *Solanum* Sektion *Morella*.
Feddes Repertorium, 63 (3), 1960: 290—321. — Systematische Bearbeitung der Arten
S. nigrum (incl. *humile*), *S. alatum* und *S. luteum*.

S e i t h e A., Die Haararten der Gattung *Solanum* und ihre taxonomische Verwertung.
Botan. Jahrb. f. Syst., 81 (3), 1962: 261—335, 4 Tafeln, 1 Taxa-Übersicht. — Erwähnt
sei, daß *Lycopersicon* nicht als eigene Gattung abgetrennt wird, sondern als Untergattung *Lycopersicum* (Hill) Seithe in der Gattung *Solanum* verbleibt. Die Gliederung
der Gattung wird etwas verbessert. Soweit die neue Gliederung auch Österreich
betrifft, ist sie weiter unten wiedergegeben.

S. 475, Gattg. 5, *Solanum*. — Ergänzungen zu „Abstammung und Herkunft der
Kartoffel".

B r ü c h e r H., Beiträge zur Abstammung der Kulturkartoffel. Sitzber. d. Deutsch. Akad.
Landw.-Wiss. Berlin, 7 (8), 1958: 1—44. — Verf. hält das diploide (2 n = 24) groß-
knollige *Solanum Verneї* Bitter et Wittmack 1914 (Bot. Jahrb. 50, Suppl.: 550) aus
Nordost-Argentinien für die Stammpflanze der tetraploiden (2 n = 48 = 4 x) Kultur-
Kartoffel.

— Problematisches zum Ursprung der Kulturkartoffel aus Chiloé. Zeitschr. f. Pflanzenzüchtung, 43, 1960: 241—265, 6 Textbilder. — Die ehemalige Vermutung, daß die
Kulturkartoffel von der Insel Chiloé stamme, wird mit ausführlicher Begründung
widerlegt.

S. 476, Gattg. 5, und S. 954 (!), *Solanum*. — Ergänzung zu „Schriften über Tomate":

S t u b b e H., Mutanten der Kultur-Tomate, *Lycopersicon esculentum* Miller, 3. Die
Kulturpflanze, 7, 1959: 82—122, 22 Textbilder.

— Mutanten der Wild-Tomate, *Lycopersicon pimpinellifolium* (Jusl.) Mill., 1 u. 2. Die
Kulturpflanze, 8, 1960: 110—137, 24 Textbilder und 9, 1961: 58—87, 19 Textbilder.

S. 476, Gattg. 5, *Solanum*. — Verbesserte Gliederung.

G l i e d e r u n g d e r G a t t u n g *S o l a n u m* (nach A. S e i t h e 1962).

Untergattung I. *Solanum* s. str.
    Sektion 1. *Solanum* s. str. str. (= *Morella*): **S. nigrum, humile, luteum, alatum.**
    Sektion 2. *Dulcamara*: *S. Dulcamara.*
    Sektion 3. *Jasminosolanum*: *S. jasminoides.*
    Sektion 4. *Tuberarium*: *S. tuberosum.*

Untergattung II. *Lycopersicum.*
    Sektion 5. *Lycopersicum*: *S. Lycopersicum.*

Untergattung III. *Stellatipilum* (= *Leptostemonum*).
    Sektion 6. *Stellatipilum*: *S. Melongena.*
    Sektion 7. *Androceras*: *S. rostratum.*
    Sektion 8. *Simplicipilum*: *S. ciliatum, mammosum.*

S. 476, Nr. 1 β, *Solanum Dulcamara* forma *serpentini*. — Bgl: Im Serpentingebiet relativ selten; von O. G u g l i a nur auf trockenen Halden
(Schlägen) der Südausläufer des Steinstückels beobachtet.

S. 476, Nr. 3, *Solanum nigrum*. — Nach W e s s e l y 1960 (siehe oben) gehört als Unterart hierher: B. s u b s p. *S c h u l t e s i i* (O p i z) W. e s s e l y. — Syn.: var. *hebecaulon* Lowe 1843; *S. Schultesii* Opiz 1843.

S. 476, Nr. 4, *Solanum humile* Bernh. 1809. — Syn.: *S. luteo-virescens* Gmelin 1826; *S. chlorocarpum* (Spenner) Schur 1866. — Diese Sippe wird von W e s s e l y 1960 (siehe oben) nur als forma bewertet und hieße dann: *S. nigrum* L. forma *humile* (Bernh.) Lindman 1918. Der älteste Varietätname ist: var. *chlorocarpum* (Spenner) A. Braun 1843, begründet auf *S. vulgatum* „L." var. *chlorocarpum* Spenner 1829. Der älteste Subspeziesname ist: subsp. *humile* (Bernh.) Hartman 1849.

S. 477, Nr. 6, *Solanum alatum* Moench. — Syn.: *S. luteum* Mill. subsp. *miniatum* (Bernh.) Á. et D. Löve.

S. 478, Gattg. 6, *Atropa*. — Nach der Überschrift ist einzuschalten:
S y s t e m a t i k u n d A l l g e m e i n e s. — P a s c h e r A., Über *Atropa*. Flora, 148 (1), 1959: 84—109, 11 Textbilder. — Vorarbeiten zu einer Monographie, aus dem Nachlasse des im Jahr 1945 verstorbenen Verfassers.

S. 478, Gattg. 7, *Scopolia*. — Nach der Überschrift ist einzuschalten:
G e s c h i c h t e u n d V e r w e r t u n g. — W a n n e n m a c h e r R., Scopolamin, *Scopolia*, S c o p o l i. Zur Geschichte der Pharmazie, 11, 1959 (4): 28 u. 29, 2 Textbilder. — Enthält auch den Lebenslauf des Botanikers J. A. S c o p o l i samt Bildnis.

S. 478, Nr. 8/1 c, *Hyoscyamus niger* L. var. *pallidus* (W. et K.) Rchb. 1931. — Syn.: *H. pallidus* W. et K. apud Willd. 1809, Kit. 1869.

S. 478, Gattg. 9 u. S. 954/955, *Datura*. — Ergänzung zu „Systematik usw.".
A v e r y A. G., S a t i n a F. and R i e t s m a J., Blakeslee: The genus *Datura*. New York (The Ronald Press), 1959. XII+329 S., 284 Fig. (Vgl. Catal., 955).

S. 478, Gattg. 10, *Nicotiana*. — Ergänzung zu „Systematik".
D a n e r t S., Zur Systematik von *Nicotiana tabacum* L. Die Kulturpflanze, 9, 1961: 287 bis 363, 28 Textbilder. — *N. t.* wird nach Blatt- und Blütenmerkmalen in 10 Varietäten gegliedert. Darunter befindet sich auch var. *macrophylla* (Spreng.) Schrank.

S. 480, Gattg. *Verbascum*. — Ergänzung zu „Systematik".
A r t s - D a m l e r Th., Cytogenetical studies on *Verbascum*-species and their hybrids. Genetica ('s Gravenhage), 1960: 241—328, 94 Fig.

S. 481, Nr. 4 b, *Verbascum nigrum* L. var. *Alopecurus* (Thuill.) Wirtgen 1857. — Syn.: forma *tomentosum* G. F. W. Meyer 1836; *V. Alopecurus* Thuill. 1799; *V. thyrsoideum* Host 1827.

S. 481, Nr. 5, *Verbascum lanatum* Schrad. 1823. — Giltiger Name: *V. a l p i n u m* T u r r a 1780. — Die Angabe aus OÖ ist hier zu streichen; sie bezieht sich (nach H. S c h m i d) auf *V. nigrum* var. *Alopecurus* (Nr. 4 b).

S. 481, Nr. 11, *Verbascum thapsiforme* Schrad 1813. — Giltiger Name: *V. d e n s i f l o r u m* B e r t o l o n i 1810. — Dieser Name bezog sich zunächst auf eine außergewöhnlich dichtblütige Sippe, an deren Zugehörigkeit zu *V. thapsiforme* jedoch nicht zu zweifeln ist.

S. 482, Nr. 3 × 9, *Verbascum austriacum* × *V. speciosum* = *V. Schottianum* S c h r a d e r (nicht Roem. et Schult.!).

S. 482, Nr. 3 × 10, *Verbascum austriacum* × *V. phlomoides* = *V. danubiale* Simk. — Unter den Synonymen zu streichen ist *V. crenatum* Borbás, da dieses zu *V. Chaixii* Vill. × *V. phlomoides* gehört.

S. 482, Nr. 4 × 7, *Verbascum nigrum* × *V. Lychnitis* = *V. incanum* G a u d i n 1828. — Syn.: *V. Schiedeanum* Koch 1843.

S. 483, Nr. 7 × 12, *Verbascum Lychnitis* × *V. crassifolium = V. modenense* T h e l l u n g 1920 u. 1921 (nach H. P. F u c h s, Briefe v. 16. März 1960 u. v. 21. August 1962).

S. 484, Nr. 1, *Scrophularia vernalis.* — Wurde auch in Sb sicher nachgewiesen: am Mitterberg bei Ramingstein im südöstl. Lungau (leg. Fritz Z ö h r e r 1961, mitgeteilt von M. R e i t e r).

S. 484, Nr. 4, *Scrophularia Scopolii.* — Krainer Braunwurz. — Verwildert in NÖ (Wien): im „Fasangarten" des Schönbrunner Parkes nächst dem „Oberen Tirolergarten", im Laubwald (nach A. N e u m a n n 1962).

S. 488, Gattg. 13, *Lindernia Pyxidaria.* — Wächst auch im Bgl: An der regulierten Strem von Glasing bis Hagensdorf (südöstl. v. Güssing) auf sandig-lehmigen Schlammböden massenhaft (nach O. G u g l i a).

S. 488, Gattg. 14, *Digitalis.* — Ergänzung zu „Systematik".

W e r n e r K., Zur Nomenklatur und Taxonomie von *Digitalis.* Botan. Jahrb. f. Syst., **79** (2), 1960: 218—254. — Die Gliederung der Gattung ist gegenüber der im Catalogus wiedergegebenen nur insofern klein wenig verändert, als die Subsektion *Stenophyllae* mit der Subsektion *Blepharosepalae* unter dem letzteren Namen vereinigt wird. *D. Lamarckii* wird als Unterart zu *D. cariensis* Boiss. gestellt.

S. 489, Gattg. 14, *Digitalis.* — Vor „Gliederung der Gattung" ist einzuschalten:

V e r b r e i t u n g. — F i s c h e r Raimund, Ein neues Vorkommen des Wolligen Fingerhutes (*Digitalis lanata* Ehrh.). Natur und Land, 47, 1961 (4): 90—92, 1 Textbild. — Im Steinfeld (südl. Wiener Becken), westlich vom Quellgebiet der Fischa-Dagnitz, sehr zahlreich.

M o r p h o l o g i e u n d A n a t o m i e. — R a d a K., Eine pharmakognostische Studie über einige nicht-offizinelle *Digitalis*-Arten. Acta facultatis pharmaceuticae brunensis et bratislaviensis, Brno-Bratislava, 1, 1958: 33—39.

S. 488, Nr. 1, *Digitalis purpurea.* — Ein ursprünglich wildwachsendes Vorkommen wurde im westl. OÖ entdeckt, nahe der bayerischen Grenze, ungefähr gegenüber von Burghausen. Darüber schrieb mir Robert K r i s a i (Braunau am Inn) am 31. Dezember 1960 folgendes: „*Digitalis purpurea* gedeiht im äußersten Westen von Oberösterreich, im Gebiet des Oberen Weilhart (Werfenau und Huckinger See), unter Umständen, die keinerlei Zweifel an der Ursprünglichkeit aufkommen lassen. Es sind dies lichte Waldstellen in kühl-feuchten Rinnen, die der Pflanze offenbar das ihr zusagende atlantische Lokalklima bieten." — Das wildwachsende Vorkommen im Bayerischen Wald wird nicht angezweifelt. Daher ist die Ursprünglichkeit eines Vorkommens im westlichen OÖ auch nicht unwahrscheinlich. — In St wächst *D. purpurea* an zahlreichen Stellen, bes. auf Holzschlägen, oft in großen Mengen; doch hält M e l z e r (1962: 91/92) alle diese Vorkommen für Verwilderungen.

S. 489, Nr. 5, *Digitalis lanata* Ehrh. — NÖ: Steinfeld. — Siehe R. F i s c h e r 1961 (hier oben: *Digitalis,* Verbreitung).

S. 489, Nr. 6, *Digitalis Lamarckii* Ivanina. — Richtiger Name (nach K. W e r n e r): *D. c a r i e n s i s* B o i s s. s u b s p. *L a m a r c k i i* (I v a n i n a) W e r n e r; siehe K. W e r n e r 1960 (hier oben: *Digitalis,* Systematik).

S. 489/490, Gattg. 16, *Wulfenia.* — Ergänzung zu „Verbreitung und Ökologie".

H ö h n e E., Die blaue Blume des Gailtals: *Wulfenia carinthiaca.* Aus der Heimat, 68, 1960: 157, 1 Abb.

S. 490/491, Gattg. 18, *Veronica.* — Ergänzung zur Systematik der Sektion *Veronicastrum.*

R u f f i e r - L a n c h e R., Notes on some *Veronicas.* Baileya, 6, 1958: 55—57, 1 Fig. — — Betrifft u. a. *Veronica fruticans* und *V. fruticulosa,* auch *V. officinalis.*

S. 493, Nr. 17, *Veronica filiformis.* — Ist auch bereits auf den Britischen Inseln eingeschleppt.

S. 495, Nr. 35 a, *Veronica scardica.* — Im Bgl auch südwestl. v. St. Margareten.

S. 496, Gattg. 19, *Pedicularis.* — Ergänzung zu „Systematik und Verbreitung".
M a y e r E., *Pedicularis julica* E. Mayer spec. nov., eine bisher verkannte Art der südöstlichsten Kalkalpen. Phyton, 9 (3/4), 1961: 299—305. (Die neue Art wurde bisher mit *P. elongata* verwechselt, ist aber von dieser scharf geschieden, siehe unten Nr. 15*.)

S. 497, Nr. 1, *P e d i c u l a r i s   S c e p t r u m - C a r o l i n u m* L. — St: Edlacher Moor bei Trieben, mehrere Exemplare (H. M e l z e r 1962, brieflich). — Die Pflanze galt als in Österreich ausgestorben.

S. 498, Nr. 15, *Pedicularis elongata* Kerner. — Wächst n i c h t in den Karawanken, sondern erreicht am Dobratsch und in den östlichsten Karnischen Alpen die Ostgrenze. — Sonstige Verbreitung: STi u. NItalien, fehlt aber in Slowenien. — Danach ist neu einzufügen:
15*. *P. j u l i c a* E. M a y e r 1961. — Alp. v. SOKt (Karawanken, ev. Steiner Alpen). — Sonstige Verbreitung: nur Slowenien, u. zw. Karawanken, Steiner Alpen, östliche und westliche Julische Alpen. — Siehe oben: M a y e r, in Phyton 1961.

S. 499, Gattg. 22, *Odontites rubra* (B a u m g.) P e r s. 1805; statt (Baumg.) Gilib. — In der Synonymie ist zu verbessern: *O. serotina* (Lam.) Dumort. 1827, Rchb. 1831; so auch bei beiden Unterarten.

S. 500, Gattg. 24, *Euphrasia.* — Ergänzung zu „Systematik usw.".
S m e j k a l M., Zur Taxonomie einiger tschechoslowakischer *Euphrasia*-Arten. Časopis Slezského musea v Opavě, Acta Musei Silesiae, ser. hist. nat., 7, 1958: 69—79. — Tschechisch, mit deutscher Zusammenfassung.

S. 502, Nr. 6, *Euphrasia tatarica.* — Wächst auch im Bgl: Neusiedl (Kalvarienberg) und Rechnitz (beides nach M e l z e r), auch zw. Bruck-Neudorf und dem Neusiedler See.

S. 502, Nr. 10, *Euphrasia pulchella.* — Wächst angeblich auch in NÖ, u. zw. auf Triften der Voralpe (bei Hollenstein, nach H a l á c s y, Fl. v. NÖ: 375), wurde aber von M e t l e s i c s vergeblich gesucht. Wird von H a y e k in H e g i und von Fritsch für NÖ n i c h t angegeben.

S. 503, Nr. 15, *Euphrasia salisburgensis.* — Am Schluß ist anzufügen:
— Dazu:
b) v a r. *s u b a l p i n a* G r e n i e r 1865. — Syn.: var. *alpicola* Beck 1883. — Voralpen und Alpen.
c) v a r. *n i v a l i s* (B e c k) W e t t s t e i n 1896. — Syn.: *E. nivalis* Beck 1883 (Verh. d. ZoBoG., 33: 225, auch 1884 u. 1893, sowie Halácsy 1896). — Hochalpen von NÖ, wohl auch sonst in den Ostalpen (H a y e k in H e g i, VI 1: 98).

S. 503, Nr. 16, *Euphrasia stiriaca* Wettst. — Syn.: *E. salisburgensis* var. *stiriaca* (Wettst.) Halácsy 1896 (Fl. v. NÖ: 375).

S. 504/505, Gattung 25, *Rhinanthus.* — Ergänzung zu „Systematik und Nomenklatur".
K u n z H., Bemerkungen zu einigen *Rhinanthus*-Sippen. Phyton (Graz), 8 (3/4), 1959: 243—258. — Kritische Betrachtungen über den Saison-Polymorphismus. Verf. ist

grundsätzlich gegen die Bewertung der saisonpolymorphen Sippen als Arten; er will sie nur als Unterarten gelten lassen. Im Catalogus fl. Austr. sind sie auf Veranlassung R o n n i g e r s sogar nur als Varietäten bewertet. Die vorliegende Arbeit behandelt hauptsächlich westalpine Sippen, von den in Österreich vertretenen Arten nur *Rh. alpinus* und *Rh. aristatus* (= *Rh. angustifolius*).

S. 508, Nr. 6 B a, *Rhinanthus Alectorolophus* var. *patulus*. — Syn.: *R. nemorivagus* O. Schwarz. — Wächst auch im Bgl, u. zw. im Seewinkel (beim „Viehhüter" und auf den Neusiedler Wiesen bei Weiden, leg. E. K o r b, det. K. R o n n i g e r).

S. 510, Gattg. 26, *Melampyrum*. — Ergänzung zu „Systematik".
S m i t h A. J. E., A note on the differences between *Melampyrum pratense* L. and *M. sylvaticum* L. Proceedings of the Botan. Soc. of the British isles, 4, 1961 (2): 151—152, 1 Textbild.

S. 516, Nr. 10, *Orobanche Laserpitii-Sileris*. — Richtige Autorbezeichnung: R a p i n (apud Reuter, in DC., Prodr., XI, 1847).

S. 517, Nr. 20, *Orobanche minor* J. E. S m i t h September 1797 (Brit. Bot., 6: t. 422), Ch. Sutton 1798 (Transact. Linn. Soc. London, 4: 179). — Syn.: *O. barbata* auct., an Poir. Ende 1798?

S. 518, Gattg. *Pinguicula*. — Ergänzung zu „Systematik".
E r n s t Alfons, Revision der Gattung *Pinguicula*. Bot. Jahrb. f. Syst., 80 (2), 1961: 145—194.
C a s p e r S. J., Revision der Gattung *Pinguicula* in Eurasien. Feddes Repert., 66 (1/2), 1962: 1—148, 22 Textbilder.
G l i e d e r u n g d e r G a t t u n g (nach C a s p e r).
Untergattung I. *Micranthus: P. alpina*.
Untergattung II: *Pinguicula* s. str.: *P. leptoceras, P. vulgaris* (incl. *P. norica* Beck).

S. 518, Nr. 1, *Pinguicula alpina*. — Wächst auch im Bgl: bei Sauerbrunn (T r a x l e r 1960).

S. 519, Nr. 4, *Utricularia Bremii* Heer. — Züricher Wasserschlauch. — Dürfte in NÖ gegenwärtig fehlen. Wuchs ehedem in Teichen bei Seitenstetten und bei St. Peter in der Au, ist aber infolge Vernichtung der Standorte ausgestorben.

S. 520, Familie *Labiatae*. — Ergänzung zu „Morphologie".
W o j c i e c h o w s k a B., Morphologie und Anatomie der Früchte einiger mitteleuropäischer Gattungen der Unterfamilie *Stachydoideae* (Fam. *Labiatae*). Monographiae Botanicae (Warschau), 12, 1961: 89—120, 10 Tafeln. — Polnisch, mit englischer Zusammenfassung. Behandelt die Gattungen *Betonica, Melissa, Lycopus, Leonurus, Hyssopus* und *Perilla*.
S. 520, Gattg. 1, *Ajuga*. — Nach der Überschrift ist einzuschalten:
S y s t e m a t i k. — S m e j k a l M., Taxonomicka studie druhu *Ajuga chamaepitys* (L.) Schreb. ampl. Briq. v Čechoslovensku. Preslia, 33, 1961: 386—398. — Tschechisch, mit deutscher Zusammenfassung. — In der Tschechoslowakei und in ihren Nachbarländern (auch NÖ!) wächst außer der typischen *A. cham.* subsp. *chamaepitys* auch noch subsp. *ciliata* (Briq.) Smejkal, comb. n. (= *A. pseudochia* Schostenko). Diese neigt etwas gegen subsp. *chia* (Schreb.) Murbeck (= *A. chia* Schreb.). Sie wird aus NÖ von folgenden Fundorten angegeben: Wien, Kalksburg, Baden, Raasdorf und Marchegg.
S. 521, Nr. 1/4, *Ajuga Chamaepitys*. — Am Schluß ist anzufügen: —
Dazu:
B. s u b s p. *c i l i a t a* (B r i q.) S m e j k a l. — NÖ: siehe unter Systematik.

S. 521, Nr. 2/4, *Teucrium Scorodonia* L. — Die in MEur. verbreitete Sippe wird als subsp. *silvestre* (Lam.) Gams bezeichnet, dürfte aber dem

Typus der Art entsprechen. Sie wächst auch in NÖ, im südöstl. Weinviertel: Kreuttal nächst Unter-Olberndorf, am lichten Rand eines Eichen-Mischwaldes (1 Stück, F. E h r e n d o r f e r 1961).

S. 523, Gattg. 7, *Leonurus.* — Nach der Überschrift ist einzuschalten:
S y s t e m a t i k. — H o l u b J., Vorläufige Bemerkung zur Taxonomie von *Leonurus cardiaca* L. Novitates botanicae Horti Bot. Univ. Pragensis 1961: 34/35.
M o r p h l o g i e. — W o j c i e c h o w s k a 1961, siehe unter *Labiatae* (zu S. 520).

S. 523, Nr. 2, *Leonurus Cardiaca* L. — Am Schluß ist anzufügen:
B. s u b s p. *v i l l o s u s* (D e s f.) H y l a n d e r. — Zottiger Löwenschwanz. — Syn.: var. *villosus* (Desf.) Bentham; *L. villosus* Desf. — SKt: Als Bienennährpflanze von dem Bauer K n u r e r in Khünburg (Bezirk Hermagor) vor 1920 eingeführt; seit langem in der Umgebung seines Wohnsitzes reichlich verwildert, im Gailtal auch weiter ausgebreitet, so bei Presseggen und Kühweg (Franz W o h a c k 1959). — Für Österreich anscheinend neu.

S. 525, Gattg. 10, *Betonica.* — Vor „Gliederung der Gattung" ist einzufügen:
M o r p h o l o g i e. — W o j c i e c h o w s k a 1961, siehe unter *Labiatae* (zu S. 520).

S. 526, Nr. 12/1, *Lamium Orvala* L. — Verwildert in NÖ (Wien): Hietzing, oberer Tiroler Garten des Schönbrunner Parkes, im Laubwald mehrere Stöcke, vermutlich schon lange vorhanden, doch erst seit etwa 1959 beobachtet, vielleicht Reste einer früheren Anpflanzung (nach A. N e u m a n n 1962).

S. 526, Nr. 12/2, *Lamium maculatum* L. — Syn.: *L. mac.* subsp. *foliosum* (Crantz) Á. et D. Löve.

S. 527, Nr. 7 B, *Lamium Galeobdolon* (L.) Nath. subsp. *pallidum* F. Hermann 1956. — Syn.: *L. Gal.* subsp. *flavidum* (F. Hermann) Á. et D. Löve 1961 (Botan. Notiser, 114: 55). — NTi: bei Hinterriß im Karwendelgebirge zahlreich (J. P o e l t 1962), im Gschnitztal (M. S t e i n e r); dürfte in den Nordalpen verbreitet sein. —
Nach Schluß der subsp. B ist anzufügen:
C. s u b s p. *m o n t a n u m* (P e r s.) H a y e k 1929 (Balc.). — Alpen-Taubnessel, Alpen-Goldnessel. — Syn.: var. *montanum* (Pers.) Briq.; *Pollichia montana* Pers. 1795; *Galeobdolon vulgare* Pers. var. *montanum* Pers. 1807; *Galeobdolon montanum* (Pers.) Rchb. 1832; *Lamium montanum* (Pers.) Á. et D. Löve 1961. — Ist nach L ö v e das tetraploide alpine Taxon. Scheint aber durchaus nicht auf bedeutende Höhenlagen beschränkt zu sein; ist z. B. nach H o l u b (in Preslia, 33, 1961: 400 u. 403) in der ČSSR häufiger als die typische Art und ist nach B e c k auch in NÖ häufig.

S. 527, Gattg. 13, *Galeopsis.* — Ergänzung zu „Systematik".
T o w n s e n d C. C., Some notes on *Galeopsis ladanum* L. and *G. angustifolia* Ehrh. ex Hoffm. Watsonia, 5 (3), 1962: 143—149, 1 Textbild, 1 Tafel. — Das wichtigste Unterscheidungsmerkmal liegt in der Beschaffenheit der Kelch-Haare.

S. 529, Gattg. 15, *Prunella.* — Nach der Schrift über „Systematik" ist einzufügen:
M o r p h o l o g i e. — W o j c i e c h o w s k a B., Morphologie und Anatomie der Früchte der mitteleuropäischen Arten der Gattung *Prunella* (Fam. *Labiatae*). Monographiae Botanicae (Warschau), 12, 1961: 49—88, 7 Tafeln. — Polnisch, mit englischer Zusammenfassung.

S. 531, Nr. 2 b, *Nepeta pannonica* L. var. *grandiflora*. — Ist wohl besser als Unterart zu bewerten und heißt dann: s u b s p. *g r a n d i f l o r a* (B e n t h.) Á. et D. L ö v e.

S. 533, Gattg. 23, *Melissa*. — Nach der Schrift über „Systematik" ist einzufügen: M o r p h o l o g i e. — W o j c i e c h o w s k a 1961, siehe unter *Labiatae* (zu S. 520).

S. 534, Nr. 2, *Calamintha officinalis*. — Wächst auch im Bgl: Marzer Kogel, südl. v. Mattersburg (M e t l e s i c s 1959).

S. 534, Nr. 3, *Calamintha subisodonta* (= *C. Brauneana*). — Wächst auch in Kt, nach H. M e l z e r; dagegen soll *C. nepetoides* (Nr. 4) nach H. M e l z e r in Kt fehlen.

S. 534, Nr. 5, *Calamintha Clinopodium* Spenner 1835. — Syn.: *Calamintha vulgaris* (L.) Halácsy 1896, Druce 1906, non Clairville 1811.

S. 535, Gattg. 26, *Hyssopus*. — Nach der Überschrift ist einzuschalten: M o r p h o l o g i e. — W o j c i e c h o w s k a 1961, siehe unter *Labiatae* (zu S. 520).

S. 535/536, Gattg. 29, u. S. 958/959, *Thymus*. — Ergänzung zu „Systematik".

M a c h u l e M., Die mitteleuropäischen *Thymus*-Arten, Formen und Bastarde. Nachtrag. Mitteil. d. Thüring. Botan. Ges., Bd. II, Heft 1, 1960: 176—207. — Eine sehr wichtige Ergänzung zu der 1957 erschienenen Hauptarbeit des Verfassers. Enthält u. a. die Erstbeschreibungen von *Th. Beckii* (*Widderi* var.), *Th. hainburgensis* (= *austriacus* × *montanus*), *Th. Melzeri* (= *austriacus* × *Serpyllum*), *Th. pseudo-austriacus* (= *austriacus* × *rudis*), *Th. Raimundii* (= *Marschallianus* × *montanus*) und mehreren von R o n n i n g e r aufgestellten Sippen meist niederen Ranges. Für mehrere von Ferdinand W e b e r (1958, vgl. Catal., S. 958) aufgestellte Bastarde werden prioritätsberechtigte Namen angegeben.

R o n n i n g e r K., Nachlaß. — Aus nachgelassenen Fundortsvormerkungen ergeben sich Ergänzungen zu den Verbreitungsangaben bei 5 Bastarden; sie sind im nachstehenden mit „Ronn. N." gekennzeichnet.

S. 536, Gliederung der Gattung *Thymus*. — Die Series 2 α hat den Namen *Verticillati* zu führen. — Der Name *Pannonici* ist deshalb ungeeignet, weil der echte *Th. pannonicus* All. wahrscheinlich gar nicht hierher gehört. Siehe unter Nr. 4.

S. 537, Nr. 4, *T h y m u s   K o s t e l e c k y a n u s* O p i z. — Syn.: *Th. pannonicus* auct. austr., non All, s. str.; *Th. pannonicus* subsp. *Kosteleckyanus* (Opiz) Ronniger in Catal. fl. Austr. — Der echte *Th. pannonicus* Allionis ist nach M. M a c h u l e eine derzeit noch ungeklärte Pflanze, die vielleicht gar nicht mit *Th. Kost.* nächst verwandt ist, sondern eher mit *Th. humifusus*.

S. 537, Nr. 6, *Thymus rudis* Kerner 1903. — Syn.: *Th. oenipontanus* H. Braun 1891 subsp. *rudis* (Kerner) Á. et D. Löve.

S. 538, Nr. 8*, *Thymus moesiacus* Velen. — Die Angabe von Eckartsau in NÖ (Marchfeld, leg. R o n n i g e r 3. VI. 1923) ist verläßlich richtig. In alter Zeit wurde diese Art auch bei Jedlesee (Wien XXI) gefunden (nach M a c h u l e, Brief v. 7. V. 1961), überdies einmal bei Innsbruck (nach R o n n i g e r, Brief v. 13. IV. 1949).

S. 538, Nr. 9, *Thymus humifusus*. — Syn.: *Th. praecox* Opiz subsp. *Hesperites* (Lyka) Á. et D. Löve.

S. 539, Nr. 13 B, *Thymus montanus* W. et K. — Auch in Kt (Bad Vellach, nach M a c h u l e).

S. 539, Nr. 14, *Thymus Froelichianus*. — Syn.: *Th. pulegioides* L. subsp. *carniolicus* (Borb.) Á. et D. Löve.

S. 539, Nr. 15, *Thymus alpestris*. — Wächst in NÖ auch im südl. u. westl. Wienerwald und in höheren Teilen des Waldviertels.

S. 540, Nr. 22, u. S. 958 unten, *Thymus Widderi* (Ronniger) Machule. — NÖ. — Die typische Art wächst von der Bergstufe (z. B. Harzberg bei Vöslau, Grillenberger Tal u. andw.) bis in die obere Voralpenstufe (Schneeberg, Rax). — Dazu:

b) v a r. *B e c k i i* M a c h u l e (1960: 186). — Blätter häufig nicht vollkommen randnervig. — In der höheren Voralpenstufe des Schneebergs (Ochsenboden und Südhang), zusammen mit der typischen Art.

S. 540/541, u. S. 959 (speziell für Nr. 3 × 13 B), *T h y m u s* - B a s t a r d e.

3 × 4 B. *Th. Marschallianus* × *Th.* [*pannonicus* subsp.] *Kosteleckyanus* = = *Th. pseudopannonicus* Ronniger. — Auch im Bgl (R o n n. N.).

3 × 7. *Th. Marschallianus* × *Th. glabrescens* = *Th. diversifolius* Ronniger. — Auch im Bgl (nach M a c h u l e).

3 × 8. *T h. M a r s c h a l l i a n u s* × *T h. a u s t r i a c u s* = *T h. s p a r s i p i l u s* B o r b á s (1890). — Bgl.: Ruster Höhenzug bei St. Margareten; NÖ: Steinfeld bei Sollenau. — Dazu: nm. *p e i s o n i s* M a c h u l e (1961)*). — Bgl. Ruster Höhenzug.

3 × 9. *T h. M a r s c h a l l i a n u s* × *T h. h u m i f u s u s* = *T h. t h e r m a r u m* M a c h u l e, nova hybr.**). — NÖ: Bei Bad Fischau in den Thermenalpen (M. H e i d e r 1906).

3 × 10. *Th. Marschallianus* × *Th. praecox* = *Th. subhirsutus* Borb. et H. Braun. — Im Bgl (mehrfach) und in NÖ, hier s. hfg. (R o n n. N.); von T h. M a c h u l e im Bgl (Rechnitz und Ruster Berg) und in NÖ (Steinfeld) gefunden.

3 × 13. *Th. Marschallianus* × *Th. pulegioides* = *Th. pilisiensis* Borb. — Auch im Bgl (nach M a c h u l e).

3 × 13 B. *T h. M a r s c h a l l i a n u s* × *T h. m o n t a n u s* = *T h. P o r c i i* Borbás (1890) nm. *R a i m u n d i i* M a c h u l e (1960: 201)***). — Nicht *Th. montanoides* Weber, welcher in den Formenkreis von *Th. pilisiensis* Borb. (3 × 13) gehört. — Bgl: Bei Burg Forchtenstein (M a c h u l e und Raimund F i s c h e r 1958); NÖ: Rosenburg am Kamp (M. M a c h u l e).

4 B × 8. *Th. Kosteleckyanus* × *Th. austriacus* = *Th. Rapaicsii* (Lyka) Ronniger. — Auch im Bgl (nach M a c h u l e).

---

*) *Th. sparsipilus* Borb.: Planta pseudorepens vel repens, paulum heterophylla. Rami floriferi holotrichi, saepe in serie stantes. Folia praecipue angusta, 10—20 mm longa, supra pilosa. — Huc: n m. *p e i s o n i s* M a c h u l e: folia angustissima.

**) Planta repens homoeophylla. Rami floriferi holotrichi, retrorso-pilosi. Folia 8—10 mm longa, ad 4 mm lata, glabra, petiolata, nervis satis conspicuis.

***) Benannt nach Raimund F i s c h e r, Fachlehrer in Sollenau (NÖ), einem eifrigen und erfolgreichen Floristen, der auch mehrere leichtverständliche botanische Artikel im „Universum" (Wien) und in „Natur und Land" veröffentlicht hat. — *Th. Porcii* Borb.: Caulis basi more *Th. montani* fruticosus, ramos florentes annotinos adscendentes lanuginosos emittens. Pili ramorum annotinorum horizontaliter patentes, dimidium diametri caulis longi, albicantes, internodiis tamen alternatim glabris. Folia conspicue petiolata, late ovata vel elliptica, utrinque glabra, inferne cum petiolis ciliata. Habitat in Serbia et Hungaria. — Huc: n m. *R a i m u n d i i* M a c h u l e: Planta valida suberecta homoeophylla. Rami floriferi quadranguli, holotrichi, sed in duabus faciebus densius pilosi. Pili superne patentes, inferne retrorsi. Folia magna, ad 20 mm longa, maxima ad 9 mm lata, glabra, fere sessilia, inferne ciliata. Dentes calycis longe ciliati.

4 B × 10. *Th. Kosteleckyanus* × *Th. praecox* = *Th. Neilreichii* Ronniger. — Auch im Bgl (nach M a c h u l e).

6 × 17. *T h. r u d i s* > × *T h. a l p i g e n u s* = *T h. S a r n t h e i n i i* H. B r a u n (1912) nm. *p s e u d o - a u s t r i a c u s* M a c h u l e (1960: 200)*). — NTi, Oberinntal: Ried (E. H e p p 1943), Pfunds (K. P r a n t l 1871). — Außerdem in Deutsch-STi: Taufers im Münstertal (M. M a c h u l e 1961), Luttach (G. T r e f f e r 1886).

7 × 8. *Th. glabrescens* × *Th. austriacus* = *Th. sublanuginosus* H. Braun. — Auch im Bgl (nach M a c h u l e).

7 × 10. *Th. glabrescens* × *Th. praecox* = *Th. Dichtlianus* Ronniger. — Auch im Bgl (R o n n. N.).

7 × 12. *Th. glabrescens* × *Th. Serpyllum* = *Th. leopolitanus* H. Braun. — Bgl: Rust (M e l z e r, nach M a c h u l e).

7 × 13. *Th. glabrescens* × *Th. pulegioides* = *Th. Reichelianus* Opiz. — Auch im Bgl (R o n n. N.)

8 × 10. *Th. austriacus* × *Th. praecox* = *Th. Wiesbaurii* H. Braun. — Auch im Bgl (R o n n. N.).

8 × 12. *T h. a u s t r i a c u s* × *T h. S e r p y l l u m* = *T h. M e l z e r i* M a c h u l e (1960: 201.). — Bgl: Zw. St. Margareten und Rust (M a c h u l e 1958).

8 × 13. *Th. austriacus* × *Th. pulegioides* = *Th. vindobonensis* H. Braun. — Auch im Bgl (nach M a c h u l e).

8 × 13 B. *T h. a u s t r i a c u s* × *T h. m o n t a n u s* = *T h. h a i n b u r- g e n s i s* M a c h u l e (1960: 191). — NÖ: Hexenberg bei Hainburg (M a c h u l e 1958) und Hundsheimer Berg bei Hainburg (M e t l e- s i c s 1961).

9 × 10. *Th. humifusus* × *Th. praecox* = *Th. Schwindii* Machule. — Auch in Kt (nach M a c h u l e).

10 × 12. *Th. praecox* × *Th. Serpyllum* = *Th. rhenanus* Ronniger. — NÖ: Engelhartstetten im südöstl. Marchfeld.

10 × 13. *Th. praecox* × *Th. pulegioides* = *Th. Reineggeri* Opiz. — Auch im n ö r d l. Bgl: Loretto im Leithagebirge.

10 × 13 B. *Th. praecox* × *Th. montanus* = *T h. E g g l e r i* M a c h u l e, nova hybrida**). — Bgl: Kohfidisch (südl. v. Groß-Petersdorf) und Lackenbach (M e l z e r); NÖ: Braunsdorfer Berg bei Krems (M e l- z e r). — Auch in Slowenien und in Süd-Mähren.

13 × 15. *Th. pulegioides* × *Th. alpestris* = *Th. pseudoalpestris* Ronniger. — Auch in NÖ: Scheibbs.

13 × 16. *Th. pulegioides* × *Th. polytrichus* = *T h. p a r i l i s* M a c h u l e, nomen novum***). — Syn.: *Th. paradoxus* Ronniger in Catal. fl.

---

*) notomorpha *pseudo-austriacus* differt a *Th. Sarntheinii* sensu H. B r a u n foliis majoribus et conspicue heterophyllis. Ceterum aparte ad *Th. rudem* vergit, dum typus specie et vultu *Th. alpigeno* similis est.

**) Benannt nach Dr. Josef E g g l e r, Universitäts-Dozent in Graz; er ist ein eifrig und erfolgreich tätiger Systematiker und Pflanzengeograph, der sich auch mit *Thymus* viel beschäftigt hat. — Planta valida stolonifera, ± heterophylla, plerumque inflores- centia terminata. Rami floriferi conspicue quadrangulares, in faciebus non constanter patenter villosi. Folia magna, ad 15 mm longa, ovata, glabra, ad basin ciliata. Calycis dentes ciliati.

***) Planta ± heterophylla, decumbens, cum stolonibus brevioribus. Rami floriferi praecipue goniotrichi, ad basin calvescentes. Folia elliptica vel ovata, ad summum 10 mm longa.

Austr. 1958, non *Th. paradoxus* Rechinger fil. et Ronniger 1939 (planta macedonica).

S. 543, Nr. 1 c, *Mentha spicata* var. *cordifolia*. — Nach F. P e t r a k in Übereinstimmung mit H. B r a u n gehört *M. cordifolia* Opiz sicher als Kulturform zu *M. spicata* und ist bestimmt nicht ein Bastard *M. spicata* × *M. rotundifolia*, wie manche angenommen haben.

S. 545, Nr. 6, *Mentha villosa* Huds. 1778. — Da es kaum festzustellen ist, ob sich dieser Name auf *M. longifolia* × *M. rotundifolia* oder auf *M. spicata* × *M. rotundifolia* bezogen hat, sollte er nach Ansicht von F. P e t r a k als nomen dubium oder confusum ganz fallen gelassen werden. Der älteste sichere Name für *M. longifolia* × *M. rotundifolia* ist *M. n e m o r o s a* W i l l d. 1800; siehe Nr. 6 c.

S. 546, Nr. 8, *Mentha carinthiaca* Host. — Nach Ansicht von F. P e t r a k ist diese Sippe am wahrscheinlichsten eine der zahlreichen Formen des Bastardes *M. longifolia* × *M. arvensis* (Nr. 5 × 11), aber weder *M. rotundifolia* × *M. aquatica* (wie im Anschluß an T o p i t z 1913 im Catalogus steht), noch auch *M. rotundifolia* × *M. arvensis* (nach T o p i t z 1916 fraglich und nach W. L e m k e in R o t h m a l e r), da *M. rotundifolia* in Kärnten wildwachsend nicht vorkommt.

S. 548, Gattg. 31, *Lycopus*. — Nach der Überschrift ist einzuschalten: M o r p h o l o g i e. — W o j c i e c h o w s k a 1961, siehe unter *Labiatae* (zu S. 520).

S. 548, Gattg. 32, *Perilla*. — Nach der Überschrift ist einzuschalten: M o r p h o l o g i e. — W o j c i e c h o w s k a 1961, siehe unter *Labiatae* (zu S. 520).

S. 551, Nr. 13 B, *Plantago major* L. subsp. *intermedia* (Gilib.) Lange. — Auch im mittleren Bgl: zw. Lackenbach u. Ober-Pullendorf mehrfach (M e l z e r 1961: 190/191).

S. 551. nach Nr. 13 B ist als letzte Unterart von *Plantago major* L. einzuschalten:

C. s u b s p. *W i n t e r i* (W i r t g e n) W. L u d w i g. — Syn.: var. *salina* Wirtgen; *P. Winteri* Wirtgen. — Vgl. Catalogus, S. 551, Fußnote und M e l z e r H., in Verhandl. d. ZoBoG Wien, 100, 1960 (ersch. 1961): 191/192. — An Salzstellen des Seewinkels ziemlich verbreitet (M e l z e r); bei Podersdorf bereits von R o n n i g e r gefunden und von N e u m a y e r 1930 als var. *salina* Wirtgen veröffentlicht.

S. 552, Gattg. 2, *Nymphoides*. — Statt Gmelin bzw. Gmel. (an zwei Stellen) soll es genauer heißen: S. G. Gmelin.

S. 552, Familie *Gentianaceae*. — Ergänzung zu den Schriften.
L ö v e Doris, Cytotaxonomical remarks on the *Gentianaceae*. Hereditas **39**, **1953**: 225—235.

S. 552/553, Gattg. *Gentiana*. — Ergänzung zu „Systematik der ganzen Gattung".
L ö v e Á. und L ö v e D., in Botan. Notiser, 114, 1961: 40—41. — Zerlegung der Gattung auf Grund zytologischer Merkmale.

S. 553, Gattg. *Gentiana*. — Ergänzung zu „Systematik der Sektionen *Asterias* und *Coelanthe*".
M a y e r E., *Gentiana* ×*komnensis* E. Mayer, hybr. nov. (= *G. lutea* L. subsp. *symphyandra* Murb. × *G. pannonica* Scop.). ÖBZ, 108, 1961 (4/5): 507—510. — Außer dem in den Julischen Alpen (Slowenien) entdeckten neuen Bastard werden vergleichsweise auch die Bastarde von *G. lutea* subsp. *lutea* mit *G. pannonica* besprochen.

S. 555, Nr. 10, *Gentiana prostrata.* — Syn.: *Ericoila prostrata* (Haenke) Borkh.*).

S. 555, Nr. 11, *Gentiana Clusii.* — Syn.: *Ericoila Clusii* (Perr. et Song.) Á. et D. Löve.

S. 555, Nr. 12, *Gentiana Kochiana.* — Syn.: *Ericoila Kochiana* (Perr. et Song.) Á. et D. Löve.

S. 555, Nr. 13, *Gentiana verna.* — Syn.: *Hippion vernum* (L.) F. W. Schmidt.

S. 555, Nr. 13 b, *Gentiana verna* var. *alata.* — Ist wohl besser als Unterart zu bewerten und heißt dann: B. s u b s p. *alata* (G r i s e b a c h) L e m k e apud Rothmaler 1962.

S. 555, Nr. 14, *Gentiana tergestina.* — Syn.: *Hippion tergestinum* (Beck) Á. et D. L ö v e.

S. 555, Nr. 15, *Gentiana brachyphylla.* — Syn.: *Hippion brachyphyllum* (Vill.) Á. et D. Löve.

S. 555, Nr. 16, u. S. 959, *Gentiana orbicularis.* — Syn.: *Hippion orbiculare* (Schur) Á. et D. Löve. — Neue Fundorte in den Zentralalpen: NKt: Außer Astner Alpen auch Westhang des Poisnik, Grat westl. v. d. Sternspitze bei Rennweg, Naßfeld im Glocknergebiet (durchwegs K u n z und R e i c h - s t e i n, siehe Erg.heft, zu S. 32—37). Sb (Lungau): Zwischen den Bergen Speiereck (bei Mauterndorf) und Lanschütz (nördl. davon) bei ca. 2100 m auf Triaskalk (leg. Hans B r u n n e r, Graz 1960, revid. W i d d e r).

S. 556, Nr. 17, *Gentiana pumila.* — Syn.: *Hippion pumilum* (Jacq.) F. W. Schmidt.

S. 556, Nr. 18, *Gentiana terglouensis.* — Syn.: *Hippion Schleicheri* (Vaccari) Á. et D. Löve.

S. 556, Nr. 19, *Gentiana bavarica.* — Syn.: *Hippion bavaricum* (L.) F. W. Schmidt.

S. 556, Nr. 20, *Gentiana nivalis.* — Syn.: *Hippion nivale* (L.) F. W. Schmidt.

S. 556, Nr. 21, *Gentiana utriculosa.* — Syn.: *Hippion utriculosum* (L.) F. W. Schmidt.

S. 556, Nr. 22, *Gentiana ciliata.* — Syn.: *Gentianopsis ciliata* (L.) Ma 1952, — Die Gattg. *Gentianopsis* Ma, 1951, in Acta Phytotax. Sinica, 1: 5—19.

S. 556, Nr. 23, *Gentiana nana.* — Syn.: *Comastoma nanum* (Wulf.) Toyokuni 1961 (Bot. Mag. Tokyo, 74: 198); *Lomatogonium nanum* (Wulf.) Á. & D. Löve olim (Bot. Not., 114: 42, März 1961).

S. 556, Nr. 24, *Gentiana tenella.* — Syn.: *Comastoma tenellum* (Rottboell) Toyokuni 1961 (vgl. *G. nana*). — Siehe: T o y o k u n i H., Separation de *Comastoma*, genre nouveau, d'avec *Gentianella*. Bot. Mag. Tokyo, 74: 198 (April 1961); Beschreibung der Gattung und Aufstellung von 5 Arten. Typus der Gattung ist *Comastoma tenellum.*

---

*) Gattung *Ericoila* Renealm 1796.

S. 556/557, Nr. 25 A, *Gentiana germanica* Willd. subsp. *rhaetica* (Kerner) Braun-Blanquet. — Syn.: *G. rhaetica* Kerner; *Gentianella rhaetica* (Kerner) Á. et D. Löve 1961 (März, Bot. Not.).

S. 557, Nr. 25 C, *Gentiana germanica* subsp. *solstitialis*. — Syn.: *Gentianella germanica* (Willd.) C. Börner subsp. *solstitialis* (Wettst.) Dostál.

S. 557, Nr. 25 D, *Gentiana germanica* subsp. *Kerneri*. — Syn.: *Gentianella rhaetica* (Kerner) Á. et D. Löve subsp. *Kerneri* (Doerfl. et Wettst.) Á. et D. Löve.

S. 557, Nr. 26 B, *Gentiana austriaca* (siehe auch Catal. S. 959) subsp. *lutescens*. — Syn.: *Gentianella austriaca* (A. et J. Kerner) Dostál subsp. *lutescens* (Velen.) Dostál.

S. 557/558, Nr. 26 C, *Gentiana austriaca* subsp. *Neilreichii*. — Syn.: *Gentianella austriaca* (Kerner) Dostál subsp. *Neilreichii* (Doerfl. et Wettst.) Á. et D. Löve 1961 (März, Bot. Not.).

S. 558, Nr. 27 A, *Gentiana praecox* (siehe auch Catal. S. 959) subsp. *carpatica*. — Syn.: *Gentianella praecox* (A. et J. Kerner) Dostál subsp. *carpatica* (Wettst.) Dostál. — *Gentiana praecox* und speziell deren subsp. *carpatica* wächst auch in SSt: zw. Leutschach, Gamlitz und Arnfels, in der Nähe des Kreuzberges auf einer nordseitigen, nicht gemähten Waldwiese (H. Melzer 1960 und 1962: 92).

S. 558, Nr. 27 C, *Gentiana praecox* subsp. *depauperata*. — Syn.: *Gentianella praecox* (A. et J. Kerner) Dostál subsp. *depauperata* (Rochel) Dostál.

S. 558, Nr. 28, *Gentiana anisodonta*. — Syn.: *Gentianella anisodonta* (Borb.) Á. et D. Löve 1961 (März, Bot. Not.); dazu die folgenden Unterarten: B. subsp. *antecedens* (Wettst.) Á. et D. Löve, und C. subsp. *calycina* (Wettst.) Á. et D. Löve, beide ebenda, März 1961.

S. 558, Nr. 29 A, *Gentiana aspera* (siehe auch Catal. S. 959) subsp. *Sturmiana*. — Syn.: *Gentianella aspera* (Hegetschw.) Dostál subsp. *Sturmiana* (A. et J. Kerner) Dostál.

S. 559, Nr. 29 B, *Gentiana aspera* subsp. *norica*. — Syn.: *Gentianella aspera* (Hegetschw.) Dostál subsp. *norica* (A. et J. Kerner) Dostál.

S. 559, Nr. 29*, *Gentiana pilosa*. — Syn.: *Gentianella germanica* (Willd.) C. Börner subsp. *pilosa* (Wettst.) Á. et D. Löve.

S. 559, Nr. 30, *Gentiana Amarella* L. subsp. *axillaris* (F. W. Schmidt) Murbeck. — Syn.: *G. axillaris* (F. W. Schmidt) Rchb.; *Gentianella axillaris* (F. W. Schmidt) Á. et D. Löve.

S. 559, Nr. 31, *Gentiana campestris* (siehe auch Catal. S. 559). — Syn.: *Gentianella campestris* (L.) C. Börner; dazu die Unterarten:
A. subsp. *germanica* (Froelich) Á. et D. Löve 1961 (März, Bot. Not.).
B. subsp. *campestris* Á. et D. Löve 1961 = subsp. *suecica* Á. et D. Löve 1948.
C. subsp. *islandica* (Murbeck) Á. et D. Löve.

S. 561, Gattg. 4, *Blackstonia*, und Gattg. 5, *Centaurium*. — Ergänzung zu den Schriften, u. zw. betreffend:
Zytologie. — Zeltner L., Contribution à l'étude cytologique des genres *Blackstonia* Huds. et *Centaurium* Hill (Gentianacées). Ber. d. Schweiz. Botan. Ges., 71, 1961: 18—24, 2 Textbilder (10 Fig.).

82

S. 562, Gattg. *Vinca*. — Nach der Überschrift ist einzuschalten:
N e u e r e s   S c h r i f t t u m. — G o l i c i n S., Nova critica de *Vinca herbacea* Waldst,
et Kit. Botan. Materiali (Moskau u. Leningrad), 18, 1957: 179—182.

S. 563, Gattg. 2, *Cynanchum*. — Neuere Schriften über N o m e n k l a t u r:
B u l l o c k A. A., Nomenclatural notes, 10. On the application of the name *Vince-
toxicum*. Kew Bull., 1958, Nr. 2: 302. — Nach Ansicht des Verf. wäre der korrekte
Name: *Vincetoxicum album* (Mill.) Asch.

F u c h s H. P., Zur Nomenklatur der Gattung *Vincetoxicum* F. C. Medikus, non
Th. Walter. Verhandl. d. Naturf. Ges. Basel, 72 (2): 343—349, 1961. — Wenn man von
Cynanchum L. die Gruppe *Vincetoxicum* als eigene Gattung abtrennt, dann ist
für diese als giltiger Name *Alexitoxicum* St.-Lager 1880 zu setzen. *Hirundinaria*
Ehrh. 1761 ist illegitim, weil ohne Gattungsdiagnose veröffentlicht. *Vincetoxicum*
Medik. 1790 ist wegen des älteren Homonyms *Vincetoxicum* Walter 1788 ungiltig.
Im Jahr 1880 war folglich noch kein giltiger Name vorhanden. Daher darf *Alexi-
toxicum* nicht abgelehnt werden mit der Begründung, daß es auf einer nomen-
klatorisch unzulässigen sprachlichen Verbesserung beruhte. Dagegen ist der jüngere
Name *Antitoxicum* Pobedimova 1952 als nomen superfluum illegitim. Der für heimi-
sche Art giltige Name ist demnach: *Alexitoxicum Vincetoxicum* (L.) H. P. Fuchs 1961.

P o b e d i m o v a E. G., A note on the genera *Vincetoxicum* Walter and *Alexitoxicon*
Saint-Lager. Taxon, 11, 1962 (5. Juni): 173—174. — Der Gattungsname *Vincetoxicum*
Medikus 1790, non Walter 1788 ist zu ersetzen durch *Alexitoxicon* St. Lager (1880,
1882), nicht *Alexitoxicum*.

S. 563, Gattg. 2, S. 960 oben, und S. 973, *Cynanchum Vincetoxicum* L.
— Wenn man die Gruppe (Sektion) *Vincetoxicum* als eigene Gattung be-
wertet, was sich durch beachtliche Gründe stützen läßt, dann ist der giltige
Name: *A l e x i t o x i c o n   V i n c e t o x i c u m* (L.) H. P. F u c h s; siehe
F u c h s 1961 und P o b e d i m o v a 1962 unter „Nomenklatur". — Syn.:
Vincetoxicum Hirundinaria Medik. 1790; *V. officinale* Moench 1794; *V. album*
(Mill.) Aschers. 1866; *Asclepias alba* Mill. 1768; *Antitoxicum officinale*
(Moench) Pobedimova 1952.

S. 564/565, Gattg. *Fraxinus*. — Ergänzung zu den Schriften über *F. angustifolia:*
S o ó R. und S i m o n T., Bemerkungen über südosteuropäische *Fraxinus-* und
Dianthus-Arten. Acta Botanica Acad. Sci. Hung., 6 (1/2), 1960: 143—153, 1 Textbild.
— Sehr eingehende Besprechung der *F. angustifolia* Vahl und ihrer neuen Unterart:
subsp. *pannonica* Soó et Simon, S. 148; siehe Catal., S. 973 (auf Grund brieflicher
Mitteilungen von S o ó).

F u k a r e k P., Poljski jasen i njegova morfološka varijabilnost (*Fraxinus angustifolia*
Vahl = *F. oxycarpa* Willd.). [Die schmalblättrige Esche und ihre morphologische
Variabilität.] Glasnik za šumske pokuse, 14: 133—258. Sarajevo 1960. — Kroatisch,
mit englischer Zusammenfassung. Verf. hat einen sehr weiten Artbegriff und vereinigt mit *F. angustifolia* manche Sippen, welche nach S o ó (vgl. Catalogus, S. 973,
zu S. 565) gut verschiedene andere Arten sind. Die im pannonischen Gebiet und in
seiner Umgebung weit verbreitete Sippe wird *F. angustifolia* var. *pannonica* Fukarek
genannt (S. 239).

S. 565, Nr. 1, *Fraxinus Ornus* L. — Im Bgl auch am Südhang des
Hackelsberges (H. M e l z e r 1962).

S. 565, Nr. 3, *Fraxinus pennsylvanica*. — Auch in NÖ gepflanzt:
Zwischen Angern a. d. March und Grub (nördl. davon) längs des Hoch-
wasser-Schutzdammes eine Reihe kleiner Bäume (A. N e u m a n n).

S. 565, Nr. 5, *Fraxinus angustifolia*. — Die in Österreich wachsende
Rasse heißt:
B. s u b s p. *p a n n o n i c a* S o ó e t S i m o n 1960. — Syn.: var. *pannonica*
Fukarek 1960. — Verbreitung: Catalogus, S. 565, S. 960 u. S. 973;

wächst auch in Mähren: an der March (nordwärts bis Olmütz), an der Thaya und an der Schwarzawa (deren Nebenfluß).

S. 566 u. S. 960, Familie *Rubiaceae*. — Ergänzung zu „Systematik" usw.

W a g e n i t z G., Die systematische Stellung der *Rubiaceae*. Ein Beitrag zum System der Sympetalen. Botan. Jahrb. f. Syst., 79 (1), 1959: 17—35. — Nach Ansicht des Verf. sind die *Rubiaceae* von den Familien der *Contortae*, speziell von den *Loganiaceae*, nur durch den unterständigen Fruchtknoten verschieden, sonst aber mit diesen näher verwandt als mit den übrigen Familien der bisherigen *Rubiales*. Daher gelangt Verf. zu folgender Gliederung: *Gentianales* (= *Contortae* + *Rubiaceae*); *Dipsacales* (= *Caprifoliaceae, Adoxaceae, Valerianaceae, Dipsacaceae*).

S. 566, Gatt. *Asperula*. — Bei Sektion 4, *Cynanchicae*, ist anzufügen: *A. aristata*.

S. 567, am Schluß der Gattung *Asperula*. — Als letzte Art ist anzufügen:

7. *A s p e r u l a a r i s t a t a* L. fil. — Grannen-Meier, Langblütiger M. — Davon wächst in Österreich nur:

    B. s u b s p. *l o n g i f l o r a* (W. et K.) V i s. — Syn.: *A. longiflora* W. et K. — SKt: Karawanken (verbr.), Ulrichsberg (nördl. v. Klagenfurt), Dobratsch, Gailtaler Alpen, östliche Karnische Hauptkette (bis 2100 m), Gailtal. — Felsen, Gesteinsfluren, Schuttfluren, trockene Triften. — Allg. Verbreitung der Unterart: Gebirgsgegenden Südost- und Süd-Europas. Die typische Unterart, subsp. *aristata*, ist auf Südwest-Europa beschränkt.

S. 567, Gattg. *Galium*. — Ergänzung zu „Systematik usw.".

E h r e n d o r f e r F., Neufassung der Sektion *Lepto-Galium* Lange und Beschreibung neuer Arten und Kombinationen. (Zur Phylogenie der Gattung *Galium*, VII.) Sitzber. Österr. Akad. d. Wiss., m.-n. Kl., Abt. I, 169 (9/10), 1960: 407—421. — Lectotypus der Sektion *Lepto-Galium* ist *G. pumilum* Murr. (= *G. silvestre* Poll.). Die neuen Arten und Kombinationen betreffen nur außereuropäische Sippen.

— Notizen zur Systematik und Phylogenie von *Cruciata* Mill. und verwandten Gattungen der *Rubiaceae*. Annal. d. Naturhist. Mus. Wien, 65 (1961), 1962: 11—20, 1 Tafel. — Die Gattung *Cruciata* ist mit *Valantia* näher verwandt als mit *Galium*. Die Typusart *Galium Cruciata* (L.) Scop. hat *Cruciata laevipes* Opiz zu heißen.

S. 568, Gliederung der Gattung *Galium*. — Am Beginn ist als erste Sektion einzufügen:

Sect. 1. *Truncata* (Ehrendorfer, nova sect.): *G. purpureum*. — Die Nummern aller bisherigen Sektionen sind um 1 zu erhöhen.

S. 568, vor *Galium boreale* ist als erste Art einzufügen:

O*. *G a l i u m p u r p u r e u m* L. — Purpur-Labkraut. — SKt. — Sonnige Stellen an trockenen und an felsigen Abhängen sowie auf Felsschutt; in niederen warmen Lagen. — Am Südfuß und Südostfuß des Dobratsch an zahlreichen Stellen, so Warmbad Villach, Arnoldstein, Föderaun, Schütt, Gailitz. — Allg. Verbrtg.: Süd- und Südost-Europa, nordwärts bis Südtirol und Süd-Ungarn.

S. 571, Nr. 15, *Galium meliodorum*. — Dürfte auch in OÖ in typischer Ausbildung vorkommen.

S. 571, Nr. 18 B, *Galium austriacum* subsp. *vindobonense*. — Syn.: *G. vindobonense* (Ehrendorfer) Á. et D. Löve.

S. 571, Nr. 18 C, *Galium austriacum* subsp. *serpentinicum*. — Syn.: *G. vindobonense* subsp. *serpentinicum* (Ehrendorfer) Á. et D. Löve.

S. 572, Nr. 20, *Galium anisophyllum*. — Das davon abzutrennende *G. alpestre* Gaud., non Steven erhält in L ö v e, Chromose numbers, 1961, den neuen Namen: *Galium Ehrendorferi* Á. et D. Löve.

S. 572, Nr. 20 A, *Galium anisophyllum* subsp. *alpino-balcanicum*. — Syn.: *G. alpino-balcanicum* (Ehrendorfer) Á. et D. Löve.

S. 572, Nr. 20 c, *Galium anisophyllum* Vill. subsp. *alpestre* (Gaud.) E h r e n d o r f e r. — Syn.: *G. alpestre* Gaudin 1818, non Steven 1812. — Vom Engadin und westlichen Südtirol bis in die Westalpen; ein Vorkommen im südwestlichen NTi ist noch nicht nachgewiesen, aber recht wahrscheinlich. Die Sippe ist durch oktoploide Chromosomenzahl (2 n = 8 x) gekennzeichnet. Trotzdem ist eine Bewertung als Species (*G. Ehrendorferi* Á. et D. Löve) nach E h r e n d o r f e r nicht gerechtfertigt.

S. 572, Nr. 21, *Galium pumilum* Murr. — Syn.: *G. pumilum* Murr. subsp. *asperum* (Schreb.) Dostál 1949.

S. 572, Nr. 24, *Galium hercynicum* Weigel. — Die Mehrzahl der neueren Systematiker, so auch E h r e n d o r f e r, betrachten *G. s a x a t i l e* L. partim als den giltigen Namen dieser Art.

S. 573, Nr. 28, *Galium tricorne*. — Richtiger Name: *G. t r i c o r n u t u m* D a n d y 1957. — *G. tricorne* Stokes 1787 (non auct. plur.!) gehört nach D a n d y nicht hierher, sondern zu *Galium Valantia* Weber, Syn.: *Valantia Aparine* L. (Nr. 29).

S. 573, Nr. 29, *Galium Valantia* Weber 1780. — Giltiger Name: *G. v e r r u c o s u m* H u d s. 1767. — Nach F. E h r e n d o r f e r, mündl. Mitt.

S. 574, Nr. 15 × 17, *Galium Mollugo* × *G. verum*. — Ältester zweifelsfreier Name: *G. o c h r o l e u c u m* W o l f f 1805. — Das *G. pomeranicum* Retzius 1795 wird mit weißer Blütenfarbe beschrieben; seine Zugehörigkeit zu dem Bastard wäre möglich, ist aber nicht sicher erwiesen.

S. 575, Gattg. 4, *Cruciata* Mill. — Ergänzung zu „Systematik und Nomenklatur". E h r e n d o r f e r F., Notizen zur Systematik und Phylogenie von *Cruciata* Mill. und verwandten Gattungen der *Rubiaceae*. Annal. d. Naturhist. Mus. Wien, 65 (1961), 1962: 1—20, 1 Tafel. — Siehe unter *Galium*.

S. 575, Nr. 4/1, *Cruciata chersonensis* („Willd.") Ehrendf. — Richtiger Name *C. l a e v i p e s* O p i z 1852. — Syn.: *C. chersonensis* Ehrendf. 1958, non *Valantia chersonensis* Willd. 1806, sensu MB. 1808.

S. 575/576, *Rubia tinctorum*. — In NÖ ausschließlich bei Zwingendorf (M e l z e r 1953, M e t l e s i c s 1960, siehe M e l z e r 1961: 192).

S. 576, Gattg. 2, *Viburnum*. — Nach der Überschrift ist einzuschalten: Z y t o l o g i e. — E g o l f D. R., A cytological study of the genus *Viburnum*. Journ. of the Arnold Arboretum, 43, 1962 (2): 132—172, 16 Fig.

S. 577, Gattg. 5, *Weigelia florida* (Bunge) A. DC. 1839 [nicht DC.]. — Syn.: *Calysphyrum floridum* Bunge 1835, älter (früher) als *Diervilla florida* (Bunge) Sieb. et Zucc. 1835.

S. 579, Nr. 1 A, *Valeriana officinalis* L. subsp. *collina*. — Syn.: *V. collina* Wallr. subsp. *collina* und subsp. *tenuifolia* (Vahl) Á. et D. Löve.

S. 579, Nr. 1 A b, *V. off.* subsp. *collina* var. *intermedia*. — Syn.: *V. collina* Wallr. subsp. *intermedia* (Soó) Á. et D. Löve.

S. 579/580, Nr. 1 A*, *V. off.* subsp. *pratensis*. — Syn.: *V. collina* Wallr. subsp. *pratensis* (Dierbach) Á. et D. Löve.

S. 580, Nr. 1 B*, *V. off.* subsp. *nitida*. — Syn.: *V. collina* Wallr. subsp. *nitida* (Kreyer) Á. et D. Löve.

S. 580, Nr. 2 b, *Valeriana sambucifolia* Mikan fil. 1810 var. *repens* (Host) Beck. — Syn.: *V. repens* Host 1827; *V. procurrens* Wallr. 1840. — Nach

L ö v e und nach A. N e u m a n n ist *V. repens* Host eine eigene Art. Verbreitung nach B e c k u. H a l á c s y: Im Waldviertel mehrfach (H a l á c s y S. 249). Nach A. N e u m a n n: NÖ: Donau-Auen, von Melk abwärts bis Tulln u. Klosterneuburg; OÖ: Donau-Auen u. an den Unterläufen der Donau-Zuflüsse.

S. 582, Familie *Dipsacaceae.* — Vor „Gliederung der Familie" ist einzuschalten:
M o r p h o l o g i e. — K i f f m a n n R., Bestimmungsatlas für Sämereien der Wiesen- und Weidepflanzen des mitteleuropäischen Flachlandes, Kräuter. Freising-Weihenstephan 1958, 106 S., 277 Fig. Teil E: Korbblütler und Kardengewächse. S. 12—31, Fig. 24—65.

S. 583, Nr. 3 B, *Scabiosa Columbaria* subsp. *pseudobanatica.* — Wächst auch im Bgl: Serpentingebiet von Bernstein, u. zw. häufig auf dem Kamm des Kienberges und auf Halden des Steinstückels (nach O. G u g l i a).

S. 584, vor Gattg. 3, *Succisella,* ist als neue Bastardgattung einzuschalten:

2 × 4. *Succisoknautia* Baksay = *Succisa × Knautia*

S u c c i s o k n a u t i a   S z a b ó i B a k s a y, in Ann. hist.-nat. Mus. nat. Hung., ser. nov., 2, 1952: 255 = *Succissa pratensis × Knautia drymeia.* — Ungarn, Komitat Somogy: Mike. — Könnte vielleicht auch in Österreich gefunden werden.

S. 584, Gattg. 4, u. S. 960, *Knautia.* — Ergänzung zu „Systematik".
E h r e n d o r f e r F., Beiträge zur Phylogenie der Gattung *Knautia* (*Dipsacaceae*), I. Cytologische Grundlagen und allgemeine Hinweise. ÖBZ, 109, 1962 (3): 276—343, 9 Textbilder. — Verf. bringt die Grundzüge der systematischen Gliederung und beschreibt mehrere neue Arten, von denen zwei in Österreich vorkommen, nämlich *K. carinthiaca* und *K. norica* (siehe unten). *K. Kitaibelii* Schult. wird als eigene Art betrachtet. Die heimischen Arten gehören durchwegs zur Sektion *Trichera.* — Eine natürlichere Anordnung der Arten wäre nach E h r e n d o r f e r folgende: *K. drymeia, intermedia; longifolia, silvatica, norica, carinthiaca; illyrica, arvensis, Kitaibelii.*

S. 585, an Stelle von Nr. 5 und vorher sind die beiden neuen Arten zu setzen:

4*. *K. n o r i c a* E h r e n d o r f e r, zw. *K. drymeia* u. *K. carinthiaca* stehend, wahrscheinlich eine hybridogene Art. — NSt: Falkenberg bei Judenburg (H. M e l z e r 1960); auch in NOKt (nach E h r e n d o r f e r).

5. *K. c a r i n t h i a c a* E h r e n d o r f e r (statt *K. velebitica* Szabó). — NOKt: Görschitztal, Hänge des Gutschenberges oberhalb Eberstein (E h r e n d o r f e r 1960).

7 C. *K. K i t a i b e l i i* (Schult.) Borbás. — Nach E h r e n d o r f e r eine von *K. arvensis* abzutrennende eigene Art.

S. 587, Gattg. 1, *Thladiantha dubia* Bunge. — Auch in NÖ verwildert: Göllersdorf 1947, Ravelsbach und Baierdorf (südwestl. v. Rav.) 1948, Dürnstein 1960, sämtlich nach Josef J u r a s k y (St. Andrä vor dem Hagental, früher Ravelsbach).

S. 588, Nr. 3/2, *Bryonia dioica.* — Verwildert in NTi: bei (Innsbruck)-Hötting (nach H a n d e l - M a z z e t t i 1960/61).

S. 588, Gattg. 5, u. S. 973, *Citrullus.* — Nach der Überschrift ist einzuschalten:
N o m e n k l a t u r: *Citrullus* Forsk. ist ein nomen conservandum.

S. 588, Nr. 6/2, *Cucumis Melo* L. — Syn.: *Melo sativus* Sageret.

S. 589, Gattg. 8, *Cucurbita.* — Ergänzung zu „Systematik".
G r e b e n š č i k o v I., Notulae cucurbitologicae, IV u. V. Die Kulturpflanze, 8, 1960: 138—157, 16 Textbilder, 2 Tabellen; 9, 1961: 45—57, 4 Textbilder, 7 Tabellen.

86

S. 589/590 u. S. 961, Gattg. 9, *Echinocystis.* — Ergänzung zu den Schriften.

Petkovšek V., Morphologische, taxonomische und typologische Probleme von *Echinocystis lobata* (Michaux) Torrey et Gray. Acad. Sci. Art. Slovenica, class. 4, dissert. 4, 1958: 84—124, 8 Abb., 1 Tafel. — Slowenisch, mit englischer Zusammenfassung.

Heine H., *Echinocystis lobata* (Michx.) Torr. et Gray, ein bemerkenswerter Neophyt des Rhein-Neckar-Gebietes: Weitere Nachträge zur Floristik und ergänzende Mitteilungen. Hessische Floristische Briefe, Jahrg. 11, Brief 130, 1962: 37—46.

S. 590 oben, u. S. 961, *Echinocystis lobata* (Michx.) Torr. et Gray. — Dies ist und bleibt der giltige Name; er ist begründet auf *Sicyos lobata* Michx. 1803. — *Echinocystis echinata* (Mühlbg.) Britt., St., Pogg. war auf *Momordica echinata* Mühlenberg begründet, die 1793 nur als nomen nudum und erst 1805 bei Willd. rechtsgiltig veröffentlicht wurde, die folglich keinen Prioritätsanspruch besitzt. Vgl. Taxon, 9, 1960 (4): 121. — Wächst auch im nördl. Bgl: Ufergebüsche der Wulka, nahe der Bahnstation Oggau (T r a x l e r 1962).

S. 590/591, Gattg. *Campanula.* — Ergänzung zu den Schriften.

Fischer Raimund, Glockenblumen. Universum (Wien), 16, 1961 (10): 353—356, 4 Textbilder.

S. 592, *Campanula Witasekiana.* — Wächst auch in den Voralp. v. OÖ: Katergebirge (südl. v. Ischl), bei ca. 1850 m (nach M o r t o n, Brief v. 20. III. 1961).

S. 594, Gattg. 2, *Adenophora liliifolia.* — Wächst in St auch auf dem Kugelberg bei Gratwein (K o e g e l e r 1954: 16, und M e l z e r 1962: 92).

S. 597, Nr. 12, *Phyteuma pedemontanum.* — Wächst auch in den Alp. v. NTi: Am Spiegelkogel bei Gurgl in den Ötztaler Alpen (P i t s c h m a n n und R e i s i g l 1958).

S. 599, Familie *Compositae.* — Ergänzung zu „Morphologie".

Kiffmann R., Bestimmungsatlas für Sämereien der Wiesen- und Weidepflanzen des mitteleuropäischen Flachlandes. Kräuter. Freising-Weihenstephan 1958. 106 S., 277 Fig. Teil E: Korbblütler und Kardengewächse. S. 12—31, Fig. 24—65.

S. 602, Gattg. *Hieracium.* — Ergänzung zur Systematik und Nomenklatur.

Becherer A., Florae Vallesiaceae Supplementum. Denkschr. d. Schweiz. Naturforsch. Ges., Bd. 81, Zürich 1956. 556 Seiten. — Sehr gründliche und selbständige Bearbeitung der Gattung *Hieracium* von A. B e c h e r e r und O. H i r s c h m a n n auf den Seiten 469—546 u. 550/551.

S. 607, Nr. 43, *Hieracium Epimedium* Fries 1862 (amplif.) — Giltiger Name: *H. m a c i l e n t u m* F r i e s 1856 (amplif.). — Mit den Teilarten:
    A. g r e x *g l a u c é l l u m* (L i n d b g.) B e c h e r e r 1956. — Syn.: *H. Epim.* grex *exilentum* (Arv.-Touv.) Zahn;
    B. g r e x *m a c i l e n t u m.* — Syn.: subsp. *Epimedium* (Fries) Becherer.

S. 612, Nr. 86 B, *Hieracium Lachenalii* Gmel. g r e x *a n f r a c t u m* (F r i e s) Z a h n. — Syn.: grex *diaphanum* (Fries) Becherer et Hirschmann 1956. — In Z a h n's älteren Arbeiten (1901, 1904) waren *anfractum* und *diaphanum* zwei verschiedene Teilarten. Später (1921, 1929) hat Zahn dieselben vereinigt und hat für das Vereinigungsprodukt den Namen *anfractum* gewählt.

S. 614/615, Nr. 106, *Hieracium Wiesbaurianum* Uechtritz grex *Wiesbaurium.* — Die grex *aganophyes* Zahn ist davon verschieden. — Die grex *Wiesbaurianum* s. str. wächst in NÖ, die grex *aganophyes* in NTi u. Vb.

S. 615, Nr. 110, *Hieracium incisum* Hoppe 1815 (amplif.). — Giltiger Name: *H. p a l l e s c e n s* W. et K. 1812 (amplif.). — Mit den Teilarten:
A. grex *H u g u e n i n i a n u m* (A r v. - T o u v.) B e c h e r e r 1956.
B. grex *incisum* (H o p p e) B e c h e r e r 1956.
C. grex *p a l l e s c e n s.*
D. grex *M u r r i a n u m* (A r v. - T o u v.) B e c h e r e r 1956.

S. 616, Nr. 115 B, *Hieracium chondrillaefolium* Fries grex *c r i n i - s q u a m u m* (N. et P.) B e c h e r e r 1956. — Der Name „grex *crinigerum*" (zweimal) beruht auf einem Schreibfehler.

S. 618, Nr. 134 D, *Hieracium piloselloides* Vill. grex *Beerianum* (DT. et S.) Zahn. — Syn.: grex *floccosum* (N. et P.) Becherer 1956.

S. 622, Nr. 180, *Hieracium cernuiforme.* — Richtiger Name: *H. m a c r o - s t o l o n u m* G. S c h n e i d e r 1889. — Syn.: *H. cernuiforme* (N. et P.) Zahn 1923; *H. flagellare* Willd. grex *cernuiforme* N. et P. 1885.

S. 630, Nr. 15, *Crepis rhoeadifolia.* — Eingebürgert in SSt: Karnerberg, zwischen Leutschach, Gamlitz und Arnfels (M e l z e r 1960 und 1962: 92/93).

S. 630, Nr. 18, *Crepis pannonica* (Jacq.) K. K o c h, nicht: (Jacq.) Koch.

S. 632, Gattg. 12, *Lactuca.* — Ergänzungen zu „Systematik".
L i n d q u i s t K., Cytogenetic studies in the *serriola* group of *Lactuca.* Hereditas (Lund), 46, 1960: 75—151, 81 Fig.
— On the origin of cultivated lettuce. Ebenda: 319—350, 30 Fig. — Nach Ansicht des Verf. ist *Lactuca sativa* kein unmittelbarer Abkömmling von *L. Serriola,* sondern stammt von Bastarden dieser Art mit anderen Arten; als solche kommen *L. saligna* und *L. virosa* in Betracht.

S. 632, Nr. 12/2, *Lactuca Serriola.* — Syn.: *L. sativa* L. subsp. *Serriola* (Torner) Á. et D. Löve.

S. 634, Gattg. 13, *Sonchus.* — Nach der Überschrift ist einzuschalten:
S y s t e m a t i k u n d Z y t o l o g i e. — B o u l o s L., Cytotaxonomic studies in the genus *Sonchus,* 2. The genus *Sonchus,* a general systematic treatment. Botan. Notiser, 113, 1960 (4): 400—420.
B o u l o s L., Cytotaxonomic studies in the genus *Sonchus,* 3. On the cytotaxonomy and distribution of *Sonchus arvensis* L. Botan. Notiser, 114, 1961 (1): 57—64. — *S. uliginosus* MB. wird von *S. arvensis* nicht getrennt; siehe dagegen die Ergebnisse der folgenden Arbeit.
S h u m o v i c h W. and M o n t g o m e r y F. H., The perennial sow thistles in northeastern North America. Canadian Journal of Agricultural Science (Ottawa), 35 (6), 1955: 601—605. — Bemerkenswerte Chromosomenzahlen: *S. arvensis* 2 n (= 6 x) = 54; *S. uliginosus:* 2n (= 4 x) = 36; *S. arvensis* × *S. uliginosus:* 2 n (= 5 x) = 45. Chromosomenzahlen der einjährigen Arten (nach anderen Autoren): *S. asper:* 2 n (= 2 x) = 18; *S. oleraceus* wahrscheinlich: 2 n (= 4 x) = 36.

S. 635, Gattg. 16, u. S. 961, *Taraxacum.* — Ergänzung zu „Systematik usw.".
F ü r n k r a n z D., Cytogenetische Untersuchungen an *Taraxacum* im Raume von Wien. ÖBZ, 107, 1960 (3/4): 310—350, 8 Textbilder. — *T. obliquum* (Fries) Dahlstedt ist sicher eine hybridogene Sippe, entstanden aus *T. officinale* × *T. laevigatum,* wie bereits der Monograph Heinrich Frh. v. H a n d e l - M a z z e t t i vermutet hatte. Der primäre Bastard der gleichen Verbindung wurde vom Verf. an zwei Stellen wildwachsend gefunden, u. zw. im Bgl bei Donnerskirchen (mehrfach) und in NÖ bei Perchtoldsdorf (1 Stück).
— Cytogenetische Untersuchungen an *Taraxacum* im Raume von Wien, II. Hybriden zwischen *T. officinale* und *T. palustre.* ÖBZ, 108, 1961 (4/5): 408—415. — Bei Kreuzungsversuchen zwischen dem diploiden *T. officinale* und dem tetraploiden *T. palustre* konnte der Verf. triploide Pflanzen erhalten, die sich auch mit tetraploiden

Pflanzen kreuzen ließen. Es ist demnach mit einer starken Durchmischungsmöglichkeit zu rechnen. *Taraxacum* ist also nicht völlig apomiktisch.

V a n S o e s t J. L., Quelques nouvelles espèces de *Taraxacum,* natives d'Europe. Acta Botanica Neerlandica, 10, 1961 (3): 280—306, 16 Textbilder. — Von den 16 Sippen, die der Verf. als neue Arten beschreibt, wachsen folgende zwei in Österreich: *T. turfosum* (C. H. Schultz) van Soest (= *T. salinum* C. H. Schultz var. *turfosum* C. H. Schultz), Sect. *Palustria,* OÖ: Wasserlos bei Mondsee; und: *T. graiense* van Soest, Sect. *Fontana,* Kt: Feldseekopf in den Tauern, außerdem in der Schweiz (Silvretta) und in Frankreich (Savoien).

S. 638, Nr. 11, *Taraxacum alpestre* Hegetschw. (= *T. fontanum* Hand.-Mazz.). — Aus der Synonymie zu streichen ist *T. tiroliense* Dahlstedt; dieses wird jetzt als eigene Art betrachtet (Nr. 12*).

S. 638, Nr. 12, u. S. 961, *Taraxacum cucullatum* Dahlstedt 1907. — Wächst auch in den Alpen von St: Hochmölbing (nordwestl. v. Liezen) und Reiting (nordöstl. v. Mautern im Liesingtal, beide nach M e l z e r); ferner mehrfach in den Zentralalpen von NTi: Vent und Ramoljoch (nach V a n S o e s t 1959, vgl. Catal., S. 961); Patscherkofel (Walter G ü t t n e r, nach Hermann H a n d e l - M a z z e t t i 1960/61); im Gschnitztal (M. S t e i n e r). Diese gut gekennzeichnete Art ist nunmehr aus allen österreichischen Alpenländern mit Ausnahme von Vb nachgewiesen. Siehe auch M e l z e r 1962: 93. — Danach ist neu einzuschalten:

12*. *T a r a x a c u m t i r o l i e n s e* D a h l s t e d t 1907. — Tiroler Löwenzahn. — Ist nach Ansicht von Hermann H a n d e l - M a z z e t t i eine dem *T. alpestre* und *T. cucullatum* gleichwertige eigene Art, wie er im Brief vom 15. März 1960 ausführlich begründet. — Alp. u. höhere Voralp. v. OTi, NTi, Vb, wahrsch. auch NWKt u. SWSb (Tauern). — — OTi: Laserzwand, Daberlenke, Kühbodental bei Lienz. Obstanzer See (durchwegs nach V a n S o e s t); NTi: Sonnwendjoch (nach V a n S o e s t), Voldertal bei Innsbruck (Herm. H a n d . - M a z z. in Ber. d. Bayer. Botan. Ges., 26, 1943); Vb: Lüner-See (nach V a n S o e s t).

S. 639, Nr. 15, *Taraxacum obliquum.* — Ist als hybridogene Art *T. officinale* × *T. laevigatum* experimentell sicher erwiesen worden. Vgl. F ü r n k r a n z 1960, siehe oben.

S. 639, Gattg. *Taraxacum.* — Vor dem Namensverzeichnis ist einzufügen: B a s t a r d. — 9 × 14. *T. o f f i c i n a l e* × *T. l a e v i g a t u m.* — Primäre Bastarde dieser Verbindung sind sicher erwiesen, aber spontan sehr selten. Vgl. F ü r n k r a n z 1960, siehe oben.

S. 640, Gattg. *Leontodon.* — Vor „Gliederung der Gattung" ist einzuschalten: V e r b r e i t u n g. — M e l z e r H., Der Hundslattich, *Leontodon Leysseri,* neu für das Burgenland. Burgenländische Heimatblätter, 23, 1961 (2): 95/96.

S. 641, Nr. 8, *Leontodon Leysseri* (Wallroth) Beck. — Giltiger (prioritätsberechtigter) Name: *L. n u d i c a l y x* (L a g a s c a) H. P. F u c h s 1961 u. 1962, comb. nova in litteris. — Syn.: *Thrincia nudicalyx* Lagasca 1816; *Thrincia Leysseri* Wallroth 1822; *Leontodon taraxacoides* (Vill.) auct., vix Mérat. — Bgl: Feuchte Wiesen im Waasen (Hanság, M e l z e r 1960).

S. 643, Gattg. 20, *P o d o s p e r m u m* D C. 1805 ist ein nomen conservandum gegenüber *Arachnospermum* F. W. Schmidt 1795. — Demzufolge gelten für die heimischen Arten folgende Namen:

1. *P o d o s p e r m u m c a n u m* C. A. Me y.

2. *P o d o s p e r m u m l a c i n i a t u m* (L.) D C.

S. 645, Nr. 3, *Tragopogon pratensis* L. — Die unter A b als Varietät angeführte Sippe ist besser als Unterart zu bewerten; sie heißt dann:

B. subsp. *grandiflorus* (Sauter) Rothmaler 1962. — Die bisherigen Unterarten B und C werden zu C und D.

S. 645, Gattg. 22, *Tragopogon*. — Bastarde. — Anzufügen ist folgendes:

2 × 3 A. *T. dubius* subsp. *major* × *T. pratensis* subsp. *orientalis* = *T. Crantzii* Dichtl. — NÖ: Rodauner Steinbruch; ehemals auch bei den Kaisermühlen in Wien.

S. 646, Gattg. 25, *Carduus*. — Ergänzungen zu „Systematik".

Arènes J., Sur la systématique de quelques „*Carduus*". Notulae systematicae, 15 (4), 1959: 390—410. — Behandelt die Rouyschen Sektionen *Stenocephali* und *Platycephali*. Auch für Österreich beachtenswert.

Nyárády E. I., Neue Arten der Gattung *Carduus* in der Flora der südlichen Karpaten und ihre Stellung in bezug auf die anderen Vertreter der Gruppe *C. defloratus*. Studii și cercetări biol. Acad. RPR. Fil. Cluj, 8, 1957: 179—195. — Rumänisch, mit russischer und französischer Zusammenfassung. Referat in Excerpta botanica, sect. A, Bd. 1, Heft 8/9, 1959: 431. — Die Arbeit behandelt u. a. folgende auch in Österreich vorkommenden Arten bzw. Sippen: *C. glaucus*, *C. defloratus*, *C. carduelis*, *C. rhaeticus* und *C. viridis*.

S. 646 u. 647, Nr. 2, *Carduus defloratus* L. — Die als Varietäten angeführten Sippen sind besser als Unterarten zu bewerten; sie heißen dann:

A. subsp. *defloratus*.

B. subsp. *viridis* (A. Kerner) Hayek.

C. subsp. *rhaeticus* (DC.) Rothmaler 1962.

S. 650, Gattg. 26, *Cirsium*. — Ergänzung zu „Systematik".

Petrak F., Über einige Arten und Bastarde der Gattung *Cirsium*. Mitteil. d. Thüring. Botan. Ges., Bd. 2, Heft 1, 1960: 13—41. — Behandelt u. a. einige von den relativ sehr seltenen *C. arvense*-Bastarden: *C. arv.* var. *decurrens* Wallr. × *C. oleraceum* (NÖ: St. Ägyd am Neuwald, F. Petrak); *C. arv.* var. *horridum* Wimm. et Grab. × *C. oleraceum* (OÖ: Wels, J. Kerner und Vb: Feldkirch, J. Murr); *C. arv.* var. *horridum* Wimm. et Grab. × *C. rivulare* = *C. moravicum* Petrak, nova hybrida (Mähren: Mährisch-Weißkirchen, F. Petrak 1913). *C. csepeliense* Borb. ist nicht *C. vulgare* × *C. arvense*, sondern *C. oleraceum* × *C. vulgare*.

S. 651, Nr. 3, *Cirsium rivulare* (Jacq.) All. 1789 partim (quoad Syn. Jacq., excl. descr.), emend. Link 1822. — Nom.: Repert. 52, 1943: 105 und ÖBZ 93, 1944: 105.

S. 652, Nr. 15 b, *Cirsium vulgare* var. *hypoleucum*. — Syn.: subsp. *silvaticum* (Tausch) Dostál 1950.

S. 654 unten, Nr. 3 × 17, *Cirsium rivulare* × *C. arvense* = *C. moravicum* Petrak (vgl. Petrak 1960). — In Österreich gegenwärtigen Umfanges noch nicht gefunden.

S. 656, Nr. 8 × 17, *Cirsium Lanseriae* J. Murr 1928. — Syn.: *C. discolor* Goller et Huter 1906, non Sprengel 1826.

S. 657, Nr. 11 × 17, *Cirsium oleraceum* × *C. arvense*. — Auch in OÖ (vgl. Petrak 1960).

S. 658, Nr. 15 × 17, *Cirsium vulgare* × *C. arvense*. — Der Name *C. csepeliense* Borbás gehört nicht hierher, sondern zu *C. oleraceum* × *C. vulgare*, Nr. 11 × 17, nach F. Petrak 1960.

S. 660, Nr. 3, *Arctium vulgare*. — Richtiger Name: *A. nemorosum* Lejeune (apud Courtois). — Syn.: *A. minus* subsp. *nemorosum* (Lej.)

Syme. — *Lappa vulgaris* Hill 1762 gehört nach H. P. F u c h s (Brief vom 25. Oktober 1961) „eindeutig zu *Arctium Lappa* L.". Die Anwendung der Kombination *Arctium vulgare* (Hill) auf *A. nemorosum* (E v a n s 1913) oder auf dessen var. *pubens* (D r u c e 1906) beruht demnach auf einer irrigen Deutung des H i l l schen Namens.

S. 660, Nr. 3 b, richtiger Name: *A r c t i u m   n e m o r o s u m*   L e j e u n e   v a r.   *p u b e n s*   (B a b i n g t o n)   F i o r i. — Siehe oben: *Arctium vulgare*.

S. 661, Nr. 31/1, *Serratula lycopifolia* (Vill.) Kerner. — Syn.: *Klasea lycopifolia* (Vill.) Á. et D. Löve.

S. 662, Nr. 31/2, *Serratula quinquefolia* MB. — Syn.: *Klasea quinquefolia* (MB.) Cass.

S. 663, Gattg. 33, *Centaurea*. — Zu „Gliederung der Gattung".

Die Sektionen *Jacea* (incl. *Lepteranthus*), *Acrolophus*, *Acrocentron* und *Cyanus* werden von Á. und D. L ö v e (Botan. Notiser, 114, 1961: 43/44) als eigene Gattungen aufgefaßt. Als *Centaurea* s. str. verbleibt nur die Sektion *Centaurium* mit der Typus-Art *Centaurea Centaurium* L. und mit *Centaurea ruthenica* Lam. Bei der (nicht empfehlenswerten) Aufspaltung der Gattung ergeben sich auch zahlreiche neue Namenskombinationen.

S. 664 bis S. 665, *Centaurea* Nr. 2 bis Nr. 11, unter dem Gattungsnamen *Jacea* erhalten diese Sippen nach L ö v e folgende Namen:
Jacea communis Delarbre (= *Cent. Jacea*), subsp. *pannonica* (Heuff.) Á. et D. Löve, subsp. *angustifolia* (Rchb.) Á. et D. Löve, subsp. *transalpina* (Schleich.) Á. et D. Löve, subsp. *nigra* (L.) Á. et D. Löve (nicht in Österr.), subsp. *nemoralis* (Jord.) Á. et D. Löve, subsp. *pseudophrygia* (C. A. Mey.) Á. et D. Löve; *Jacea phrygia* (L.) Dostál subsp. *stenolepis* (Kerner) Dostál; *Jacea nervosa* (Willd.) Á. et D. Löve.

S. 665 und S. 666, *Centaurea* Nr. 12 bis Nr. 15, unter dem Gattungs-namen *Acrolophus* erhalten diese Sippen nach L ö v e folgende Namen:
Acrolophus rhenanus (Boreau) Á. et D. Löve, *A. maculosus* (Lam.) **Cass.**, *A. Biebersteinii* (DC.) Á. et D. Löve, *A. diffusus* (Lam.) Á. et D. Löve.

S. 666, *Centaurea* Nr. 16 u. 17, unter dem Gattungsnamen *Acrocentron* erhalten diese Sippen nach L ö v e folgende Namen:
Acrocentron Scabiosa (L.) Á. et D. Löve, subsp. *Sadlerianum* (Janka) Á. et D. Löve, subsp. *Fritschii* (Hayek) Á. et D. Löve, subsp. *badense* (Tratt.) Á. et D. Löve; *A. alpestre* (Hegetschw.) Á. et D. Löve.

S. 666 u. 667, *Centaurea* Nr. 18 bis Nr. 20, unter dem Gattungsnamen *Cyanus* erhalten diese Sippen nach L ö v e folgende Namen:
Cyanus Triumfetti (All.) Dostál, subsp. *axillaris* (Willd.) Dostál, subsp. *strictus* (All.) Dostál; *Cyanus montanus* (L.) Baumg.; *Cyanus arvensis* Moench (= *Centaurea Cyanus* L.).

S. 667, Nr. 21, *Centaurea Calcitrapa* L. — Syn.: *Calcitrapa stellata* Lam.

S. 667, Nr. 22, *Centaurea solstitialis* L. — Syn.: *Leucantha solstitialis* (L.) Á. et D. Löve.

S. 669, Gattg. 34, *Carthamus*. — Nach der Überschrift ist einzuschalten:
S y s t e m a t i k   u n d   H e r k u n f t. — H a n e l t P., Zur Kenntnis von *Carthamus tinctorius* L. Die Kulturpflanze, 9, 1961: 114—145, 12 Textbilder. — Die nur als

Kulturpflanze bekannte Art stammt sicher aus Vorderasien. Die nächst verwandten wildwachsenden Arten sind *C. persicus* und *C. palaestinus* Eig.

S. 669, Nr. 34/1*, *Carthamus lanatus* L. — Syn.: *Centrophyllum lanatum* (L.) Duby.

S. 670, Gattg. 39, *Filago*. — Nach der Überschrift ist einzuschalten:
Nomenklatur. — Holub J. und Chrtek J., Zur Nomenklatur des Gattungsnamens *Filago* L. 1753. Taxon 11, 1962 (6, Juli-August): 195—201. — Die Verfasser
typisieren die Gattung *Filago* L. 1753 durch die Art *F. pygmaea* L. 1753, daher im
Sinne der Gattung *Evax* Gaertner 1791. Für *Filago* im gegenwärtig allgemein
üblichen Sinn wird *Gifola* Cass. 1819 mit dem Typus *G. vulgaris* Cass. vorgeschlagen.

S. 671, Gattg. 40, *Micropus erectus* L. — Syn.: *Bombycilaena erecta* (L.) Smoljan. — Die Gattung *Bombycilaena* (L.) Smoljan. 1955 (Bot. Acad. Sci. URSS, 17: 448) unterscheidet sich durch wechselständige Blätter, geknäuelte Köpfchen und stachellose Hüllblätter von *Micropus* L. s. str. (Typus: *M. supinus* L.) mit gegenständigen Blättern, einzelnen Köpfchen und stacheligen Hüllblättern. Vgl. Holub J., in Preslia, 33, 1961: 401 u. 403.

S. 672, Nr. 42/1, *Antennaria carpatica*. — Die echte Pflanze dieses Namens soll nach neueren Untersuchungen auf die Karpaten beschränkt sein. Die Sippe der Ostalpen wird *A. villifera* Borissova genannt.

S. 673, Gattg. 49, *Inula*. — Vor „Gliederung der Gattung" ist einzufügen:
Pharmakognosie. — Cionga E. und Sommer L., Beiträge zur Kenntnis der
Pflanze *Inula helenium* L. Farmacia, 8, 1960: 167—176, 12 Abb., 3 Tabellen. — Eine
gründliche anatomische und histochemische Untersuchung.

S. 675, Nr. 53/2, *Adenostyles calcarea*. — Syn.: *A. glabra* (Mill.) DC. subsp. *calcarea* (Brügg.) Á. et D. Löve.

S. 675, Nr. 54/1, *Homogyne silvestris*. — Das Vorkommen in St ist höchst zweifelhaft. In der im Schrifttum (1891) angegebenen Gegend zwischen Voitsberg und der etwa 2 km nordöstlich davon gelegenen Ortschaft Lobming (nicht Groß-Lobming bei Knittelfeld!) wurde die Pflanze von O. Guglia vergeblich gesucht.

S. 676/677 und S. 962 oben, Gattg. 57, *Doronicum*. — Ergänzung zu „Verbreitung".
Traxler G., *Doronicum Pardalianches* im Leithagebirge. Natur und Land, 46, 1960 (5):
126.

S. 680, Nr. 1 B, *Senecio integrifolius* subsp. *serpentini* (Gáyer) Cufodontis. — Diese Unterart wurde versehentlich infolge eines Mißverständnisses bei *S. integrifolius* eingeordnet; sie gehört jedoch eindeutig zu *S. capitatus* (als Nr. 3 B). Cufodontis nimmt als sicher an, daß die burgenländische Sippe *serpentini* von dem alpinen *S. capitatus* (Wahlenbg.) Steudel abstammt (mündl. Mitteilg. vom 3. Jänner 1962). — Syn.: *S. serpentini* Gáyer 1925, 1929. — Bgl: Nicht nur im Serpentingebiet, sondern auch auf kalkreichen Schiefern auf dem Nordhang des Satzenriegels nördlich von Rechnitz, mäßig häufig (nach O. Guglia).

S. 683, Nr. 18 B, *Senecio abrotanifolius* subsp. *tiroliensis*. — Auch Alp. v. St u. NKt: Auf der Grebenze bei St. Lambrecht auf Kalk überwiegend diese Unterart, sowohl in St als auch in Kt (Melzer 1960 und 1962: 93).

S. 688, Gattg. 74, u. S. 962 unten, *Xanthium*. — Ergänzung zu den Schriften.
Fischer F., Die Zucker-Spitzklette auch in Niederösterreich. Natur und Land, 48,
1962 (2): 44—45. — *Xanthium saccharatum* auf Ödland in Eggenburg. Durch ein
Hochwasser wurde dieses eine niederösterreichische Vorkommen vernichtet
(F. Fischer, Mai 1962 brieflich).

S. 692, Nr. 11, *Aster Tripolium* L. — Syn.: *Tripolium vulgare* Nees, mit subsp. *pannonicum* (Jacq.) Á. et D. Löve.

S. 696, Gattg. 82, *Anthemis.* — Nach der Überschrift ist einzuschalten: Systematik. — Harling G., Further embryological and taxonomical studies in *Anthemis* L. and some related genera. Svensk Bot. Tidskrift, 54, 1960 (4): 571—590, 5 Textbilder.

S. 696, Nr. 4, *Anthemis Cota* L. 1753. — Giltiger Name: *A. altissima* L. 1753, emend. Spreng. 1826 (Syst. Veget., ed. 16, III: 594). — Sprengel hat die zwei gleichaltrigen Linnéschen Namen vereinigt, u. zw. unter dem Namen *A. altissima* L.

S. 697, Nr. 6, *Anthemis nobilis* L. — Syn.: *Chamaemelum nobile* (L.) All.

S. 697, Nr. 8, *Anthemis ruthenica* MB. — Syn.: *A. arvensis* L. subsp. *ruthenica* (MB.) Schmalh.

S. 697, Gattg. 84, *Achillea.* — Ergänzung zu „Systematik".

Ehrendorfer F., *Achillea roseo-alba* Ehrendf., spec. nov., eine hybridogene, di- und tetraploide Sippe des *Achillea-millefolium*-Komplexes. ÖBZ, 106 (3/4), 1959: 363—368. — Diese Sippe ist in den oberitalienischen West- und Südalpen und in der vorgelagerten Ebene ostwärts bis Slowenien verbreitet; sie geht nordwärts in den Karnischen Alpen bis hart an die Kärntner Grenze und könnte vielleicht auch im Süden Österreichs gefunden werden. Nach Ansicht des Verf. ist sie als *A. asplenifolia* × > *A. setacea* entstanden. Von *A. collina,* die aus den gleichen Elternarten hybridogen entstanden ist, unterscheidet sie sich wesentlich.
— Spindeldefekte, mangelhafte Zellwandbildung und andere Meiosestörungen bei polyploiden Sippen des *Achillea millefolium*-Komplexes. (Zur Phylogenie der Gattung *Achillea,* III.) Chromosoma (Berlin), 10, 1959: 461—481, 5 Textbilder.
— Unterschiedliche Störungssyndrome der Meiose bei diploiden und polyploiden Sippen des *Achillea millefolium*-Komplexes und ihre Bedeutung für die Mikro-Evolution. (Zur Phylogenie der Gattung *Achillea,* IV.) Chromosoma (Berlin), 10, 1959: 482—496, 1 Textbild.
— Differentiation-Hybridization Cycles and Polyploidy in *Achillea.* Cold Spring Harbor Symposia on Quantitative Biology, vol. 24, 1959: 141—152, 11 Textbilder.
— Mechanismen der Mikro-Evolution bei diploiden und polyploiden Sippen von *Achillea.* Ber. d. Deutsch. Botan. Ges., 72, 1960: (11) — (12).
— Akzessorische Chromosomen bei *Achillea:* Auswirkungen auf das Fortpflanzungssystem, Zahlen-Balance und Bedeutung für die Mikro-Evolution. (Zur Phylogenie der Gattung *Achillea,* VI.) Zeitschr. f. Vererbungslehre, 91 (3), 1960: 400—422, 4 Textbilder.
— Akzessorische Chromosomen bei *Achillea:* Struktur, cytologisches Verhalten, zahlenmäßige Instabilität und Entstehung. (Zur Phylogenie der Gattung *Achillea,* V.) Chromosoma (Berlin), 11 (5), 1961: 523—552, 5 Textbilder.

Kunz H. und Reichstein T., Kleine Beiträge zur Flora der Ostalpen. Phyton, 8, 1959 (3/4): 284—293. — Behandelt auf S. 290/291 *Achillea atrata* subsp. *Clusiana.* Vereinzelt unter *A. Clusiana* auftretende Exemplare, die man von *A. atrata* kaum unterscheiden kann, sind dennoch als zu *A. Clusiana* gehörig zu betrachten.

Spudilova Věra, The monographical study in the genus *Achillea* in Czechoslovakia, I—V. Acta rerum naturalium districtus Ostraviensis. Part I—III: 17, 1956: 232—240, 367—377, 498—509, 1, 1 u. 2 Fig.; Part IV u. V: 18, 1957: 101—106, 190—199, 1 u. 3 Fig.

Walther E. u. K., Beiträge zur Kenntnis von *Achillea setacea* W. et K. Mitteil. d. Flor.-Soz. Arbeitsgem., n. F., 8, 1960: 68—77, 3 Abb.

S. 698, Nr. 3, *Achillea Clusiana* Tausch; Syn.: *A. atrata* L. subsp. *Clusiana* (Tausch) Heimerl. — Im Gebiet der *A. Clusiana,* bes. in NSt, treten mitunter vereinzelt Exemplare auf, die infolge ihrer schwächer geteilten Blätter von *A. atrata* s. str. morphologisch kaum zu unterscheiden sind („annähernde Formen" der letzteren Sippe, nach Gams in Hegi, VI 2:

554). H. K u n z (in K u n z u. R e i c h s t e i n 1959, siehe oben) spricht sich entschieden dafür aus, daß diese trotzdem als zu *A. Clusiana* gehörig zu betrachten sind.

S. 699, Nr. 13 B, *Achillea distans* subsp. *distans.* — Wächst auf österreichischem Boden nur in Kt (siehe F r i t s c h, M a n s f e l d). Als Fundorte nennt G a m s in H e g i (1928) folgende: Ober-Vellach, Tiffen, Tröpolach, Lienzer Dolomiten (letztere wohl Ost-Tirol). Dazu fügt H. M e t l e s i c s (briefl. 1960) folgenden Fundort: auf Bergwiesen über St. Peter im Pöllatal unweit Rennweg im Katschtal.

S. 700, Nr. 15, *Achillea collina* J. Becker apud Rchb. 1832. — Syn.: *A. Millefolium* L. subsp. *collina* (J. Becker) Weiss 1902. — Nach dieser Art ist einzufügen:

15*. *A c h i l l e a   r o s e o - a l b a*   E h r e n d o r f e r 1959. — Rosa-weiße Schafgarbe. — Siehe unter E h r e n d o r f e r (zu S. 697). — Wäre wegen der stärkeren Beteiligung der *A. asplenifolia* vielleicht besser v o r *A. collina* oder unmittelbar nach *A. asplenifolia* einzuordnen.

S. 701, Nr. 12 × 17. *Achillea asplenifolia* × > *A. setacea.* — Auch neu entstandene Bastarde dieser Herkunft können als *A. roseo-alba* (Nr. 15*) bezeichnet werden.

S. 701, Gattg. 85, *Matricaria.* — Nach der Überschrift ist einzufügen: S y s t e m a t i k. — M á t h é I., A *Matricaria Chamomilla* L. var. *salina* Schur. Botanikai Közlemények, 48 (3/4), 1960: 258—260. — *M. Ch.* var. *salina* = subsp. *Bayeri* ist nach Ansicht d. Verf. kein Taxon, sondern nur ein Ökotyp.

S. 702, Nr. 2, *Matricaria tenuifolia* (Kit.) Simk. — Syn.: *Tripleurospermum tenuifolium* (Kit.) Neilreich 1868 (Veget.-Verh. v. Croatien), Freyn 1888 (VZBG). — Auch in NÖ, u. zw. im südöstlichen Teil der Buckligen Welt, bei Kirchschlag, nahe der burgenländischen Grenze; wurde wahrscheinlich durch den Neubau der Bundesstraße eingeschleppt. Ist im Bgl viel weiter verbreitet als bisher angenommen wurde (M e l z e r 1960: 94, und 1961: 192/193), so im Mittel-Bgl im Raume der Ortschaften Sallmannsdorf, Bubendorf, Deutsch-Gerisdorf, Langeck und Günseck (M e l z e r), auch bei Lockenhaus (G á y e r), im Süd-Bgl bei Limbach (zw. Güssing und Fürstenfeld).

S. 702, Nr. 3 A, *Matricaria Chamomilla* L. subsp. *Bayeri* (Kanitz) Neumayer. — Wohl besser zu bezeichnen als: var. *s a l i n a* S c h u r, vgl. M á t h é 1960 (zu S. 701). — Auch in NÖ: Bei Zwingendorf im Pulkautal, auf Salzboden (M e l z e r 1961: 193). — Ist auch nach M e l z e r k e i n e Unterart.

S. 702/703, Gattg. 86, u. S. 963, *Chrysanthemum.* — Ergänzungen zu „Systematik". A c k e r s o n C., The complete book of *Chrysanthemums.* New York 1957. 256 S., 23 Farb-Photos, 30 Schwarz-Weiß-Photos.
F a v a r g e r C., Distribution en Suisse des races chromosomiques de *Chrysanthemum Leucanthemum* L. Bull. Soc. Bot. Suisse, 69, 1959: 26—46, 2 Abb. — *Ch. Leucanthemum* s. str. ist diploid; *Ch. montanum* All. ist hexaploid und als eigene Art abzutrennen; *Ch. heterophyllum* Willd. ist oktoploid. Diese Befunde gelten zunächst **nur** für die Schweiz. Vgl. dagegen B a k s a y 1957 (zitiert in Catal., S. 963).
H e y w o o d V. H., A check of the Portuguese *Compositae-Chrysanthemineae.* Agronomia Lusitanica, vol. XX, tomo III, 1958: 205—206. — Verf. gelangt zu der folgenden, auch für Mitteleuropa beachtenswerten Gliederung: *Chrysanthemum* L. s. str.; *Leucanthemum* Mill. mit den Untergattungen *Leucanthemum* s. str. und *Kremeria*

(Dur.) Heywood (= *Myconia*); *Tanacetum* L. mit den Sektionen *Pyrethrum* (Zinn) Rchb. fil. (incl. *Parthenium*) und *Tanacetum* s. str.

S. 702/703, Gattg. 86, und S. 963, *Chrysanthemum*. — Ergänzung zu den Schriften. F i s c h e r Raimund, Margeriten. Universum (Wien), 17, 1962 (11/12): 280—284, 3 Textbilder, 1 Titelbild.

S. 703, Nr. 3, *Chrysanthemum Myconis* L. — Syn.: *Kremeria Myconis* (L.) Giraud.

S. 703, Nr. 4 A c, *Chrysanthemum Leucanthemum* var. *alpicolum*. — Syn.: *Leucanthemum vulgare* Lam. subsp. *alpicolum* (Gremli) Á. et D. Löve.

S. 704, Nr. 4 C, *Chrysanthemum Leucanthemum* subsp. *montanum*. — Syn.: *Leucanthemum montanum* All.

S. 704, Nr. 4 D, *Chrysanthemum Leucanthemum* subsp. *lanceolatum*. — Syn.: *Leucanthemum lanceolatum* (Pers.) DC.; *Chrys. maximum* Ramond subsp. *lanceolatum* (Pers.) Baksay.

S. 704, zu Nr. 4 C u. 4 D, *Chrysanthemum maximum* Ramond. — Syn.: *Leucanthemum maximum* (Ramond) DC.

S. 705, Nr. 10 B, *Chrysanthemum corymbosum* subsp. *Clusii*. — Syn.: *Tanacetum subcorymbosum* (Schur) C. H. Schultz.

S. 706, Gattg. 87, *Artemisia*. — Ergänzung zu „Systematik usw.“.
W e n d e l b e r g e r G., Die mitteleuropäischen Reliktvorkommen der *Artemisia*-Arten aus der Sektion *Heterophyllae*. Verh. d. ZoBoG, 98/99, 1959 (1960): 57—97. — Ausführliche Behandlung von *A. atrata* Lam., *A. laciniata* Willd. und *A. Pančićii* Ronniger (mit den Unterarten *Pančićii* und *austriaca*) hinsichtlich ihrer Verbreitung in Mitteleuropa.
— Die Sektion *Heterophyllae* der Gattung *Artemisia*. Bibliotheca Botanica, Heft 25, 1960. 193 S., 33 Textbilder, 8 Tabellen, 6 Tafeln. — Eine außerordentlich gründliche, in alle Einzelheiten gehende Monographie.
— Der pannonische Waldsteppenbeifuß, Roman einer Pflanze. Die Pyramide (Innsbruck), 9, 1961 (2): 60—63, 4 Textbilder. — Behandelt die Erforschungsgeschichte von *Artemisia Pančićii*.

S. 707, Nr. 2, *Artemisia Verlotorum*. — Eingeschleppt auch in NÖ (Wien-Hütteldorf, Flötzersteig, A. N e u m a n n, seit 1960 beobachtet) und OÖ (Mondsee, Straßenböschung beim See, A. N e u m a n n 1962).

S. 708, Nr. 12, *Artemisia nitida*. — Bei „Sonstige Verbreitung“ ist zu ergänzen: Alpen von Slowenien (Berg Mangart und beim Črno jezero oberhalb der Komarča-Wand, nach T. W r a b e r, früher auch auf der Črna prst).

S. 709, Nr. 18 B, *Artemisia maritima* L. subsp. *salina* (Willd.) Rchb. — Syn. (nach S a g o r s k i): *A. salina* Willd. s. l., mit den (wohl zu hoch bewerteten) Unterarten:

A. subsp. *salina* — Syn.: subsp. *patens* (Neilr.) Sagorski — und
B. subsp. *monogyna* (W. et K.) Sagorski — Syn.: *A. maritima* var. *erecta* Neilr.

S. 711—881, *Monocotyledones.* — Ergänzungen und Verbesserungen.

S. 711 u. S. 965, Klasse *Monocotyledones.* — Ergänzung zu „Systematik".

H a m a n n U., Merkmalsbestand und Verwandtschaftsbeziehungen der *Farinosae.* Ein Beitrag zum System der Monokotyledonen. Willdenowia, 2, 1961: 639—768. 10 Abb., 6 Tabellen, 4 Karten. — Nicht nur die *Farinosae,* sondern auch die *Liliiflorae* werden aufgelöst und umgruppiert. An ihrer Stelle unterscheidet der Verf. folgende Ordnungen: *Liliales, Juncales, Bromeliales* und *Commelinales,* diese mit mehreren Unterordnungen, daran anschließend, eventuell als letzte Unterordnung, die *Gramineae.*

L o w e J., The phylogeny of Monocotyledons. The New Phytologist, 60, 1961 (3): 355 bis 387.

M e e u s e A. D. J., The *Pentoxylales* and the origin of the Monocotyledons. Proceedings of the Koninkl. Nederl. Acad. van Wetenschappen, Amsterdam, ser. C, 64, nr. 4, 1961: 543—559, 3 Textbilder. — Ausführliche Besprechung des vom Verf. für wahrscheinlich gehaltenen stammesgeschichtlichen Zusammenhanges zwischen den jurassischen *Pentoxylales* und den *Pandanaceae.*

C h e a d l e V. I. and T u c k e r J. M., Vessels and phylogeny of *Monocotyledoneae.* Recent Advances in Botany, 1961: 161—164.

M e t c a l f e C. R., The anatomical approach to systematics. General introduction with special reference to recent work of Monocotyledons. Recent Advances in Botany, 1961: 146—150.

S. 712, Gattg. 4, *Alisma.* — Ergänzung zu „Zytologie".

P o g a n E., The origin of *Alisma lanceolatum* With. in light of karyological and morphological studies. Acta Societatis Botanicae Poloniae, 30, 1961 (3/4): 667—728, 12 Textbilder, 11 Tafeln. — Polnisch, mit englischer Zusammenfassung. Nach Ansicht des Verf. ist *A. lanceolatum* (2 n = 26) nicht aus der Kreuzung von *A. Plantago-aquatica* mit *A. gramineum* hervorgegangen, sondern nur aus *A. Pl.-aqu.* (2 n = 14), u. zw. durch Verdoppelung der Chromosomen und Verlust eines Chromosomenpaares. Vgl. dagegen E. T s c h e r m a k - W o e s s in ÖBZ, 95, 1948: 270—276.

S. 712, Nr. 4/1, *Alisma Plantago-aquatica* L. s. str. — Syn.: *A. Pl.-aq.* subsp. *Michaletii* Asch. et Gr. 1897; *A. Pl.-aq.* var. *Michaletii* (Asch. et Gr.). Buchenau 1903.

S. 713, Nr. 3, *Alisma Loeselii* Gorski 1830. — Giltiger Name: *A. g r a-m i n e u m* L e j e u n e 1811, C. C. Gmel. 1826. — Syn.: *A. graminifolium* Ehrh. apud Steudel 1821, pro syn.; *A. angustifolium* Presl 1823, nomen nudum. — Vgl. H e n d r i c h s A. J. 1957 (zit. in Catal., S. 712).

S. 714, Nr. 3/2, *Anacharis densa.* — Syn.: *Egeria densa* Planch. 1849.

S. 717, Nr. 6, *Potamogeton gramineus* L. — In der letzten Zeile soll richtig stehen: *P. gramineus* L. s. str.

S. 717, Nr. 7, *Potamogeton angustifolius* J. Sv. Presl in B. W. Berchtold et J. Sv. Presl 1821 (nicht erst 1823). — Ist sicher völlig identisch mit *P. Zizii* Koch in Roth 1827 und hat vor letzterem Namen die Priorität. — Wächst auch in NTi: Uri-See bei Reutte (R. K r i s a i, Brief v. 31. Dezember 1960, det. A. N e u m a n n).

S. 718, Gattg. *Potamogeton.* — Unter „Bastarde" ist neu einzufügen:

9 × 10. *P. p r a e l o n g u s* × *P. p e r f o l i a t u s* = *P. c o g n a t u s* A s c h. et G r. — NÖ: Im Unteren Lunzer See, mit den Stammeltern (M e t l e s i c s 1934, laut Brief v. 10. März 1960).

S. 720, Nr. 2, *Najas marina.* — Wächst auch in OÖ: Heradinger See im Ibmer Moor westl. v. Ibm (G a m s 1947, K r i s a i). Ist dort nach K r i s a i „noch ziemlich häufig"; sie „erscheint aber nicht alle Jahre, ich habe sie zuletzt im Sommer 1957 gesehen" (Brief v. 31. Dezember 1960).

S. 721, Familie *Liliaceae*. — Ergänzung zu „Morphologie".

S c h l i t t l e r J., Blütenartikulation und Phyllokladien der *Liliaceae* organphylogene-
tisch betrachtet. Feddes Repert., 55 (2), 1953: 154—258, 64 Textfig., 11 Tafeln. —
Nach Ansicht des Verf. sind bei den Liliaceen die sogenannten Phyllokladien echte
Blätter.
— Die Asparageenphyllokladien erweisen sich auch ontogenetisch als Blätter. Botan.
Jahrb., 79, 1960: 428—446. — Entgegnung auf die Arbeit von R. K a u s s m a n n 1955
(vgl. Catal., S. 721).

S. 721, Gattg. 1, *Tofieldia*. — Nach der Überschrift ist einzufügen:

S y s t e m a t i k. — K u n z H., *Tofieldia pusilla* (Michaux) Persoon subsp. nov. *austriaca*
Kunz, eine neue Sippe der Ostalpen. Phyton (Graz), 9 (1/2), 1960: 134—139.

M o r p h o l o g i e. — L e i n f e l l n e r W., Über die Variabilität der Blüten von *Tofieldia*
calyculata, I, II u. III. ÖBZ, 109 (1/2), 1962: 1—17 u. 113—124, 5 u. 4 Textbilder; 109
(4), 1962: 395—430, 15 Textbilder.

S. 721, Nr. 2, *Tofieldia pusilla*. — Am Schluß ist anzufügen: — Dazu:

B. s u b s p. *a u s t r i a c a* K u n z 1960. — Voralp. v. St (Stangalpe, Kreuz-
eckgruppe), Kt (Katschtal), Sb (Lungau), NTi(?).

S. 722, Gattg. 2, *Veratrum*. — Vor „Praktische Bedeutung" ist einzuschalten:

M o r p h o l o g i e. — L e i n f e l l n e r W., Zur Kenntnis des Monocotyledonen-Perigons, III. ÖBZ, 108, 1961: 194—210, 4 Textbilder. — Die Gattung *Veratrum* wird
behandelt auf S. 201—206 u. Abb. 3.

S. 722, Nr. 2/2, *Veratrum nigrum*. — In NÖ auf dem Satzberg bei Wien-
Hütteldorf, auf Kalkmergel (M e t l e s i c s brieflich).

S. 723, vor Gattg. 7, *Hemerocallis*, ist einzuschalten:

6*. *Asphodelus* L., Affodill

A. f i s t u l o s u s L. — Röhriger A. — Eingeschleppt in NÖ. — An einem
Bahndamm bei Wiener Neustadt (gegen Neunkirchen) im Jahre 1960
eine einzige blühende Pflanze, nach Raimund F i s c h e r (Sollenau), in
Universum (Wien), Bd. 15, 1960, Heft 12, S. 381, und brieflich. —
Heimat: Mittelmeergebiet.

S. 723/724, Nr. 7/1, *Hemerocallis Lilio-Asphodelus* (= *H. flava*). —
Bgl: Ist im ganzen Hügelland (Terrassenschotter) zwischen unterer Strem,
unterer Pinka und südlich des Eisenberges (westl. v. Deutsch-Schützen) an
Wasserläufen und an feuchte Stellen der Eichenwälder nicht selten, geht
vereinzelt auch in die feuchten Wiesen des Strem-Tales, wächst ferner auch
südlich von Rotenturm a. d. Pinka (südöstl. v. Oberwart); ist im südl. Bgl
sicher heimisch, nicht bloß eingebürgert. (Durchwegs nach O. G u g l i a.)

S. 724, Gattg. 8, *Ornithogalum*. — Vor „Verbreitung" ist einzuschalten:

M o r p h o l o g i e. — L e i n f e l l n e r W., Zur Kenntnis des Monocotyledonen-Perigons,
II. Die Perigonblätter von *Ornithogalum*. ÖBZ, 107, 1960: 474—486, 4 Textbilder.

S. 724, Gattg. 8, *Ornithogalum*. — Ergänzung zu „Verbreitung".

A v a n z i n i E., Der grünblütige Milchstern, *Ornithogalum Boucheanum* (Kunth)
Aschers., neu für Kärnten. Carinthia II, 151 bzw. 71, 1961: 124—128. — Siehe unten.

S. 725, Nr. 1, *Ornithogalum Boucheanum*. — Wächst auch in Kt:
Höhenbergen bei Tainach (westl. v. Völkermarkt), auf beschränktem Raum
etwa 40 Pflanzen, vielleicht Rest einer alten Kultur (E. A v a n z i n i 1961).

S. 725, Nr. 2, *Scilla amoena*. — Ist in St nicht eingebürgert, sondern
war nur ehedem verwildert, wurde vielleicht teilweise mit *S. sibirica* verwechselt; jedenfalls ist sie gegenwärtig in St ausgestorben.

S. 726, Nr. 1 B, *Muscari racemosum* subsp. *neglectum*. — Wächst auch im Bgl: auf der Parndorfer Platte (W e n d e l b e r g e r).

S. 726, Gattg. 11, *Allium*. — Nach „Verbreitung" ganz unten ist einzufügen:

Z y t o l o g i e. — G e i t l e r L. und T s c h e r m a k - W o e s s E., Chromosomale Variation, strukturelle Hybridität und ihre Folgen bei *Allium carinatum*. ÖBZ, 109 (1/2), 1962: 150—167, 6 Textbilder.

S. 729/730, Gattg. 12, *Gagea*. — Ergänzung zu „Systematik".

U h o f J. C. Th., A review of the genus *Gagea* Salisb. Plant Life (American Plant Life Society, Stanford, California), 14, 1958: 124—132, 1 Textbild; 15, 1959: 151—161; 16, 1960: 163—176.

S. 735, Gattg. 25, *Ruscus*. — Ergänzung zu „Verbreitung".

W e n d e l b e r g e r G., Über zwei alte Fundortsangaben des Mäusedorns (*Ruscus Hypoglossum*) aus dem Burgenland. Wissenschaftliche Arbeiten aus dem Burgenland, 1963. — Soll ehedem bei Stadt Schlaining (nordöstlich von Oberwart) vorgekommen sein, vielleicht auch bei Breitenbrunn am Leithagebirge, falls nicht mit Breitenbrunn in den Kleinen Karpaten verwechselt. Aus neuerer Zeit nichts bekannt.

S. 736, Gattg. *Narcissus*. — Ergänzung zu „Systematik und Verbreitung".

R i c h t e r E. H., Die Narzissenwiesen von Lunz am See. Phyton (Graz), 9 (1/2), 1960: 152—165.

S. 737, Gattg. *Crocus*. — Ergänzung zu „Systematik usw.".

V a r d j a n M., Die Blütenvariabilität von *Crocus neapolitanus* hort. ex Mord. Biol. Vestník, 6, 1958: 11—35, 4 Abb. — Slowenisch und deutsch. Referat von E. M a y e r in Excerpta botanica, sect. A, Bd. 1, Heft 8/9, 1959: 461. Die maßgebenden Unterschiede zwischen *C. neapolitanus* und *C. albiflorus* werden klar herausgearbeitet.

S. 737, Gattg. *Crocus*. — Am Schluß der Schriften ist einzufügen:

K u l t u r u n d V e r w e r t u n g. — F i s c h e r F., Der letzte Safranzüchter Österreichs. Natur und Land, 48, 1962 (2): 45. — Schuldirektor i. R. Hans R o i t h n e r in Maissau betrieb bis zu seinem Tod (16. XI. 1961) eine rege Kultur von *Crocus sativus* (etwa 2000 Pflanzen); seine Witwe, Frau Katharina R o i t h n e r, will die Kultur in kleinem Ausmaße weiter betreiben.

S. 737, Nr. 1, *Crocus neapolitanus* (Ker-Gawler) Mordant, etwa 1818. Ergänzung zur Synonymie: *C. vernus* var. *neapolitanus* Ker-Gawler, in C u r t i s' Botanical Magazine, vol. 22, tab. 860 (1805)*); *C. albiflorus* Kit. 1814 subsp. *neapolitanus* (Ker-Gawl.) Suessenguth in Hegi 1939.

S. 737, Nr. 3, *Crocus sativus*. — Über gegenwärtige Kultur in NÖ (Maissau) vgl. F. F i s c h e r 1962 (siehe oben).

S. 738, Nr. 3/1, *Gladiolus paluster*. — Wächst auch im Bgl: Im Hügelland (Terrassenschotter) westlich des untersten Pinkatales (unweit Maria am Weinberg) an offenen Stellen des dortigen Waldes (Moschendorfer Wald), spärlich (O. G u g l i a 1960), ferner im Seewald bei Siegendorf (Oberlehrer Z a l a, Siegendorf, nach O. G u g l i a 1962).

S. 740, Nr. 10, *Iris flavissima* Pallas 1776. — Giltiger Name: *I r i s h u m i l i s* G e o r g i 1775. — Nom.: B o b r o v 1960, nach L ö v e 1961. — Davon wächst in Österreich nur:

B. s u b s p. *a r e n a r i a* (W. et K.) Á. et D. L ö v e. — In NÖ auch bei Straning (südöstl. v. Eggenburg, J. J u r a s k y).

---

*) In dem im Botan. Inst. d. Univ. Wien vorhandenen Exemplar von Curtis' Botanical Magazine tragen die Bände der ersten Serie aus unverständlichen Gründen unrichtige Bandzahlen und unrichtige Jahreszahlen. Dort befindet sich die Tafel 860 im Band VII mit der Jahreszahl 1794.

S. 741 u. S. 974, Familie *Juncaceae*. — Ergänzung zu „Systematik“.

K i f f m a n n R., Bestimmungsatlas für Sämereien der Wiesen- und Weidepflanzen des mitteleuropäischen Flachlandes, Teil B: Sauergräser (*Cyperaceae*), Binsengewächse (*Juncaceae*) und sonstige grasartige Pflanzen. Freising-Weihenstephan 1960. 46 S., 68 Textbilder.

S. 741, Gattg. *Juncus*. — Ergänzung zu „Systematik“.

K ř í s a B., Relations of the ecologico-phenological observations to the taxonomy of the species *Juncus effusus* L. s. l. Preslia, 34 (1/2), 1962: 114—126, 1 Textbild, 1 Tabelle. — Behandelt *J. effusus* L. und *J. conglomeratus* L., die vom Verf. zur Conspecies *J. effusus* s. l. Křísa zusammengefaßt werden.

S. 742, Nr. 1, *Juncus squarrosus* L. — In Sb außer an dem im Catalogus angegebenen Fundort (im Lungau) auch am Aufstieg von Flachau (bei Radstadt) auf das Grieskareck (M e t l e s i c s 1940).

S. 742, Nr. 9, *Juncus ranarius*. — Vermutlich richtiger Name: *J. n a s t a n t h u s* K r e c z. e t G o n t s c h. — Syn.: *J. ranarius* Asch. et Gr. et auct. mult., non Song. et Perr. 1859, qui ad *J. ambiguus* Guss. 1827 pertinet.

S. 744, Nr. 23, *Juncus alpinus* Vill. 1787. — Syn.: *J. alpino-articulatus* Chaix (Oktober 1785, et apud Villars, Februar 1786). — Letzterer Name kann durch seine unzweckmäßige Form einen Bastard von *J. alpinus* mit *J. articulatus* vortäuschen und dadurch irreführen. Daher hat ihn V i l l a r s selbst ehebaldigst in *J. alpinus* verbessert. Dieser Name hat sich dann auch allgemein eingebürgert und ist über $1^1/_2$ Jahrhunderte im alleinigen Gebrauch gestanden. Man sollte ihn auch jetzt beibehalten. Die Beibehaltung des eingebürgerten und allbekannten Namens *J. alpinus* möchte ich allen jenen empfehlen, die nicht auf dem fortschrittsfeindlichen Standpunkt stehen, daß ein Fehler nicht verbessert werden darf und daß das ältere Schlechtere dem neueren Bessern vorgezogen werden muß. — Bei der gleichfalls wenig schönen *Luzula alpino-pilosa* (Chaix) Breistroffer sind Verwechslungen und Irreführungen weniger leicht möglich. Dazu kommt, daß der bekannte Name *Luzula spadicea* (All.) DC. deshalb auf Schwierigkeiten stößt, weil *Juncus spadiceus* All. 1785 wegen des älteren Homonyms von V i l l a r s (1779) ungiltig ist. — *J. alpinus* wächst auch im Bgl: Neusiedler Wiesen (M e l z e r 1960, siehe 1961: 193).

S. 745, Nr. 22 × 23, *Juncus articulatus* × *J. alpinus* = *J. Buchenaui* Dörfler. — NÖ: Nasse Wiesen bei Vöslau (K. R e c h i n g e r pater, 1915).

S. 745, Gattg. *Luzula*. — Zu „Gliederung der Gattung“.

Die Sektion 3, *Gymnodes*, hat *Luzula* s. str. zu heißen, da die hierher gehörige *L. campestris* die Typus-Art der Gattung ist.

S. 746, Nr. 6, *Luzula alpino-pilosa* (Chaix) Breistroffer. — Syn.: *L. spadicea* DC. 1805; *L. carpatica* Kitaibel ex Kanitz 1863; *Juncus alpino-pilosus* Chaix 1785. — Siehe auch unter *Juncus alpinus* (zu S. 744, Nr. 23).

S. 747, Nr. 12 c, *Luzula multiflora* var. *pallens*. — Näheres über diese Varietät siehe bei M e l z e r 1961: 193/194; siehe aber auch unten (Nr. 14).

S. 748, Nr. 14, *Luzula pallescens* (Wahlbg.) Swartz. — Syn.: *L. sudetica* (Willd.) DC. subsp. *pallescens* (Wahlbg.) Dostál 1950. — Bgl: Im Waasen zwischen Pamhagen und Andau recht häufig (M e l z e r 1961: 194). — St: zumindest im Edlacher Moor bei Trieben wächst nach M e l z e r 1962 echte *L. pallescens*.

S. 749 u. S. 974, Familie *Cyperaceae.* — Ergänzung zu „Systematik und Anatomie".

K i f f m a n n R., Bestimmungsatlas für Sämereien der Wiesen- und Weidepflanzen des mitteleuropäischen Flachlandes, Teil B: Sauergräser (*Cyperaceae*), Binsengewächse (*Juncaceae*) und sonstige grasartige Pflanzen. Freising-Weihenstephan 1960. 46 S., 68 Textbilder.

S. 749, Familie *Cyperaceae.* — Ergänzung zu „Morphologie und Ökologie".

M o r a L. E., Beiträge zur Entwicklungsgeschichte und vergleichenden Morphologie der Cyperaceen. Beiträge zur Biologie der Pflanzen, 35 (2), 1960: 253—341, 55 Textbilder.

S. 751, Gattg. 5, *Schoenoplectus.* — Ergänzungen zu den Schriften.

S e i d e l K., *Scirpus*-Kulturen. Archiv für Hydrobiologie, 56, 1959: 58—92. — Behandelt *Scirpus (Schoenoplectus) lacustris.* Ref. in Excerpta Botanica, sect. A. Bd. 2, Heft 3: 237.

O t z e n D., Chromosome studies in the genus *Scirpus* L., section *Schoenoplectus* Benth. et Hook., in the Netherlands. Acta Botanica Neerlandica, 11 (1), 1962: 37—46.

S. 752, Nr. 6/1, *Isolepis supina.* — Sicher auch noch gegenwärtig in NÖ: südl. v. Baumgarten an der March, in einer Sandgrube (M e t l e s i c s 1956, brieflich).

S. 753, Gattg. 7, *Heleocharis.* — Ergänzungen zu „Systematik".

S a u n t e L. H., Chromosome variation in the *Heleocharis palustris-uniglumis* complex. Nature, 181, 1958: 1019—1020. — *H. palustris* hat 2 n = 38; *H. uniglumis* hat 2 n = 46. Pflanzen mit dazwischenliegenden Chromosomenzahlen sind Kreuzungsprodukte.

S t r a n d h e d e Sv.-O., A note on *Scirpus palustris* L. Botan. Notiser, 113, 1960 (2): 161—171. — Das maßgebende L i n n é sche Originalexemplar entspricht der *Eleocharis palustris* (L.) R. et Sch. subsp. *microcarpa* Walters mit 2 n = 16, identisch mit subsp. *eupalustris* (Syme) PB.

P o d l e c h Dieter, Die Arten der *Eleocharis palustris*-Gruppe in Bayern. Ber. d. Bayer. Botan. Ges., 33, 1960: 105. — Ein guter Bestimmungschlüssel.

S. 753, Nr. 1 C, *Heleocharis palustris* (L.) R. et Sch. subsp. *austriaca* (Hayek) Podpěra. — Nach D. P o d l e c h (1960: 105) und auch nach C l a p - h a m, T u t i n, W a r b u r g, Fl. Brit. isl., ist *H. a u s t r i a c a* H a y e k 1910 eine eigene Art.

S. 754, Nr. 2, *Heleocharis mamillata.* — Wächst auch in Kt: bei Klagenfurt, Wassergraben südöstl. d. Wörther Sees (H. S c h a e f t l e i n 1949).

S. 756, Gattg. *Cyperus.* — Zu „Gliederung der Gattung".

Vor Sektion 4 ist einzufügen:
Sektion 3*. *Vaginati* (= *Alternifolii*): *C. alternifolius.*

S. 756, Nr. 1, *Cyperus longus.* — Das Vorkommen bei Vöslau besteht nicht mehr.

S. 756, Nr. 2, *Cyperus esculentus* L. — Erdmandel. — Wird in NÖ von Otto K ö h l e r bei Marchegg in letzter Zeit nur mehr auf einem Gartenbeet kultiviert; reift aus. — Die getrockneten Knollen schmecken ähnlich Kokosette und sind wie diese für Süßspeisen verwendbar.

S. 756, Gattg. *Cyperus.* — Vor Nr. 3 ist einzuschalten:
2**. *C. a l t e r n i f o l i u s* L. — Wechselblättriges Zypergras. — Als Zierpflanze öfters kult., gewöhnlich im Zimmer oder Gewächshaus; im Freiland innerhalb Österreichs bisher nur in NÖ: Stadtteich von Eggenburg (nach F. F i s c h e r 1961), hat aber den strengen Winter 1961/62 dort nicht überstanden (F. F i s c h e r, Mai 1962). — Heimat: Madagaskar, Réunion, Mauritius.

S. 759, Gattg. *Carex.* — Ergänzungen zu „Systematik der Artgruppe *C. flava* usw.".

P a l m g r e n A., *Carex*-gruppen *fulvellae* Fr. i Fennoskandien, I. Helsinki (Soc. pro fauna et flora Fennica), 1959. 165 S., 25 Tafeln. — Behandelt die ganze Sektion *Fulvellae* (= *Spirostachyae*, d. i. nach Catal. fl. Austr. die Nummern 82 bis 87). Zu dieser Sektion gehören (abgesehen von rein nordischen Sippen) *C. flava, C. lepido-*

carpa, C. tumidicarpa (= *demissa*) und *C. Oederi* samt ihren Bastarden untereinander sowie mit *C. Hostiana.* Der Name *C. Oederi* Retzius 1779 wird in dem früher allgemein üblichen Sinne beibehalten; er wird nicht (in Überbewertung der Typenmethode wegen eines irrtümlich dazu geratenen Herbarexemplares von *C. pilulifera* L.) als nomen confusum verworfen und durch *C. serotina* Mérat 1821 ersetzt.

P a t z k e E. und P o d l e c h D., Die Verbreitung der *Carex flava*-Gruppe im nördlichen Rheingebiet. Decheniana (Bonn), Bd. 113, Heft 2, Dez. 1960: 265—273, 4 Karten. — Enthält auch einen Bestimmungsschlüssel für die Arten *C. serotina* (= *Oederi*), *C. lepidocarpa* und *C. flava* und wichtige Angaben über die Standortsbedingungen der einzelnen Arten.

P o d l e c h D. und P a t z k e E., Bestimmungsschlüssel für die Arten der *Carex flava*-Gruppe in Bayern. Ber. d. Bayer. Botan. Ges., 33, 1960: 106.

S. 759/760, Gattg. *Carex.* — Ergänzung zu „Systematik verschiedener Arten usw.".

N o r l i n d h T., Studies on *Carex stenophylla* Wg. in Europe. Botan. Notiser, 113, 1960 (1): 1—19, 5 Textbilder. — In die Variationsbreite von *C. stenophylla* Wahlenberg gehört auch *C. uralensis* C. B. Clarke 1908.

S. 760 u. S. 974 (zu S. 765, Nr. 27), Gattg. *Carex.* — Ergänzung zu „Nomenklatur".

F u c h s H. P., Schweizerisches Vorkommen und Nomenklatur der *Carex cyperoides* Murray in v. L i n n é. Bauhinia, Zeitschr. d. Basler Botan. Ges., 1 (3), Dez. 1960: 350—358. — Für *C. cyperoides* Murray 1774 ist der giltige Name *C. bohemica* Schreb. 1772.

S. 760, Gattg. *Carex.* — Ergänzung zu „Verbreitung".

S e s a l S., W e s t h o f f V. und v a n D i j k J., Die vegetationskundliche Stellung von *Carex Buxbaumii* Wahlenb. in Europa, besonders in den Niederlanden. Acta Botanica Neerlandica, 8, 1959: 304—329.

S. 762, Nr. 1, *Carex microglochin.* — St: Tauplitzalpe (nördl. v. Klachau), an einem kleinen Weiher nächst dem Linzer Alpenvereinshaus ein ansehnlicher Bestand (Walter J u n g aus München). Auf dem unweit davon an der steirisch-oberösterreichischen Grenze gelegenen Salzsteigjoch hat W. J u n g diese Art n i c h t gesehen. — WTi: Auch im Fimbertal, 1900 bis 2300 m (H ö l l e r, nach H a n d e l - M a z z e t t i 1960/1961).

S. 763, Nr. 13, *Carex Otrubae.* — Richtiger Name: *C. l a m p r o p h y s a* S a m u e l s s o n 1940. — Syn.: *C. Otrubae* auct. plur., non Podpěra 1922, quae est *C. spicata* × *C. vulpina* (Nr. 12 × Nr. 14), secundum J. J a l a s in Suuri Kasvikirja (Helsinki), I, 1958: 649.

S. 764, Nr. 14*, *Carex vulpinoidea* Michx. — Eingeschleppt in Sb: bei Taxenbach, an einem nassen, lehmigen Straßenrand nächst dem Eingang zur Kitzlochklamm (M. R e i t e r 1962).

S. 764, Nr. 15 B, *Carex brizoides* Jusl. subsp. *intermedia* Čelak. — Syn.: *C. curvata* Knaf 1847 (in Flora, 30: 184, als Art). — Wird u. a. von A. B e c h e r e r als eigene Art bewertet.

S. 764, Nr. 17, *Carex repens.* — Wächst auch im südl. Bgl: Heiligenkreuz im Lafnitztal und Neumarkt a. d. Raab. — Besiedelt die h ö h e r e n Stellen der Ufer, wächst hier im Rasen und unter Weidengebüsch. — Zuerst von A. N e u m a n n gefunden.

S. 764, Nr. 19, *Carex chordorrhiza.* — OÖ: Ist zwar im eigentlichen Ibmer Moor ausgestorben, wächst aber im ganz nahegelegenen Iro-Moos (zw. Ibm u. Geretsberg, von G a m s entdeckt, vgl. G a m s 1947) und gedeiht hier in Menge (nach R. K r i s a i, Brief v. 31. XII. 1960).

S. 765, Nr. 27, u. S. 974, *Carex cyperoides* Murray 1774. — Der prioritätsberechtigte, daher giltige Name ist: *C. b o h e m i c a* S c h r e b. 1772. — Vgl. H. P. F u c h s 1960 (zu S. 760).

S. 766, Nr. 28, *Carex ovalis* Good. 1794. — Giltiger Name: *C. l e p o - r i n a* L. 1753 partim, emend. Leers 1775, Wahlenberg 1803. — Nicht *C. leporina* L. 1753 partim, sensu Goodenough 1794, quae est *C. Lachenalii* Schkuhr 1801 (= *C. lagopina* Wahlenberg 1803, Catal. Nr. 31). — L i n n é hat unter *C. leporina* zwei verschiedene Arten zusammengefaßt. Seine Verbreitungsangabe „in Europae pratis udis" zeigt aber deutlich, daß er in erster Linie eine in niederen Lagen verbreitete Art, nicht aber eine Hochgebirgspflanze (*C. Lachenalii*) gemeint hat. Der Name *C. leporina* L. kann folglich in dem früher fast allgemein üblichen Sinn beibehalten werden.

S. 766, Nr. 29, *Carex curta* Good. 1794. — Giltiger Name: *C. c a n e s - c e n s* L. 1753. — Nach sehr eingehender Prüfung des Falles gelangt H. P. F u c h s zu dem Ergebnis, daß die gegen den L i n n é schen Namen vorgebrachten Zweifel unbegründet sind, daß demnach der Name *C. canescens* L. berechtigt ist.

S. 766, Nr. 34, *Carex stellulata* Good. 1794. — Von H. P. F u c h s als giltiger Name betrachtet wird: *C. muricata* L. 1753, emend. Leers 1775. Auf Grund der in der Originalveröffentlichung angeführten vorlinnéischen Synonyme soll der L i n n é ische Name gesichert sein. Wegen seiner öfteren Verwendung in anderem Sinn dürfte es aber doch ratsam sein, ihn als nomen ambiguum abzulehnen.

S. 768, Nr. 46, *Carex Fritschii*. — Wächst auch in NÖ: Mannersdorf am Leithagebirge (M e l z e r 1960, Bestätigung einer alten Angabe W a i s - b e c k e r s).

S. 768, Nr. 47, *Carex ericetorum* Pollich 1777. — Syn.: *C. filiformis* L. 1753? — Nach H. P. F u c h s (Brief v. 21. VIII. 1962), der die Nomenklatur sehr eingehend kritisch geprüft hat, gehört dieser L i n n é sche Name sehr wahrscheinlich hierher und nicht zu Nr. 53 (*C. tomentosa*), keinesfalls zu Nr. 96 (*C. lasiocarpa*); wegen seiner verschiedenen Deutungen ist er aber als nomen dubium gänzlich abzulehnen. — *C. ericetorum* wächst auch im Bgl: Nordwesthang des Wratnik bei Siegendorf im *Calluna*-Heiderasen über Silikatschottern reichlich (H. M e t l e s i c s, 28. IV. 1962) und im Oberseewald bei St. Margareten (M e l z e r 1962: 97).

S. 769, Nr. 53, *Carex tomentosa* L. — Der unsichere und verschieden gedeutete Name *C. filiformis* L. gehört wahrscheinlich nicht hierher, sondern zu Nr. 47, *C. ericetorum*, siehe dort.

S. 769, Nr. 55, *Carex flacca*. — In der Synonymie zu streichen ist *C. diversicolor* Crantz 1766; dieser Name gehört zu *C. gracilis* (Nr. 65) oder vielleicht zu *C. acutiformis* (Nr. 90); er ist wohl ein nomen ambiguum, ob auch ein nomen illegitimum, mag zweifelhaft sein.

S. 770, Nr. 60 B, *Carex media* R. Br. subsp. *pusteriana* Kalela. — Die Unterart gehört zu Nr. 59 und heißt demnach: *C. norvegica* Retz. subsp. *pusteriana* (Kalela) Á. et D. L ö v e 1961.

S. 771, Nr. 64, *Carex fusca* „All.". — Richtiger Name: *C. n i g r a* (L.) R e i c h a r d 1772. — Syn.: *C. acuta* L. var. *a nigra* L. 1753; *C. acuta* L. emend. Curtis 1783, Wulfen 1858, Mackenzie 1931 et aliorum, non *C. acuta* L. emend. Reichard 1772; *C. Goodenovii* Gay 1839; *C. vulgaris* Fries 1842; *C. fusca* auct. mult., non All. 1785 s. str. — Nach H. P. F u c h s gehört *C. fusca* All. auf Grund der Beschreibung und des Original-Herbarexemplares zu *C. Buxbaumii* Wahlenbg. 1803; nur die von A l l i o n i zitierten Synonyme aus H a l l e r und aus S c h e u c h z e r gehören zu *C. nigra* (L.) Reichard. Daß der Name *C. nigra* später (1785) von A l l i o n i in einem anderen Sinn (Catal. Nr. 58) gebraucht wurde, ist kein zureichender Grund, um ihn als nomen ambiguum abzulehnen.

S. 771, Nr. 64 b, *Carex fusca* var. *alpina.* — Richtiger Name: *C. n i g r a* (L.) R e i c h a r d s u b s p. *o b e s a* (All.) H. P. F u c h s („*obaesa*"). — Syn.: *C. obaesa* All. 1785; *C. caespitosa* Goodenough var. *alpina* Gaudin 1830; *C. nigra* (L.) Reichard var. *alpicola* Beck 1890 (nicht var. *alpina*).

S. 771, Nr. 65, *Carex acuta* L., emend. Reichard 1772. — Richtiger Name: *C. g r a c i l i s* C u r t i s 1783. — Syn.: *C. acuta* L. var. *β ruffa* L. 1753; *C. diversicolor* Crantz 1766?; *C. rufa* (L.) Beck 1890, K. Richter 1890. — *C. acuta* L. umfaßte bei L i n n é selbst zwei Varietäten: *a. nigra* (Nr. 64) und *β. ruffa* (Nr. 65), welche seither allgemein als zwei gut verschiedene Arten betrachtet werden. Der Name *C. acuta* L. wurde von den späteren Autoren teils für die eine Art, teils für die andere Art verwendet, teils als nomen ambiguum ganz fallen gelassen. Letzterer Vorgang ist wohl am besten begründet. Die Verwendung des Namens *C. acuta* im Sinne von L i n n é s var. *ruffa* im Catalogus fl. Austr. erfolgte unter der Voraussetzung, daß bei R e i c h a r d 1772 die erste spezifische Trennung der beiden Arten vorläge. Jedoch hat bereits C r a n t z 1766 die var. *ruffa* unter dem Namen *diversicolor*, der von den meisten späteren Autoren vernachlässigt wurde, von *C. acuta* abgetrennt; dadurch wurde automatisch *C. acuta* auf var. *a. nigra* eingeschränkt, also gerade im entgegengesetzten Sinn als bei R e i c h a r d. Dies zeigt deutlich, daß *C. acuta* L. ein nomen ambiguum ist. Der Name *C. diversicolor* Crantz ist aber etwas unsicher, da er mitunter auch auf *C. acutiformis* Ehrh. bezogen wird; außerdem ist seine Rechtsgiltigkeit umstritten.

S. 771, Nr. 66, *Carex caespitosa* L. — Wächst mit Sicherheit auch in Kt: bei Zwischenwässern (im Gurktal) (M e l z e r), ferner in der OSt (nördl. v. Burgau, M e l z e r 1962: 97).

S. 772, Nr. 68, *Carex Buekii.* — NÖ: „Sonnlacken" bei Unter-Zögersdorf (westl. v. Stockerau), an Flutrinnen im jüngeren (donaunahen) Augelände an zwei Stellen (A. N e u m a n n 1962); am rechten Kamp-Ufer unterhalb Hadersdorf am Kamp, spärlich (A. N e u m a n n 1960); neu für NÖ. — OÖ: In der Donau-Niederung an etwa 10 neuen Fundorten im Eferdinger Becken, Linz-Ennser Becken und Machland (A. N e u m a n n 1962).

S. 772, Nr. 74, *Carex atrofusca.* — Alp. v. WTi: auch im Fimbertal (H ö l l e r, nach H a n d e l - M a z z e t t i 1960/61).

S. 773, Nr. 78, *Carex strigosa.* — Wächst auch in St u. zw. SSt: Sicheldorf bei Radkersburg (M e l z e r 1960). In Sb auch zw. Anthering und Weitwörth (bei Oberndorf nördl. v. Salzburg), am Rand der Salzach-Au, vereinzelt (A. N e u m a n n 1962). Wurde in OÖ von L. K i e n e r an zwei weiteren Fundorten festgestellt.

S. 773, vor Nr. 84, *Carex distans*, ist folgende Art einzuschalten:
83*. *C a r e x K a r e l i n i* M e i n s h a u s e n 1901. — Karelin's Segge. — Syn.: *C. diluta* MB. 1808 var. *Karelini* (Meinsh.) Kükenthal 1909. — Verwandt mit *C. distans* und zur selben Sektion (*Spirostachyae = Fulvellae*) gehörig, leicht mit dieser zu verwechseln. — Angeblich im Bgl:

Seewinkel, am Ufer der Salzlachen (nach L a v r e n k o). — Allg. Verbrtg.: Süd-Rußland und gemäßigtes Asien (vom aralokaspischen Gebiet bis zur Mongolei).

S. 774, Nr. 85*, *Carex demissa* 1826. — Syn.: *C. tumidicarpa* Andersson 1849. — Wächst auch im mittleren Bgl und in NTi. — Bgl: Im Raume von Sallmannsdorf—Bubendorf—Langeck (westl. v. Lockenhaus), an nassen und sumpfigen Stellen in Wäldern und auf Viehweiden, vielenorts sehr zahlreich (M e l z e r 1960, revid. P o d l e c h, vgl. M e l z e r 1961: 194/195); NTi u. zw. WTi: Im Fimbertal bis etwa 1700 m ansteigend (E. P a t z k e brieflich). — Fehlt in St (M e l z e r 1961: 194/195).

S. 774, Nr. 86, *Carex lepidocarpa.* — Steigt in NTi bis in die alpine Stufe (E. P a t z k e, brieflich).

S. 774, Nr. 86*, *C a r e x   f l a v e l l a* K r e č e t o v i č 1935. — Syn.: *C. flava* L. subsp. *flavella* (Krečetovič) Podlech; *C. flava* L. var. *alpina* Kneucker 1899. — Wächst in NTi im Fimbertal etwa zwischen 1700 und 2300 m (E. P a t z k e, brieflich).

S. 774/775, Nr. 89, *Carex secalina.* — NÖ: im nordöstl. Weinviertel bei Zwingendorf sowie zw. Rothenseehof und Alt-Prerau (nordöstl. v. Laa a. d. Thaya, M e l z e r 1960, 1961, siehe 1961: 195).

S. 775, Nr. 96, *Carex lasiocarpa* Ehrh. — Deutscher Name: Behaartfrüchtige Segge, nicht Faden-Segge, da *C. filiformis* L. keinesfalls hierher gehört, siehe Nr. 47.

S. 779, Nr. 83 × 86, *Carex Hostiana* × *C. lepidocarpa* = *C. Leutzii* Kneucker. — Auch in NTi: Steinach am Brenner (E. P a t z k e).

S. 779, Nr. 85 × 85*. *Carex serotina* × *C. demissa.* — Ist im allg. selten.

S. 779, Nr. 85 × 86, *Carex serotina* × *C. lepidocarpa* = *C. Schatzii* Kneucker. — Auch in NTi: Steinach am Brenner (E. P a t z k e). — Ist im allg. selten.

S. 779, Nr. 85 × 87, *Carex serotina* × *C. flava* = *C. Ruedtii* Kneucker. — Auch in NTi: Umhausen im Ötztal, zahlreich (E. P a t z k e).

S. 779, Nr. 85* × 86*, *C a r e x   d e m i s s a* × *C.   f l a v e l l a* = = *C. p s e u d o a l s a t i c a* P a t z k e e t P o d l e c h. — NTi: Fimbertal, an der Verbreitungsgrenze der Eltern, nahe der Idbachmündung, unter 1700 m, zahlreich; steriler Bastard (E. P a t z k e, brieflich).

S. 779, Nr. 85* × 87, *Carex demissa* × *C. flava* = *C. alsatica* Zahn. — Ist im allg. s. hfg.

S. 779, Nr. 86 × 86*, *C a r e x   l e p i d o c a r p a* × *C.   f l a v e l l a* = = *C. p s e u d o - P i e p e r i a n a* P a t z k e e t P o d l e c h. — NTi: Fimbertal, bei der Idbachmündung, ca. 1720 m, an der Grenze der elterlichen Standorte (*lepidocarpa* im Sumpf, *flavella* auf der Mähwiese); steriler Bastard (E. P a t z k e, brieflich).

S. 779, Nr. 86 × 87, *Carex lepidocarpa* × *C. flava* = *C. Pieperiana* P. Junge. — Auch in NTi: Steinach am Brenner (E. P a t z k e). — Ist im allg. hfg.

S. 780, Nr. 93 × 94, *Carex rostrata* × *C. vesicaria* = *C. Pannewitziana* Figert. — Auch in Sb: Ufer des Jägersees im Kleinarltal mäßig zahlreich,

104

aber ohne die Stammeltern (nach M. Reiter 1962, Bestimmung von
F. Widder bestätigt).

Namensverzeichnis zur Gattung Carex

acuta L. (giltig) 65	*distans* (zu 83*)	*microglochin* 1
acuta L. (Syn.) 64	*diversicolor* (zu 55), (zu	*muricata* L., emend. Leers
acutiformis (zu 55)	65)	(= *stellulata*) 34
alpicola 64 b	*ericetorum* 47	*nigra* (L.) Reichard 64,
alpina Gaud. 64 b	*flacca* 55	64 b
alpina Kneucker 86*	*flava* (zu 86*)	*norvegica* 59, (zu 60 b)
atrofusca 74	*flavella* 86*	*obesa* 64 B
bohemica 27	*Fritschii* 46	*ovalis* 28
brizoides 15	*Goodenovii* 64	*Pannewitziana* 93 × 94
Buckii 68	*gracilis* 65, (zu 55)	*pusteriana* 60 B
Buxbaumii 61, (zu 64)	*intermedia* Čelak. (*bri-*	*repens* 17
caespitosa L. (giltig) 66	*zoides* subsp.) 15 B	*Ruedtii* 85 × 87
caespitosa Good. (zu 64b)	*Karelini* 83*	*rufa* 65
canescens 29	*Lachenalii* (zu 28)	*Schatzii* 85 × 86
chordorrhiza 19	*lagopina* (zu 28)	*secalina* 89
curta 29	*lamprophysa* 13	*serotina* 85
curvata 15 b	*lepidocarpa* 86	*stellulata* 34
cyperoides 27	*leporina* 28	*strigosa* 78
demissa 85*	*Leutzii* 83 × 86	*vulgaris* (= *nigra*) 64
diluta (zu 83*)	*media* 60	

S. 783/784 u. S. 974, Familie *Gramineae*. — Ergänzungen zu „Systematik".

Prat H., La systématique des Graminées. Ann. Sci. Nat., Bot., 18, 1936 (10): 165—258.
— Vers une classification naturelle des Graminées. Bull. Soc. Bot. France, 107, 1960:
32—79.
Hartley W. and Slater Ch., Studies of the origin, evolution, and distribution of
the *Gramineae*, 3. The tribes of the subfamily *Eragrostoideae*. Austral. Journ. Bot.,
8, 1960: 256—276, bebildert.
Roberty G., Monographie systématique des Andropogonées du globe. Boissiera, vol. 9,
1960. 455 Seiten.
Reeder J. R., The natural classification of the *Gramineae*. I. U. B. S. Symposium.
Embryology. The grass embryo in systematics. Recent advances in Botany, 1961:
91—96, 1 Textbild.
Kinges H., Merkmale des Gramineenembryos. Ein Beitrag zur Systematik der Gräser.
Bot. Jahrb. f. Syst., 81 (1/2), 1961: 50—93, 3 Tafeln, 1 Tabelle. — Danach ist ein-
zuschalten:

Morphologie und Embryologie. — Siehe Reeder und Kinges (hier oben),
ferner:

Gram K., The inflorescence of the grasses. Botanisk Tidsskrift (København), 56, 1961
(4): 293—313, 14 Textbilder. — Behandelt die Morphologie der Blütenstände mit bes.
Rücksicht auf *Hordeum, Hordelymus* und *Elymus.*

S. 784 (u. S. 974), Familie *Gramineae*. — Ergänzung zu „Anatomie".

Metcalfe C. R., Anatomy of the Monocotyledons, I. *Gramineae*. Oxford (Clarendon
Press), 1960. LXI + 731 Seiten, 29 Tafeln.

S. 785 u. S. 974, Familie *Gramineae*. — Ergänzungen zu „Getreidegräser".

Domin K., Užitkové rostliny. [Nutzpflanzen.] Rostlinopis X 1: 1—575, mit 187 Abb.,
1944. — Tschechisch. Im speziellen Teil werden die Getreidegräser auf S. 269—550
sehr eingehend behandelt.
Jirásek V., Taxonomische Kategorien der Kulturpflanzen. Index seminum etc. Horti
bot. Univ. Carolinae Pragensis, 1958: 9—16. — Enthält mehrere neue Namenskombinationen bei Getreidegräsern der Gattungen *Triticum, Hordeum* und *Avena.*
Mayr E., Über die Systematik der Getreidearten. „Die Pyramide" (Innsbruck), 8, 1960
(3): 65—69, 4 Textbilder.

S. 787, Gattg. 1, *Bromus*. — Ergänzungen zu „Systematik".

Scholz H., *Bromus lepidus* in Schleswig-Holstein „Die Heimat" (Neumünster in
Holstein), 68 (5), 1961, 2 Seiten, 1 Textbild. — Bringt die genauen Unterscheidungs-

merkmale zwischen *B. mollis* und *B. lepidus* und die derzeit bekannte Verbreitung des letzteren.

T o u r n a y R., La nomenclature des sections du genre *Bromus* L. (*Gramineae*). Bull. Jard. Bot. Bruxelles, 31 (2), 1961: 289—299.

S. 787, Gattg. 1, *Bromus.* — G l i e d e r u n g d e r G a t t u n g (nach T o u r n a y).
Sektion 1. *Bromopsis* (= Sekt. *Festucoides* = Gattg. *Zerna*).
Sektion 2. *Genea* (= Sekt. *Stenobromus* = Gattg. *Anisantha*).
Sektion 3. *Bromus* (= Gattg. *Serrafalcus*).
Sektion 4. *Ceratochloa.*

S. 787, Nr. 1, *Bromus ramosus* s. l. — Die hier als Unterarten aufgefaßten Sippen sind nach Ansicht der meisten neueren Forscher gut getrennte eigene Arten; ihre seltenen Zwischenformen sind dann als Bastarde zu deuten. Die beiden Arten heißen nach dieser Auffassung *B. asper* Murr. und *B. ramosus* Huds. s. str. Die Unterschiede der beiden Arten werden von H. M e l z e r (in Mitteil. d. Naturw. Ver. f. Stmk., 92, 1962: 93—95) eingehend erörtert; einen anscheinend sicheren Bastard erwähnt er aus SSt bei Leutschach in den Windischen Büheln.

S. 789, vor Nr. 16 ist einzuschalten:

15*. *B r o m u s l e p i d u s* H o l m b e r g 1924. — Zarte Trespe. — Syn.: *B. gracilis* Krösche 1924, non Leysser 1761; *B. mollis* L. subsp. *lepidus* (Holmberg) Hegi. — Vorübergehend eingeschleppt in NÖ bzw. Wien (am Tivoli, M. O n n o, etwa 1930) und in St (Graz, H. S c h a e f t l e i n 1949). — Heimat: Skandinavien, Nord-Deutschland, Holland, Belgien, Frankreich, England; eingeschleppt in Schlesien, Böhmen, Ungarn, Schweiz.

S. 790, Nr. 1 c, *B r a c h y p o d i u m r u p e s t r e* (H o s t) R. et S c h. — Syn.: *B. pinnatum* (L.) PB. var. *glabrum* Rchb. — Ist wahrscheinlich eine gut gekennzeichnete eigene Art, so auch nach H. M e l z e r (1962: 95). In St wurde sie von M e l z e r an Bahndämmen und Straßenböschungen an zahlreichen Stellen gefunden.

S. 790, Gattg. 3, *Agropyron.* — Ergänzungen zu „Systematik".
J i r á s e k V., Příspěvek k systematice a taxonomii čechoslovenských pyrů, *Agropyron* Gaertn. [Beiträge zur Systematik und Taxonomie der tschechoslowakischen Quecken.] Preslia, 26, 1954: 159—176. — Tschechisch, mit russischer Zusammenfassung.
H a n s e n A., Revision der niederländischen Arten der Gattung *Agropyron.* Acta Botanica Neerlandica, 10, 1961 (4): 394—396. — Verf. anerkennt die Abtrennung der Gattungen *Roegneria* und *Elytrigia,* demgemäß die Namen *Roegneria canina* (L.) Něvskij, *Elytrigia juncea* (L.) Něvskij und *Elytrigia repens* (L.) Něvskij. Dagegen bleibt *Agropyron cristatum* (L.) Gaertn. bestehen.

S. 790, Gattg. 3, *Agropyron.* — Vor „Gliederung der Gattung" ist einzuschalten:
N o m e n k l a t u r. — J o n e s K., The typification of the genus *Agropyron* Gaertn. Taxon, 9 (2), 1960: 55/56. — Die erste und daher giltige Typification des Gattungsnamens *Agropyron* Gaertn. erfolgte 1913 durch B r i t t o n & B r a u n. Folglich ist es nicht berechtigt, für *Agropyron* den Gattungsnamen *Kratzmannia* Opiz einzuführen.

S. 791, Nr. 3 B, *Agropyron intermedium* subsp. *trichophorum.* — Syn.: *Elytrigia trichophora* (Link) Něvskij; *Elytrigia intermedia* (Host) Něvskij subsp. *trichophora* (Link) Á. et D. Löve.

S. 791, Nr. 4, *Agropyron cristatum* (L.) Gaertn. — Nach V. S k a l i c k ý und V. J i r á s e k (1959, vgl. Catal. S. 790) ist das *A. cristatum* (L.) Gaertn. s. str. bzw. die *Kratzmannia cristata* (L.) Jir. et Skal. eine ostasiatische Art; dagegen ist die europäisch-vorderasiatische Pflanze als *A g r o p y r o n pectinatum* (MB.) PB. = *Kratzmannia pectinata* (MB.) Jirásek et Skalický (Syn.: *Triticum pectinatum* MB.) zu bezeichnen.

S. 791/792, Gattg. 4, u. S. 974, *Triticum*. — Ergänzungen zu „Allgemeines, Systematik usw.“

D o m i n K., Užitkové rostliny (Nutzpflanzen, 1944): 269—318. Abb. 109—124. (Vgl. zu S. 785).

B o w d e n W. M., The taxonomy and nomenclature of the wheats, barleys, and ryes, and their wild relatives. Canad. Journ. Bot., 37, 1959: 657—684. — Verf. vertritt einen sehr weiten Artbegriff und Gattungsbegriff.

B a c h t e j e v F. Ch., Das von N. I. V a v i l o v in den Karpaten gefundene Zweikorn *Triticum dicoccum* Schübl. Vopr. evolj. biogeogr., genet., i selekc. Acad. Nauk SSSR, 1960: 59—60. — Siehe Excerpta Botanica, Sekt. A, Bd. 3, Heft 2: 165. Russisch. Betrifft die Bedeutung des Fundes für die Einwanderungsgeschichte des Weizens.

S. 793, Nr. 1, *Triticum monococcum*. — Ergänzung in Zeile 5/6: Stammpflanze *T. boeoticum* Boiss. — Syn.: *T. monococcum* L. subsp. *boeoticum* (Boiss.) Jirásek 1958. — Älteste Kultur in NÖ zur Lengyel-Zeit (etwa 2500 bis 4000 v. Chr.).

S. 794, Nr. 2, *Triticum dicoccon*. — Ergänzung in Zeile 7: Stammpflanze *T. dicoccoides* Körnicke. — Syn.: *T. dicoccon* Schrank subsp. *dicoccoides* (Körn.) Jirásek 1958. — Älteste Kultur in NÖ zur Lengyel-Zeit (etwa 2500 v. Chr.).

S. 794, Nr. 5, *Triticum polonicum* L. — Syn.: *T. turgidum* L. subsp. *polonicum* (L.) Á. et D. Löve.

S. 794/795, Nr. 6, *Triticum Spelta*. — Heimat (verbessert): Nord-Persien oder südwestl. Inner-Asien. Ist sicher aus einer Kreuzung von *T. dicoccon* mit *Aegilops squarrosa* L. (nicht *Ae. cylindrica*) hervorgegangen; wurde aus einer solchen Kreuzung auch experimentell hergestellt.

S. 795, Nr. 7, *Triticum aestivum*. — Heimat (verbessert): Nord-Persien oder südwestl. Inner-Asien. Ist wahrscheinlich direkt oder indirekt aus einer Kreuzung von *T. dicoccon* mit *Aegilops squarrosa* L. (nicht *Ae. cylindrica*) hervorgegangen (vgl. *T. spelta*).

S. 795, Nr. 7 B, *Triticum aestivum* subsp. *compactum*. — Älteste Kultur in NÖ zur Lengyel-Zeit (etwa 2500—4000 v. Chr.).

S. 796, Gattg. 6, *Aegilops*. — Ergänzung zu „Systematik“.

C h e n n a v e e r r i a h M. J., Karyomorphologic and cytotaxonomic studies in *Aegilops*. Acta horti Gotoburgensis, 23, 1960: 85—178, 67 Textfig., 8 Tafeln.

S. 796, Gattg. 6, *Aegilops cylindrica* Host. — Eingeschleppt in Wien auch in neuerer Zeit: unweit vom Prater-Spitz, im Schotter der Gleise bei den Lagerhäusern (M e t l e s i c s 1947, brieflich).

S. 796/797, Gattg. 7, *Secale*. — Ergänzungen zu „Allgemeines, Systematik usw.“

B o w d e n W. M., The taxonomy usw., 1959. — Siehe *Triticum* (zu S. 791/792).

D o m i n K., Užitkové rostliny (Nutzpflanzen, 1944): 319—334, Abb. 125—131. — Vgl. zu S. 785.

R o ž e v i ć R. J., A monograph of the wild, weedy, and cultivated species of rye. Acta Inst. Bot. Acad. sci. URSS, nr. 1, 1948: 105—163. — Vgl. Catal., S. 796 unten, zitiert nach „Der Züchter“.

S. 797, *Secale cereale*. — Die letzten zwei Zeilen sind zu streichen. Die ehemalige „Unkrauttheorie“ des Roggens ist längst verlassen. In NÖ reicht die Kultur des Roggens, wie ein Fund bei Vösendorf (südl. v. Wien) beweist, bis in die jüngere Steinzeit (Lengyel-Zeit, etwa 2500 Jahre v. Chr.) zurück.

S. 797/798, Gattg. 8, *Hordeum.* — Ergänzungen zu „Allgemeines, Systematik usw.".

B a c h t e j e v F. Ch., The materials usw. (Catal., S. 798, 6. Zitat). — Referat von C. R e g e l in Excerpta Botanica, sect. A, Bd. 1, Heft 8/9, 1959: 449, Nach Ansicht des Verf. stammen die Kulturformen der Gerste nicht von der tibetischen Art *H. agriocrithon* E. Åberg, sondern von der vorderasiatischen Art *H. lagunculiforme* Bachtejev, nova spec.

B o w d e n W. M., The taxonomy usw., 1959. — Siehe unter *Triticum* (zu S. 791/792).

D o m i n K., Užitkové rostliny (Nutzpflanzen, 1944): 335—353, Abb. 132—135. — Vgl. zu S. 785.

S. 798, Gattg. *Hordeum.* — Vor „Kultur, Züchtung usw." ist einzuschalten:

M o r p h o l o g i e. — G r a m K., The inflorescence of the grasses. Botanisk Tidsskrift (København); 56, 1961: 293—313, 14 Fig. — Behandelt die Morphologie der Blüten-stände mit besonderer Rücksicht auf *Hordeum, Hordelymus* und *Elymus.*

S. 798, Gattg. *Hordeum.* — Ergänzung zu „Kultur, Züchtung usw.".

S c h o l z F. und L e h m a n n C. O., Die Gaterslebener Mutanten der Saatgerste in Beziehung zur Formenmannigfaltigkeit der Art *Hordeum vulgare* L. s. l., II. u. III. Die Kulturpflanze, 7, 1959: 218—255, 16 Textbilder, 2 Tabellen; 9, 1961: 230—272, 27 Textbilder.

S. 799, Nr. 5, *Hordeum vulgare.* — Ergänzung zu Zeile 5: Stammpflanze *H. agriocrithon* Åberg. — Syn.: *H. vulgare* L. subsp. *agriocrithon* (Åberg) Jirásek 1958. — Vgl. dagegen auch B a c h t e j e v 1958 (Catal. S. 798 und hier oben).

S. 799, Nr. 6, *Hordeum distichon.* — Ergänzung zu Zeile 6: Stammpflanze *H. spontaneum* K. Koch. — Syn.: *H. distichon* L. subsp. *spontaneum* (K. Koch) Jirásek 1958.

S. 800, Nr. 6 B, *Hordeum distichon* subsp. *Zeocrithon.* — In der Syno-nymie zu streichen sind die ungenauen Zitate „var. *Zeocrithon* (L.) Lam. 1778, Körnicke 1885". Dafür ist vor „*H. sativum* usw." neu einzufügen: *H. vulgare* subsp. *distichum* var. *Zeocrithum* (L.) Körnicke 1885.

S. 800 bis 802, Gattg. 10, *Festuca.* — Ergänzungen zu „Systematik".

H e r t s c h W., Kreuzungen innnerhalb der Gattung *Festuca* und zwischen den Gattun-gen *Festuca* und *Lolium.* Zeitschr. f. Pflanzenzüchtung, 44 (3), 1960: 301—318, 5 Textbilder. — Betrifft Bastarde von *Festuca pratensis, F. arundinacea* und *F. rubra* sowie *Lolium perenne* und *L. multiflorum.* Die Ergebnisse gestatten auch Schlüsse auf die Systematik der reinen Wildarten.

K r i v o t u l e n k o U., Generis *Festuca* L. sectiones novae. Botan. Materiali (Moskau, Leningrad), 20, 1960: 48—67. — Für Österreich kommt in Betracht (siehe S. 802) die Vereinigung der Sektionen 3 und 5 als Sektion *Leucopoa* mit den Subsektionen *Leiopoa: F. pulchella* und *Eu-Leucopoa: F. laxa.*

P a t z k e E., Die Sippen der *F. ovina* L. im nördlichen Rheingebiet. Decheniana (Bonn), Bd. 113, Heft 2, Dez. 1960: 275—283, 1 Tafel. — In systematischer und nomenklato-rischer Hinsicht auch für andere Gebiete beachtenswert. *F. trachyphylla* (Hackel) Krajina wird hier als eigene Art behandelt.

— Vorschlag zur Gliederung der *Festuca ovina* L.-Gruppe in Mitteleuropa. ÖBZ, 108, 1961 (4/5): 505—507. An Stelle der im Catalogus auf Seite 803 unter Nr. 7 d δ, γ u. ζ angeführten Serien unterscheidet Verf. folgende drei Serien: I. Serie *valesiaca-stricta:* 1. *F. valesiaca* (diploid) mit den Unterarten *valesiaca* und *pseudovina* (Hackel) Hegi; 2. *F. stricta* Host (hexaploid) mit den Unterarten *stricta, sulcata* (Hackel) Patzke (= *F. hirsuta* Host emend. Soó = *F. rupicola* Heuffel) und *trachy-phylla* (Hackel) Patzke. II. Serie *caesia-pallens:* 3. *F. caesia* Sm. (diploid) mit den Unterarten *caesia, psammophila* (Hackel) Patzke und *vaginata* (W. et K.) Patzke; 4. *F. pallens* Host (wahrsch. tetraploid); die südwesteuropäische *F. cinerea* Vill. (= *F. glauca* Lam. + *F. longifolia* Thuill.) gehört wahrsch. zu einer eigenen, in Mitteleuropa sonst nicht vertretenen Serie. III. Serie *ovina:* 5. *F. ovina* (diploid) mit den Unterarten *ovina* und *tenuifolia* (Sibth.) Arcang. (= *F. capillata* Lam.).

R a u s c h e r t St., Studien über die Systematik und Verbreitung der thüringischen Sippen der *Festuca ovina* s. lat. Feddes Repertorium, 63 (3), 1960: 251—283, 12 Textbilder. — In systematischer und nomenklatorischer Hinsicht auch für andere Gebiete beachtenswert.

S t o h r G., Gliederung der *Festuca ovina*-Gruppe in Mitteldeutschland, unter Einschluß einiger benachbarter Formen. Wissenschaftliche Zeitschrift der Martin-Luther-Universität Halle-Wittenberg, Math.-Nat., IX/3, 1960: 393—414. — Gegenüber dem *Festuca*-System von M a r k g r a f - D a n n e n b e r g hat der Verf. einige Neugruppierungen und Umbenennungen der Sippen vorgenommen. Davon seien hier folgende erwähnt: *F. sulcata* (= *F. hirsuta*) und *F. pseudovina* werden wie bei H e g i als Subspezies zu *F. valesiaca* gestellt. *F. glauca* Lam. 1788 wird in *F. cinerea* Vill. 1785 umbenannt. Als Varietät derselben wird *F. trachyphylla* betrachtet. *F. longifolia* Thuill. (= *F. duriuscula* auct.) erscheint als *F. cinerea* Vill. var. *curvula* (Gaud.) Stohr. *F. capillata* Lam. 1778 wird in *F. tenuifolia* Sibth. 1794 umbenannt, weil der L a m a r c k sche Name illegitim ist. ·

S. 802, Gattg. *Festuca*. — Ergänzung zu „Anatomie und Zytologie".

W a t s o n P. J., The distribution in Britain of diploid and tetraploid races within the *Festuca ovina* group. New Phytologist, 57, 1958: 11—18.

S. 808, Nr. 18, *Festuca stenantha* (Hackel) Richter. — Wächst auch in den Voralp. v. NÖ (Schneeberg-Rax-Gebiet, Höllental, M e t l e s i c s mehrfach, auch Schober u. Öhler); ist außerdem für OÖ und Sb nachgewiesen (W i d d e r 1938 und brieflich).

S. 809—811, Nr. 24 bis Nr. 31, *Festuca*. — Verbesserungen nach Ingeborg M a r k g r a f - D a n n e n b e r g*).

S. 809, Nr. 24, *Festuca hirsuta* Host. — Giltiger Name: *F. r u p i c o l a* H e u f f e l 1858. — Syn.: *F. hirsuta* Host 1802 (illegitim, weil *F. Halleri* als Synonym zitiert wird), non Moench 1802; *F. ovina* L. var. *sulcata* Hackel 1881; *F. ovina* L. subsp. *sulcata* Hackel 1882; *F. sulcata* (Hackel) Nyman 1882 (illegitim, weil *F. rupicola* Heuffel als Varietät zitiert wird); *F. valesiaca* Schleich. subsp. *sulcata* (Hackel) Hegi 1908, Stohr 1960; *F. stricta* Host subsp. *sulcata* (Hackel) Patzke 1961.

S. 809, Nr. 24 b, *Festuca hirsuta* var. *sulcataeformis*. — Giltiger Name: *F. rupicola* Heuffel v a r. s u l c a t a e f o r m i s (M k g f. - D b g.) M k g f.- D b g., nova comb. — Syn.: *F. valesiaca* subsp. *sulcata* var. *sulcataeformis* (Mkgf.-Dbg.) Stohr.

S. 809, Nr. 24 B, *Festuca hirsuta* subsp. *trachyphylla*. — Giltiger Name: *F. r u p i c o l a* H e u f f e l s u b s p. *t r a c h y p h y l l a* (H a c k e l) M k g f.- D b g., nova comb. — Allenfalls auch als eigene Art: *F. trachyphylla* (Hackel) Krajina 1930, wie z. B. auch bei R a u s c h e r t. — Syn.: *F. stricta* Host subsp. *trachyphylla* (Hackel) Patzke; *F. cinerea* Vill. subsp. *cinerea* var. *trachyphylla* (Hackel) Stohr 1960; letztere Auffassung der Sippe wird von M a r k g r a f - D a n n e n b e r g 1958 und von R a u s c h e r t 1960 abgelehnt.

S. 810, Nr. 27, *Festuca longifolia* Thuill. (= *F. duriuscula* auct., vix L.). — Der Name *longifolia* ist unverwendbar, weil der im Herbarium Thuillier in Paris befindliche Holotypus eine *Festuca rubra* ist. — Manche dickblättrige Sippen, die man unter *F. longifolia* bzw. *F. duriuscula* verstanden hat, sind in Wirklichkeit *F. pallens* var. *scabrifolia* oder *F. ovina* var. *fiirmula*, var. *Sillingeri* u. a.; in anderen Gebieten sind es andere, teilweise noch unbenannte Sippen.

S. 810, Nr. 28 A, *Festuca glauca* Lam. 1788 subsp. *glauca*. — Giltiger Name: *F. c i n e r e a* V i l l. 1785. — Syn.: *F. cinerea* Vill. var. *glauca* (Lam.) Stohr. — Die-

---

*) Auf Grund brieflicher Mitteilungen aus dem November 1962.

Namen *cinerea* und *glauca* beziehen sich beide in erster Linie auf den vorwiegend süd-. westeuropäischen Formenkreis, der über die Westalpen ostwärts kaum hinausgehen dürfte, Deutschland nicht erreicht und auch in Österreich fehlt (siehe Nr. 28 B).

S. 811, Nr. 28 B, *Festuca glauca* subsp. *pallens.* — Richtiger Name: *F. p a l l e n s* H o s t. — Syn.: *F. cinerea* Vill. subsp. *pallens* (Host) Stohr. — Wird von *F. cinerea* Vill. (= *F. glauca* Lam.) von K r a j i n a, P a t z k e und anderen neueren Autoren wohl mit Recht als eigene Art abgetrennt. Alle „*F. glauca*" des österreichischen Schrifttums ist nach dieser Auffassung *F. pallens.*

S. 811, Nr. 28 A b, *Festuca glauca* subsp. *glauca* var. *scabrifolia.* — Gehört zu *F. pallens* und heißt daher: *F. p a l l e n s* H o s t (b) v a r. *s c a b r i f o l i a* (H a c k e l) M k g f. - D b g., nova comb. — Syn.: *F. glauca* Lam. var. *scabrifolia* Hackel apud Rohlena. — NÖ: Pfaffenberg bei Deutsch-Altenburg, Dürnstein. — Hierher gehört wahrscheinlich ein Großteil der früher als *F. duriuscula* bezeichneten Pflanzen.

S. 811, Nr. 28 B, *Festuca pallens* Host. — Hierher gehören noch folgende zwei Varietäten:

c. var. *p a n n o n i c a* (W u l f.) B o r b á s 1900, Jávorka 1924. — Syn.:
    F. pannonica Wulfen apud Host 1809; *F. ovina* L. var. *pannonica* (Wulf.)
    Koch 1837; *F. duriuscula* var. *pannonica* (Wulf.) Krajina 1930. — Fels-
    böden, bes. auf Kalk. — St: Peggauer Wand, zw. Leoben und St. Michael,
    Oberweggraben bei Judenburg, Puxer Berg bei Teufenbach; gelegentlich
    auch Übergänge gegen var. *pallens* oder gegen var. *styriaca.* — Sonstige
    Verbreitung: Ungarn.
d. v a r. *s t y r i a c a* M k g f. - D b g., nova var.*). — Flachgründige und
    felsige Stellen auf Kalk und Serpentin. — St: Rote Wand bei Mixnitz,
    Kirchkogel bei Pernegg, Ganzstein bei Mürzzuschlag, Gulsenberg bei
    Kraubath.

S. 811, Nr. 29, *Festuca vaginata* W. et K. — Syn.: *F. caesia* Sm. subsp. *vaginata* (W. et K.) Patzke 1961.

S. 811, Nr. 30 b, *Festuca ovina* L. var. *Lemanii* (Bast.) Asch. et Gr. 1900. — Richtiger Name: v a r. *f i r m u l a* (H a c k e l) R i c h t e r 1890, Beck 1890. — Nach B e c k in NÖ: bei St. Pölten, Aggsbach und Melk.

S. 811, Nr. 30, *Festuca ovina* L. — Am Schluß (nach var. c) sind noch folgende drei Varietäten anzufügen:

d. v a r. *S i l l i n g e r i* (K r a j i n a) M k g f. - D b g., nova comb. — Syn.:
    F. ovina L. var. *pseudogenuina* Krajina subvar. *Sillingeri* Krajina, Acta
    Bot. Bohem., IX, 1930: 192. — Bgl: im mittleren und südlichen Teil
    häufig; NÖ: Gurhofgraben; St: Krieglach und zw. Dürnberg ü. Feistritz
    bei Knittelfeld. — Sonstige Verbreitung: Mähren.
e. v a r. *p i l i f e r a* (S t. - Y v e s) M k g f. - D b g., nova comb. — Syn.:
    F. ovina L. subsp. *eu-ovina* Hackel var. *vulgaris* Koch subvar. *pilifera*

---

*) Culmi satis elati, 40—50 cm alti (rarius elatiores). Panicula obovato-oblonga, (4,5—) 5,0—8,5 cm longa, rachis glabra vel scabra. Culmus infra paniculam raro scaber. Vaginae sparsius vel densius pubescentes, rarissime glabrae. Laminae laeves vel ad apicem scabrae, 0,6—1,0 (—1,2) cm diametro, 7—9 nerviae, inconstanter uni- vel pluri-costata, costis vix elevatis; annulus sclerenchymaticus interdum in lateribus paulo incrassatus. Spiculae 4—5 florae, (6,5—) 7,0—8,0 mm longae. Gluma 4,6—5,0 mm, minus lata quam in var. *pallens,* glabra vel ciliato-pubescens vel (raro) tota puberula. Arista 1,2—2,5 mm longa.

St.-Yves, Bull. Soc. Bot. France, 71, 1924: 29. — Bgl: Weppersdorf (Bezirk Oberpullendorf); NÖ: Spittelmaisberg bei Retz. — Sonstige Verbreitung: Frankreich, Mähren.

f. var. *serpentinica* (Krajina) Mkgf.-Dbg., nova comb. — — Syn.: *F. ovina* L. var. *genuina* Gren. et Godr. subvar. *serpentinica* Krajina, Acta Bot. Bohem., IX, 1930: 190. — Bgl: Bernstein (auf Serpentin); NÖ: Keilberg bei Retz. — Sonstige Verbreitung: Böhmen.

S. 811, Nr. 31, *Festuca capillata* Lam. 1778. — Richtiger Name: *F. tenuifolia* Sibth. 1794. — Lamarck führt in Fl. Franç., 3: 597 von seiner *F. capillata* eine var. *β* an und zitiert zu dieser die *F. amethystina* L. 1753 als Synonym. Dadurch wird aber Lamarcks Name illegitim. — Syn.: *F. ovina* L. subsp. *tenuifolia* (Sibth.) Arcang. 1882.

S. 815, Gattg. 12, *Scleropoa rigida* (Grufb.) Griseb. — Syn.: *Poa rigida* Grufberg 1754 ist legitim!, desgl. Juslenius 1755; Höjer als Klammerautor ist irrtümlich; *Catapodium rigidum* (Grufb.) C. E. Hubbard ex Dony 1953 (Fl. Bedfordsh.: 437), Dandy 1958. — Bei der von Hubbard vorgenommenen Vereinigung der Gattungen *Scleropoa* Griseb. 1844 mit *Catapodium* Link 1821 hat letzterer Gattungsname zu gelten. Diese Vereinigung läßt sich mit vertretbaren Gründen stützen; sie ist aber nicht unbedingt nötig. Die bekannte Gramineenspezialistin Eva Potztal beurteilt die Vereinigung als „eine reine Geschmackssache" (Brief vom 15. November 1961).

S. 815, Gattg. 13, *Lolium*. — Ergänzung zu „Systematik".
Hertsch W., Kreuzungen usw. 1960. — Siehe unter *Festuca* (zu S. 800—802).

S. 815, Nr. 1, *Lolium multiflorum* Lam. — Syn.: *L. perenne* L. subsp. *multiflorum* (Lam.) Husnot, Á. et D. Löve.

S. 815, Nr. 3, *Lolium strictum* Presl. — Syn.: *L. perenne* L. subsp. *strictum* (Presl) Á. et D. Löve.

S. 815, Nr. 4, *Lolium rigidum* Gaud. — Syn.: *L. perenne* L. subsp. *rigidum* (Gaud.) Á. et D. Löve.

S. 816, Gattg. 14, *Puccinellia*. — Ergänzung zu „Systematik und Verbreitung".
Scholz H., *Puccinellia limosa* (Schur) Holmberg im binnendeutschen Salzflorengebiet. Ber. d. Deutsch. Botan. Ges., 75, 1962 (3): 59—70, 4 Textbilder. — *P. limosa* ist eine von *P. distans* scharf geschiedene Art. Auch *P. peisonis* und *P. transsilvanica* sind eigene Arten. Die kennzeichnenden Merkmale werden vom Verf. klar herausgearbeitet.

S. 816/817, Gattg. 14, *Puccinellia distans* samt Unterarten. — Nyárády hat in seiner Arbeit von 1928 (Catal., S. 816, Mitte) die im Catalogus nach Soó (1947 u. 1954) als Unterarten bewerteten Sippen gleichfalls als Unterarten aufgefaßt. Im Dezember 1957 hat er mir dagegen brieflich mitgeteilt, daß er jetzt drei getrennte Arten unterscheidet, nämlich *P. distans*, *P. limosa* und *P. transsilvanica* (= *P. distans* subsp. *intermedia*). Die in Rumänien fehlende *P. peisonis* wird von Nyárády nicht erwähnt. — Nach der übereinstimmenden Ansicht fast aller neueren Untersucher, nämlich Jansen 1940, Wendelberger 1948, Nyárády 1957 und Scholz 1962, verdienen die im Catalogus als Unterarten (A, B, C und D) angeführten Sippen Artrang. Sie heißen demnach:

1. *P. distans* (Jacq.) Parl. s. str.

2. *P. limosa* (Schur) Holmberg 1920.

3. *P. peisonis* (B e c k) J á v o r k a 1924.

4. *P. intermedia* (S c h u r) J a n c h e n 1944. — Syn.: *P. transsilvanica* (Schur) Jávorka 1924; *Atropis intermedia* Schur 1866; *Glyceria transsilvanica* Schur 1866, nomen illegitimum!; *P. distans* subsp. *intermedia* (Schur) Soó. — Fehlt in Österreich.

Dementsprechend erhalten die Bastarde die Nummern 1 × 2, 1 × 3 und 2 × 3.

P. distans s. str. ist in St für die Umgebung alter Magnesitwerke kennzeichnend (nach M e l z e r 1961: 90, und 1962: 95).

S. 818, Nr. 15/2, *Glyceria declinata* Bréb. — Wächst auch im südl. Bgl: Eisenberg-Gruppe bei Burg südl. v. Rechnitz (leg. H. M e t l e s i c s, det. A. N e u m a n n). — Wurde ferner in der Slowakei, in Polen und in der West-Ukraine nachgewiesen.

S. 819, vor Nr. 3, *Melica nutans* ist einzuschalten:

2*. *M e l i c a   a l t i s s i m a* L. — Hohes Perlgras. — Davon in unserem Gebiet nur: v a r. *p u r p u r e a* F r i e s (= var. *atropurpurea* horti berolinensis ex Papp 1932, non „Host"). — NÖ (eingeschleppt? oder vorgeschobener Posten des natürlichen Verbreitungsgebietes?). — Bei Dorf Bisamberg, östlich vom Friedhof in einem Robiniengehölz als Ödlandpflanze, in großer Menge, gefunden von Gustav S t i e b ö c k*) im Jahr 1961, dann auch von H. M e t l e s i c s aufgesucht (Bestimmung von F. E h r e n d o r f e r überprüft); sicher nicht angepflanzt. War nach Aussage Einheimischer schon vor 1939 dort vorhanden, aber in viel geringerer Menge. — Sonstige Verbreitung: Slowakei (z. B. Kleine Karpaten), Polen, Ungarn, Jugoslawien, Rumänien, Mittel- und Süd-Rußland, gemäßigtes Asien (Turkestan, Süd-Sibirien usw.).

S. 819, Nr. 4, *Melica picta*. — In NÖ auch auf dem Hundsheimer Berg (M e r x m ü l l e r).

S. 819/820, Gattg. 19, *Poa*. — Ergänzungen zu „Systematik".

J i r á s e k V., Systematické rozčlenění a klíč k určováni čechoslovenských lipnic (*Poa* L.). [Systematische Gliederung und Bestimmungsschlüssel der tschechoslowakischen Rispengräser.] Věstník král. čes. spol. nauk, 2, 1935: 1—34. — Vgl. J i r á s e k 1934 in Catal. S. 819. Die neuen Subsektionen sind mit lateinischen Diagnosen versehen, desgleichen die neue Sektion *Incanae* mit den Subsektionen *Cenisia* (*P. cenisia*) und *Glaucopoa* (*P. caesia*).

C h r t e k J. and J i r á s e k V., Contribution to the systematics of species of the *Poa* L. genus, section *Ochlopoa* (A. et Gr.) V. Jirás. Preslia, 34 (1/2), 1962: 40—68, 8 Textbilder, 1 Falttabelle. — Aus der Sektion *Ochlopoa* sind in Österreich heimisch: *P. supina* (diploid, 2 n = 14) und *P. annua* (tetraploid, 2 n = 28 = 4 x).

S. 820, Zeile 15 von oben (bei T u t i n) soll es zweimal richtig heißen: *P. infirma* (statt *P. infima*).

S. 820, Gattg. 19, *Poa*. — Vor „Verbreitung" ist einzuschalten:

Z y t o l o g i e. — B o w d e n W. M., Chromosome numbers and taxonomic notes on northern grasses, IV. Tribe *Festuceae: Poa* and *Puccinellia*. Canadian Journal of Botany, 39 (1), 1961: 123—138. — Bringt Chromosomenzahlen auch für einige mitteleuropäische *Poa*-Arten, nämlich *P. alpina, annua, glauca, palustris, pratensis, trivialis*. Ö k o l o g i e. — B a r l i n g D. M., Biological studies in *Poa angustifolia*. Watsonia (London), 4 (4), 1959: 147—168, 2 Textbilder, 16 Tabellen.

S. 821, Nr. 6, *Poa remota* Forselles 1807. — Glanz-Rispengras. — Syn.: *Poa sudetica* var. *remota* (Forselles) Fries 1828, *Poa Chaixii* Vill. var. *laxa* (G. F. W. Meyer) Asch. et Gr. 1900; *Glyceria remota* (Forselles) Fries 1839, Asch. et Gr. 1900, Suessenguth in H e g i, 2. Aufl., Bd. I, 1936: 422/423. —

---

*) Oberbuchhalter i. R. der Generaldirektion der österreichischen Bundesforste.

Ist eine gute eigene Art und sicher keine Unterart von *P. Chaixii*. — Ist aus NÖ nur vom Sonnwendstein bekannt, wächst dagegen in NSt in den Zentralalpen mehrfach (nach M e l z e r). In OÖ nur nächst dem Jagdhaus Grünau bei Hütting (an der Donau, gegenüber von Wallsee), an einer lichten Stelle im Auwald (A. N e u m a n n 1962).

S. 822, Nr. 10, *Poa glauca* Vahl (= *P. caesia* Sm.). — Auch Alp. v. St: Hoch-Lantsch (M e l z e r 1962).

S. 823, Nr. 21, *Poa supina* Schrad. (2 n = 14) ist eine von *Poa annua* L. (2 n = 28) scharf getrennte Art. Bastarde dieser beiden Arten sind hochgradig steril. *P. supina* wächst nicht selten auch auf Wiesenwegen und Viehweiden niederer Lagen, gelegtl. zusammen mit *P. annua*. Ein Vorkommen in Tieflagen zwischen etwa 400 und 600 m ist bisher beobachtet worden in Bgl, NÖ, St, Kt (nach M e l z e r) und Vb (nach B e c h e r e r). *P. supina* wächst also auch im Bgl.

S. 824, Gattg. 21, u. S. 965, *Dactylis*. — Ergänzung zu „Systematik".

S t e b b i n s G. L. and Z o h a r y D., Cytogenetic and evolutionary studies in the genus *Dactylis*, I. Morphology, distribution and interrelationships of the diploid subspecies. Univ. of California publications in Botany, 31 (1), 1959: 1—40, 2 Textfig., 3 Tafeln. — Die typische *D. glomerata* L. ist tetraploid. Die Verf. behandeln in der vorliegenden Arbeit 11 diploide Unterarten von *D. glomerata,* darunter die in Europa ziemlich weit verbreitete subsp. *Aschersoniana* (Graebner) Thellung = *D. polygama* Horvátovszky. Die übrigen 10 diploiden Unterarten haben meist nur eine sehr beschränkte Verbreitung; einige von ihnen sind neu.

J o n e s K., Chromosomal status, gene exchange and evolution in *Dactylis*, 2 u. 3. Genetica, 32, 1962 (4): 272—295 und 296—322.

S. 824, Nr. 21/1, *Dactylis polygama* Horvátovszky. — Wächst in St (nach M e l z e r 1962: 95/96) nahe Sicheldorf bei Radkersburg und im Leechwald bei Graz, hier reichlich und von der gleichfalls vorhandenen *D. glomerata* L. gut unterscheidbar. Hier dürfte auch der Bastard vorkommen.

S. 825, Nr. 22/2, *Cynosurus echinatus*. — Eingeschleppt auch in NTi: Alpbach, auf Weizenfeldern mehrfach truppweise, 1933 u. 1934 (M. R e i t e r, brieflich).

S. 825, Gattg. 23, *Sesleria*. — Ergänzungen zu „Systematik".

U j h e l y i J., Révision des espèces du genre *Sesleria* en Italie. Webbia, 14, 1959: 597—614, tab. 14—23. — Über die Verbreitung von *S. Sadleriana* siehe unten. — Weitere zytotaxonomische Beiträge zur Kenntnis der Gattung *Sesleria*. Botanikai Közlemények, 48 (3/4), 1960: 278—280, 1 Tafel.

S. 825, Nr. 23/1, *Sesleria varia* (Jacq.) Wettst. 1888. — Syn.: *Aira varia* Jacq. 1762, legitim!*) Die Kombination *Sesleria varia* ist gleichfalls legitim. Daher ist die Umbenennung in *S. Deyliana* Á. et D. Löve unbegründet. — Ein weiteres Synonym ist *S. albicans* Kit., in S c h u l t e s, Österreichs Flora, 2. Aufl., 1814, I: 216.

S. 825, Nr. 23/2, *Sesleria Sadleriana* Janka. — Ist von den anderen Sippen der *Coerulea*-Gruppe zytologisch verschieden; sie ist oktoploid (2 n = 56 = 8 x), — Verbreitung in Österreich: NÖ: Hainburger Berge (Schloßberg, Braunsberg, Hundsheimer Berg); MSt: Plabutsch bei Graz; SKt: Dobratsch, Karawanken, nördlichste Steiner Alpen (Berg Kopa, Lily R e-

---

*) Bei Übertragung des *Cynosurus coeruleus* L. in die Gattung *Aira* war J a c q u i n wegen *Aira coerulea* L. (d. i. *Molinia coerulea*) genötigt, ein anderes Epitheton zu wählen.

c h i n g e r 1934). — Sonstige Verbreitung: Karpatenländer (Tatra, Fatra, Kleine Karpaten), Ungarn, Kroatien, Slowenien (Karawanken, Steiner Alpen, Julische Alpen, nach U j h e l y i 1959), Südtirol (Virgen, Sextner Dolomiten), Nord-Italien.

S. 826, Nr. 23/4, *Sesleria tatrae.* — Ist ein Endemit der Hohen Tatra; ist aus der Flora Österreichs zu streichen. Die Pflanze vom Dobratsch gehört zu *S. Sadleriana.* — Eine eigene Art ist *S. Bielzii* Schur; sie ist wie *S. Sadleriana* oktoploid (2 n = 56 = 8 x), ist aber ein Abkömmling von *S. rigida* Heuffel.

S. 827, Gattg. 27, *Danthonia provincialis* DC. — Das Vorkommen im Bgl bei Bernstein wurde 1962 von H. M e l z e r bestätigt, u. zw. am Fuß des Kienberges, zahlreich.

S. 828, Nr. 3, *Koeleria macrantha* (L e d e b.) S c h u l t. 1824 (Mant. 2: 345), Shinners 1956. — Syn.: *K. gracilis* Pers. 1805 (nomen illegitimum); *Poa nitida* Lam. 1791, non *Koeleria nitida* Nuttall 1818 et Nuttall apud Schultes 1824 (species americana)!; *Aira macrantha* Ledeb. 1812.

S. 829, Nr. 6, *Koeleria glauca* (Schkuhr) DC. — Syn.: *Poa glauca* Schkuhr 1799; *Aira glauca* Schrad. 1806.

S. 829, Gattg. 29, u. S. 965, *Trisetum.* — Ergänzung zu „Systematik".
B ö c h e r T. W., Tetraploid and hexaploid *Trisetum spicatum* coll. A cytotaxonomical study. Botanisk Tidsskrift (Kjøbenhavn), 55 (1), 1959: 23—29.

S. 830, Gattg. 30, *Ventenata dubia.* — Wächst auch im mittleren Bgl: im Raume zwischen Ober-Pullendorf und Lackenbach (westl. v. Deutsch-Kreuz, M e l z e r 1960).

S. 830, Gattg. 31, *Helictotrichon.* — Ergänzung zu „Systematik".
H o l u b J., Taxonomische Studie über die tschechoslowakischen Arten der Gattung *Avenochloa* Holub. Acta Musei nationalis Pragae, vol. XVII B, nr. 5, 1961 (1962): 189—244, 10 Tafeln. — Tschechisch und deutsch. Ausführliche Besprechung mehrerer bisher als *Helictotrichon* bekannten Arten. Nach jeder Art folgt eine Übersicht der aus ihrem Umkreis beschriebenen Taxa. *Hel. conjungens* wird nicht als eigene Art anerkannt (siehe unten).
— Ein Beitrag zur Abgrenzung der Gattungen in der Tribus *Aveneae:* die Gattung *Avenochloa* Holub. Acta Horti Bot. Pragensis, 1962: 75—86. — Die Gattung *Helictotrichon* im engeren Sinn hat als nomenklatorischen Typus *H. sempervirens;* zu ihr gehören also auch *H. Parlatorei* und *H. desertorum.* Die Arten der früheren Sektionen *Pubavenastrum* und *Pratavenastrum* bilden die neue Gattung *Avenochloa* mit 30 Arten, die in alphabetischer Anordnung namentlich angeführt werden. *A. pubescens* bildet die Untergattung *Pubavenastrum;* alle übrigen Arten bilden die Untergattung *Avenochloa.*

Seite 831, Gattg. 31, *Helictotrichon.* — Gliederung der Gattung. Auch wenn man die von H o l u b vorgenommene Aufteilung in zwei Gattungen, nämlich *Avenochloa* (Sekt. 1 u. 2) und *Helictotrichon* s. str. (Sekt. 3 u. 4), nicht anerkennt, kann der Sektionsname *Helictotrichon* nicht bei Sektion 2 (*Pratavenastrum*) verbleiben, sondern muß zur Sektion 3 (*Stipavena*) übertragen werden, da zu dieser der nomenklatorische Typus der Gattung *Helictotrichon* gehört.

S. 831, Nr. 1, *Helictotrichon pubescens* (Huds.) Pilger. — Syn.: *Avenastrum pubescens* (Huds.) Opiz 1852, Jessen 1863; *Avenochloa pubescens* (Huds.) Holub 1962.

S. 831, Nr. 1 b, *Helictotrichon pubescens* var. *coloratum.* — Syn.: *Avenochloa pubescens* proles *alpina* (Gaud.) Holub 1962.

S. 831, Nr. 2, *Helictotrichon pratense* (L.) Pilger. — Syn.: *Avenastrum pratense* (L.) Opiz 1852, Jessen 1863; *Avenochloa pratensis* (L.) Holub 1962, mit proles *hirtifolia* (Podpěra) Holub.

S. 831, Nr. 3, *Helictotrichon conjungens.* — Wird von H o l u b in den Verwandtschaftskreis seiner *Avenochloa alpina* gestellt. — Wächst im südl. Bgl auch auf der Großen und Kleinen Plischa (nordwestl. v. Rechnitz) und auf dem Csatherberg bei Kohfidisch, durchwegs auf Serpentin (M e l z e r).

S. 831, Nr. 4, *Helictotrichon alpinum.* — Syn.: *Avenochloa alpina* (Sm.) Holub.

S. 831, Nr. 4 *β*, *Hel. alp.* forma *pseudoviolaceum.* (Kerner) Melzer. — Syn.: *Avenochloa alpina* (Sm.) Holub vergens *pratensoides* Holub 1962.

S. 832, Nr. 5, *Helictotrichon versicolor.* — Syn.: *Avenochloa versicolor* (Vill.) Holub.

S. 832, Nr. 7, *Helictotrichon Besseri.* — Syn.: *Hel. desertorum* (Lessing) Něvskij (1937, apud Krašeninnikov), Pilger 1938, subsp. *Besseri* (Griseb.) Holub.

S. 832/833, Gattg. 33, *Avena.* — Ergänzung zu „Allgemeines usw.“.
D o m i n K., Užitkové rostliny [Nutzpflanzen], 1944: 354—379, Abb. 136—138. — Vgl.
    zu S. 785.
    S. 833, Gattg. 33, *Avena.* — Ergänzung zu „Kultur, Züchtung, Sortenkunde“.
M á n d y Gy., Sortenkundliche Bedeutung des Rispenkragens [= Rispen-Hüllchens] im
    Hafer. Acta Botanica Academiae scientiarum Hungariae, 7, 1961 (3/4): 377—391,
    16 Textbilder.
    S. 833, Gattg. 33, *Avena.* — Ergänzung zu „Verbreitung in Österreich“.
N e u r u r e r H., Der Flughafer (*Avena fatua*) breitet sich auch in Österreich immer
    mehr aus. Der Pflanzenarzt (Wien), 14, 1961 (10): 87/88.

S. 833, Nr. 1 A, *Avena nuda* subsp. *strigosa.* — Ergänzung zu Z. 6/7: Stammpflanze *A. hirtula* Lagasca. — Syn.: *A. nuda* Hoejer subsp. *hirtula* (Lagasca) Jirásek.

S. 835, Nr. 2, *Deschampsia litoralis.* — Die richtige Autorbezeichnung ist: (G a u d i n) R e u t e r 1861. — In der Synonymie ist anstatt „(Rchb.)“ viermal „(Gaudin)“ zu setzen. Bei dem Synonym *Aira caespitosa* L. var. *litoralis* gehört als Autor: Gaudin 1828, Rchb. 1830, Reuter 1832.

S. 835, Nr. 3, *Deschampsia flexuosa* (L.) Trin. — Syn.: *Avenella flexuosa* (L.) D r e j e r 1838 (Fl. exc. Hafn.), Parlatore 1848.

S. 836, Nr. 35/2, *Aira elegans.* — Wächst auch im südl. Bgl: zwischen Weiden bei Rechnitz und Ober-Podgoria (nördl. davon, M e l z e r 1960).

S. 836, Gattg. 37, *Holcus.* — Vor „Verbreitung usw.“ ist einzuschalten:
S y s t e m a t i k u n d Z y t o l o g i e. — J o n e s K. and C a r r o l l C. P., Cytotaxonomic
    studies in *Holcus*, I, II, III. The New Phytologist (Oxford), 57 (1958): 191—210; 61
    (1962): 63—71 u. 72—84, bebildert.

S. 836, Gattg. 38, *Calamagrostis.* — Ergänzung zu „Systematik“.
W a s i l j e w W. N., Das System der Gattung *Calamagrostis* Roth. Feddes Repertorium,
    63 (3), 1960: 229—251. — Verf. unterscheidet, vielleicht etwas zu weitgehend, fünf
    Untergattungen, die teilweise noch in Sektionen gegliedert sind. Die Sektion
    Homoeotrichae soll die ursprünglichste sein und sich am nächsten an die *Aveneae*
    anschließen.
N y g r e n A., Artificial and natural hybridization in European *Calamagrostis*. Symbolae
    Botanicae Upsalienses, XVII 3, 1962. 105 S., 24 Tafeln, 5 Textbilder, 41 Tabellen.

S. 836, Gattg. 38, *Calamagrostis.* — G l i e d e r u n g   d e r   G a t t u n g (teilweise in Anlehnung an W a s i l j e w 1960).
Sektion 1. *Calamagrostis* s. str. (= *Homoeotrichae*): *C. canescens* (= *lanceolata*), *villosa* (= *Halleriana*).
Sektion 2. *Epigeios* (= *Trinerviae*): *C. epigeios, Pseudophragmites.*
Sektion 3. *Arundinagrostis* (= *Deyeuxia* partim): *C. arundinacea, varia.*
Sektion 4. *Paragrostis: C. humilis* (= *tenella*).

S. 837, Nr. 3, *Calamagrostis canescens.* — Wächst auch im Bgl: Waasen südöstl. v. Neusiedler See (H. M e l z e r) und bei Purbach am Neusiedler See (A. N e u m a n n) sowie in St: in den Flachmooren des Paltentales in ausgedehnten Beständen, so bei Edlach, Trieben und Gaishorn (M e l z e r 1962: 96).

S. 838, Gattg. 39, *Agrostis.* — Ergänzung zu „Systematik usw.".
B j ö r k m a n Sv. O., Studies in *Agrostis* and related genera. Symbolae botanicae upsalienses, XVII 1, 1960. 112 S., 23 Texbilder, 2 Tafeln.

S. 839, Gattg. 39, *Agrostis.* — Gliederung der Gattung (verbessert):
Sektion 1. *Agrostis* s. str. (= *Vilfa*): *A. stolonifera* (= *alba*), *gigantea, tenuis* (= *vulgaris*).
Sektion 2. *Trichodium: A. canina, ericetorum, alpina, rupestris, scabra* (= *hiemalis*). — Begründung: Als Typus-Art ist *A. stolonifera* festgesetzt worden.

S. 841/842, Gattg. 45, *Stipa.* — Ergänzung zu „Systematik":
E n d t m a n n J., Die mitteleuropäischen Sippen der Gattung *Stipa* L. Wissenschaftliche Zeitschrift der Ernst-Moritz-Arndt-Universität Greifswald, Jahrg. XI, 1962, math.-naturw. Reihe Nr. 1/2, S. 143—152, 9 Textbilder. — Verf. stützt sich hauptsächlich auf Herbarmaterial aus Nord- und Ost-Deutschland und auf eigene Erfahrungen in Mecklenburg und Brandenburg. Er behandelt folgende Arten: *St. capillata; joannis, pulcherrima, dasyphylla, stenophylla* und *eriocaulis* (= *gallica*). Von *St. joannis* werden als neue Sippen (gegen *St. pulcherrima* neigend) var. *marchica* und subsp. *germanica* unterschieden, die letztgenannte bisher nur von einem Fundort (Geesow, Kreis Angermünde, nordöstl. v. Eberswalde) bekannt. Erwähnt und beschrieben wird auch die in Mitteleuropa fehlende *St. lessingiana. St. pennata* L. wird als nomen ambiguum et confusum ausgeschaltet.

S. 842, Nr. 2, *Stipa pulcherrima* K. Koch. — Syn.: *St. pennata* L. subsp. *pulcherrima* (K. Koch) Á. et D. Löve.

S. 842, Nr. 3, *Stipa eriocaulis* Borb. — Syn.: *St. pennata* L. subsp. *pennata* Á. et D. Löve.

S. 843, Nr. 5, und S. 965, *Stipa Joannis* Čelak. — Wächst doch auch in NSt: nächst Pöls bei Judenburg, an mehreren Stellen in schönen Beständen (H. M e l z e r 1962).

S. 843, Nr. 6, *Stipa stenophylla* Czernjajew. — Syn.: *St. pennata* L. subsp. *stenophylla* (Czernj.) Á. et D. Löve. — In NÖ sicher nachgewiesen: Weinviertel, Matzner Wald (H. M e l z e r 1962) und wohl auch andw.

S. 845, Gattg. 51, *Cleistogenes* Keng. — Nach der Überschrift ist einzuschalten:
N o m e n k l a t u r. — P a c k e r J. G., A note on the nomenclature of the genus *Cleistogenes* Y. Keng (*Gramineae*). Botan. Notiser, 113, 1960 (3): 289—294. — Nach Artikel 68 der internationalen Nomenklaturregeln sind Gattungsnamuen, die mit gebräuchlichen morphologischen Fachausdrücken übereinstimmen, als illegitim abzulehnen. Der Verf. hält es daher für nötig, statt *Cleistogenes* Keng 1934 den neuen Gattungsnamen *Kengia* Packer einzuführen. Die mitteleuropäische Art, die als *Diplachne serotina* (L.) Link am bekanntesten war, hieße dann *Kengia serotina* (L.) Packer. Die Begründung für diese Umbenennung ist aber sehr schwach und sehr anfechtbar und wird von der Gramineenforscherin Eva P o t z t a l mit Recht abgelehnt.

116

S. 845, Gattg. 51, *Cleistogenes serotina.* — Ist bei Baden wahrscheinlich ausgestorben.

S. 846, Gattg. 53, *Anthoxanthum.* — Nach der Überschrift ist einzuschalten:
S y s t e m a t i k u n d C y t o l o g i e. — H e d b e r g I., Cytotaxonomic studies in *Anthoxanthum odoratum* L. s. lat. 1. Svensk Botan. Tidskrift, 55 (1), 1961: 118—128, 4 Textbilder, 1 Tafel.

S. 847, Nr. 5 B, *Phleum pratense* L. subsp. *nodosum* (L.) Trabut. — Wird nach E. P o t z t a l besser als eigene Art bewertet: *P h. n o d o s u m* L. Die Chromosomenzahlen sind bei *Ph. pratense* 2 n = 42 (hexaploid), bei *Ph. nodosum* 2 n = 14 (diploid). Die letztere Chromosomenzahl besitzt auch das spezifisch verschiedene *Ph. Bertolonii* DC., desgleichen *Ph. alpinum, Bellardii, hirsutum* und *phleoides.*

S. 848, Nr. 2, *Alopecurus geniculatus.* — Ist auch in Sb sicher nachgewiesen, aber nur bei Lofer auf einem feuchten Kartoffelacker (ein Trupp, mit *Juncus bufonius,* M. R a d a c h e r 1959, 1960, nach M. R e i t e r 1960); vgl. R a d a c h e r M., in Natur und Land, 48, 1962 (2): 43—44.

S. 848, Nr. 2 × 3, *Alopecurus geniculatus* × *A. pratensis* = *A. brachystylus* Petermann 1844. — Syn.: *A. elongatus* Petermann 1844, non Poiret 1808.

S. 849, Gattg. 60, *Eragrostis.* — Ergänzung zu „Systematik".
J i r á s e k V., Fytogeograficko-systematická studie o rodu *Eragrostis* P. Beauv. [Phytogeographisch-systematische Studie über die Gattung *Eragrostis* P. Beauv.] Preslia, 24, 1952: 281—338. — Tschechisch, mit russischer und englischer Zusammenfassung. — Danach ist einzuschalten:

G l i e d e r u n g d e r G a t t u n g.
Nach R. P i l g e r und E. P o t z t a l gehören alle in Österreich vorkommenden Arten zur Sektion *Eragrostis* und verteilen sich auf zwei Untersektionen:
A. Subsektion *Leptostachyae* Nees (= Sektion *Pteroëssa*): *E. pilosa, Damiensiana, diffusa, virescens.*
B. Subsektion *Megastachyae* Benth. (= Sektion *Eragrostis* s. str. = *Armillariella*): *E. megastachya, poaeoides, trichodes.*

S. 849, Gattg. 61, *Heleochloa,* und
S. 850, Gattg. 62, *Crypsis,* neue Schrift über Systematik:
L o r c h J., A revision of *Crypsis* Ait s. l. (*Gramineae*). Bulletin of the research council of Israel, section D: Botany, vol. 11 D, nr. 2, 1962: 91—116, 6 Tafeln. — Verf. unterscheidet die Untergattungen *Heleochloa* (mit *C. alopecuroides, C. schoenoides* und 4 anderen Arten) und *Antitragus* (= *Crypsis* s. str., mit nur *C. aculeata*).

S. 850, Gattg. 65, *Oryza.* — Nach der Überschrift ist einzuschalten:
A l l g e m e i n e s u. a. — D o m i n K., Užitkové rostliny (Nutzpflanzen, 1944): 426—467, Abb. 154—166. (Vgl. zu S. 785.)

S. 850/851, Gattg. 67, *Panicum.* — Ergänzung zu „Allgemeines usw."
D o m i n K., Užitkové rostliny (Nutzpflanzen, 1944): 503—509, Abb. 172. (Vgl. zu S. 785.)

S. 852, Gattg. 69, *Digitaria.* — Ergänzung zu den Schriften:
D o m i n K., Užitkové rostliny (Nutzpflanzen, 1944): 525—534, Abb. 177, 178. (Vgl. zu S. 785.) — Behandelt *Digitaria sanguinalis.*

S. 852, Gattg. 71, *Setaria.* — Ergänzung zu den Schriften:
D o m i n K., Užitkové rostliny (Nutzpflanzen, 1944): 510—515, Abb. 173. (Vgl. zu S. 785.) — Behandelt *Setaria italica* (einschl. *S. germanica*) und *S. verticillata.*

S. 853, Nr. 5, *Setaria glauca* (L.) PB. 1812. — Richtiger Name: *S. l u t e s c e n s* (W e i g e l) H u b b a r d 1916. — Syn.: *Panicum lutescens* Weigel (1772 nom. illeg.) ex Stuntz 1914; *Chaetochloa lutescens* (Weigel)

Stuntz 1914; *Panicum glaucum* pro parte minore. — Der genannte L i n n é-sche Name bezieht sich in erster Linie auf das ostasiatische *Pennisetum glaucum* (L.) R. Br. 1810, dessen Name auch darauf begründet ist. Zudem ist *Pennisetum glaucum* älter als *Setaria glauca.*

S. 853/854, Gattg. 73, *Sorgum.* — Ergänzung zu den Schriften:
D o m i n K., Užitkové rostliny (Nutzpflanzen, 1944): 468—502, Abb. 167—171. (Vgl. zu S. 785).

S. 854, Nr. 3, *Sorgum nervosum* Besser. — Kauliang. — Ist zu streichen; die beabsichtigte Kultur ist nicht gelungen.

S. 855, Gattg. 75, *Bothriochloa* O. Kuntze 1891. — Syn.: *Dichantium* Willemet 1796 sectio *Bothriochloa* (O. Kuntze) G. Roberty 1960. — Vgl. R o b e r t y G., Monographie systématique des Andropogonées du globe. Boissiera, vol. 9, 1960. Die Einbeziehung von *Bothriochloa* in die Gattung *Dichantium* läßt sich mit vertretbaren Gründen stützen; sie ist aber nicht unbedingt nötig und wird von der Gramineenforscherin Eva P o t z t a l abgelehnt.

S. 855, Gattg. 75, *Bothriochloa Ischaemum* (L.) Keng 1936. — Syn.: *Dichantium Ischaemum* (L.) G. Roberty 1960; *Amphilophis Ischaemum* (L.) Nash 1912. — Die Vereinigung der Gattung *Bothriochloa* O. Kuntze mit *Dichantium* Willemet wird von der Gramineenforscherin Eva P o t z t a l abgelehnt.

S. 855/856, Gattg. 76, *Zea.* — Ergänzung zu den Schriften:
D o m i n K., Užitkové rostliny (Nutzpflanzen, 1944): 380—425, Abb. 154—166. (Vgl. zu S. 785.)

S. 856, *Zea Mays,* C. subsp. *amylacea* Sturtevant. — Weich-Mais. — Ist zu streichen; die beabsichtigte Kultur ist nicht gelungen.

S. 858, *Orchidaceae.* — Ergänzung zu „Systematik" (oben).
E b e r l e G., Die Orchideen der deutschen Heimat. Zweite, erweiterte Auflage. Frankfurt a. M. (W. Kramer), 1961. 128 S., mit 105 Bildern.

S. 858 u. S. 966, Familie *Orchidaceae.* — Ergänzung zu „Verbreitung".
B o r s o s O., Geobotanische Monographie der Orchideen der pannonischen und karpatischen Flora, IV u. V. Annales Universitatis scientiarum Budapestinensis, sectio biologica, tom. 3, 1960: 93—129 und tom. 4, 1961: 51—82 mit 4 u. 3 Textbildern, mit 3 u. 10 Verbreitungskarten. — Siehe unter *Orchis* (zu S. 867).

S. 859, Nr. 2, *Epipactis sessilifolia* Petermann 1844. — Giltiger Name: *E. p u r p u r a t a* S m i t h 1828. — Letzterer Name gehört nach D r u c e (1909) und nach H. P. F u c h s (1961) sicher hierher; er ist nicht als nomen dubium abzulehnen.

S. 861, Nr. 3/3, *Cephalanthera longifolia* (L.) Fritsch. — Syn.: *Serapias Helleborine β. longifolia* L. 1753; *Serapis longifolia* (L.) Huds. 1762.

S. 861, Gattg. 4, *Limodorum.* — Nach „Nomenklatur" ist einzuschalten:
A l l g e m e i n e s. — M o r t o n F., Eine hochinteressante Moderorchidee. Universum (Wien), 16, 1961 (8): 247/248, 2 Textbilder.
F e r l a n L., *Limodorum* L. C. Rich., Saggio critico. Agron. Lusit., 20, 1959: 179—196, 4 Fig. — Ref.: Excerpta Botanica, Sect. A, Bd. 4, Heft 3, 1962: 271.

S. 861, Gattg. 4, *Limodorum abortivum* (L.) Sw. — In der Synonymie ist zu verbessern: *Ionorchis abortiva* (L.) Beck (nicht *Jonorchis!*), von ion (griechisch) = Veilchen, wegen der veilchenblauen (violetten) Blütenfarbe.

118

S. 867, Gattg. 18, *Orchis*. — Ergänzungen zu „Systematik".

B o r s o s Olga, *Dactylorchis fuchsii* Druce et son affinité dans les flores hongroise et
carpatique. (Communic. prélim.) Acta Botanica Acad. sci. Hung., 5 (3/4), 1959: 321
bis 326. — Ergänzung und Verbesserung zu Catal. S. 867. Die Arbeit ist auch für
Österreich beachtenswert.
— Geobotanische Monographie usw., IV u. V (siehe zu S. 858, *Orchidaceae*). — Behan-
delt die von *Orchis* abgetrennte Gattung *Dactylorhiza* Necker 1790, Něvskij 1935
= *Dactylorchis* (Klinge als subgenus) Vermeulen 1947. — Siehe S o ó 1962 unter
„Nomenklatur" (hier unten).
S o ó R., Synopsis generis *Dactylorhiza* (*Dactylorchis*). Annales Univ. Sci. Budapest.,
sect. Biologica, 5, 1960: 335—357. — Behandelt alle *Dact.*-Arten des europäisch-medi-
terranen Gebietes samt ihren Unterarten, Varietäten und intragenerischen Bastarden.
— Siehe auch „Nomenklatur" (hier unten).

S. 867, Gattg. *Orchis*. — Ergänzung zu „Nomenklatur".

S o ó R., Nomina nova generis *Dactylorhiza*. Budapest 1962. 11 Seiten. — Neue Namens-
kombinationen, die vom Verf. in seiner vorstehenden Arbeit vielleicht nicht mit voller
Rechtsgiltigkeit veröffentlicht worden sind. — Der Gattungsname *Dactylorhiza*
Necker 1790 ist aber ungiltig, weil vom Internationalen Botanischen Kongreß in
Montreal 1959 alle Gattungsnamen von N e c k e r 1790 abgelehnt (verworfen) worden
sind. Dieser Kongreßbeschluß ist leider erst verspätet zur Kenntnis von S o ó gelangt.

S. 867, Gattg. *Orchis*. — Nach den Schriften über „Nomenklatur" ist einzufügen:

Ö k o l o g i e. — E b e r l e G., Vom Bleichen Knabenkraut. Natur und Volk (Frankfurt a. M.), 87, 1957: 156—160, 4 Abb. — Behandelt die Verbreitung, Soziologie und
Phänologie von *Orchis pallens* L.

S. 868, Gattg. *Orchis*. — Ergänzung in der „Gliederung der Gattung".

Untergattung I. *Dactylorchis* (als Gattung: *Dactylorhiza* Necker 1790, Něvskij in
Komarov 1935, 1937, Soó 1960, 1962; *Dactylorchis* Vermeulen 1947).

S. 869, Nr. 4, *Orchis Fuchsii*. — Wird von O. B o r s o s 1959 (siehe
oben) auch für Sb angegeben.

S. 870, Nr. 7, *Orchis pallens*. — Siehe E b e r l e 1957 (zu S. 867,
Ökologie).

S. 870, Nr. 9, *Orchis Spitzelii*. — Wurde auch in Vb gefunden: Gargellen-
Alpe (N. W o o d h e a d und R. D. T w e e d aus Bangor, England, Juli 1954,
Brief vom 12. Jänner 1961).

S. 871, Nr. 1 × 6, *Orchis incarnata* × *O. palustris* = *O. Uechtritziana*
Haussknecht. — Auch im Bgl: zw. Weiden a. S. und Podersdorf (G u g l i a).

S. 872, Nr. 12 × 13, *Orchis ustulata* × *O. tridentata* = *O. Dietrichiana*
Bogenh. — Auch im Bgl: bei Stotzing (T r a x l e r 1960).

S. 873, Gattg. 19, *Traunsteinera*. — Nach „Systematik" ist einzuschalten:

M o r p h o l o g i e u n d V e r b r e i t u n g. — E b e r l e G., Die Kugelorchis. Natur und
Volk (Frankfurt a. M.), 91, 1961: 265—266. — Behandelt die Morphologie und die
Verbreitung von *Traunsteinera globosa*.

S. 874, Gattg. 21, *Ophrys*. — Ergänzung zu „Systematik".

S o ó R. v., *Ophrys*-Studien. Acta Botanica Acad. sci. Hung., 5 (3/4), 1959: 437—471,
5 Textbilder, 3 Karten, 1 Farbtafel; mit reichem Schriftenverzeichnis. — Ergänzung
zu Catal., S. 874.
W i e f e l s p ü t z W., Neue Funde der Bienen-Ragwurz. Natur und Heimat (Münster/
Westf.), 22, 1962 (1): 15—21, 7 Textbilder. — Behandelt auch bemerkenswerte Varietäten und Monstrositäten.
N e l s o n E., Gestaltwandel und Artbildung erörtert am Beispiel der Orchidaceen Europas und der Mittelmeerländer, insbesondere der Gattung *Ophrys*, mit einer Monographie und Ikonographie der Gattung *Ophrys*. Beim Verfasser (Chernex-Montreux,
Schweiz), 1962, 250 S., 50 Farbtafeln, 8 Schwarz-Weiß-Tafeln.

S. 874, Nr. 1, *Ophrys insectifera* (= *O. muscifera*). — Ist auch für Vb sichergestellt. Wurde von J. S c h w i m m e r † mehrfach angegeben. Eine neuerliche Bestätigung ist folgende: Gargellen-Alpe, etwa 1800 m (N. W o o d - h e a d u. R. D. T w e e d aus Bangor, England, Juli 1954, Brief v. 12. Jänner 1961).

S. 874, Nr. 2, *Ophrys fuciflora* (C r a n t z) S w a r t z 1800, Moench 1802.

S. 877, Gattg. 3, *Arum maculatum* L. var. *flavescens*. — Vgl. F r i t s c h K., in ÖBZ, 74, 1925: 229/230 und ÖBZ, 75, 1926: 225. — Nach den Erfahrungen von H. M e l z e r ist diese Sippe in der südlichen St ziemlich verbreitet.

S. 879, Gattg. *Sparganium*. — Ergänzung zu „Systematik".
C o o k C. D. K., Die bayerischen *Sparganium*-Arten. Ber. d. Bayer. Botan. Ges., 34, 1961: 1—10, 4 Textfiguren. — Für *Sp. simplex* Huds. 1778 wird (S. 9) der Name *Sp. emersum* Rehmann 1872 verwendet.
— *Sparganium* in Britain. Watsonia (London), 5, 1961: 1—10.

S. 880, Nr. 5, *Sparganium simplex*. — Giltiger Name: *S p. e m e r s u m* R e h m a n n, Verh. Nat. Ver. Brünn, 10, 1871 (1872): 80. — Syn.: *Sp. erectum* auct., sensu Wahlenbg., non L. 1753 sensu stricto; *Sp. simplex* auct., sensu Curtis, vix Hudson 1778, sensu orig.; *Sp. multipedunculatum* Morong, Bull. Torrey Bot. Cl., 15, 1888: 79.

S. 881, Gattg. *Typha*. — Vor „Ökologie" ist einzuschalten:
V e r b r e i t u n g. — H o u f e k J., *Typha minima* Hoppe in Böhmen. Preslia, 29, 1957: 250—263, 2 Karten. — Tschechisch, mit deutscher Zusammenfassung. Enthält eine europäische Arealkarte und eine Welt-Arealkarte von *Typha minima* und verwandten Arten.

Nachträge während des Druckes

S. 11—20, N i e d e r ö s t e r r e i c h, neuere floristische Arbeit:
T s c h e r m a k Leo, Die natürliche Verbreitung der Baumarten des Waldes im Alpenvorland Ober- und Niederösterreichs. Centralblatt für das gesamte Forstwesen, 79,
1962, (3): 113—131.

S. 21—25, O b e r ö s t e r r e i c h, neuere floristische Arbeit:
T s c h e r m a k Leo 1962, siehe Niederösterreich.

S. 21—25 u. 887/888 und Ergänzungsheft S. 7/8. — Ergänzung zu: O b e r ö s t e r-
r e i c h, neuere floristische Arbeiten:
M o r t o n F., Die Wiesen von Ort [bei Altmünster], am Hollereck und in Rindbach.
Arbeiten a. d. Botan. Station in Hallstatt, Nr. 232, 1962. 77 Seiten, 678 Aufnahmen,
21 Textbilder. — Die über ein Jahrzehnt lange Dauerbeobachtung dieser Wiesen hat
bereits bedeutende Veränderungen u. zw. in ungünstigem Sinne gezeigt.
— *Pinus Mugo* Turra var. *Pumilo* (Haenke) Zenari, Kämpferin und Siegerin im Gebirge.
IV. Teil. Arb. a. d. Botan. Station Hallstatt, Nr. 233, 1962, 40 S., 15 Textbilder. —
Enthält zahlreiche Vegetationsaufnahmen aus dem Bereiche der „Katrin" bei Bad Ischl.

S. 61 und Ergänzungsheft S. 10, Gattg. *Lycopodium*. — Ergänzung zu „Systematik".
R o t h m a l e r W., Über einige *Diphasium*-Arten (*Lycopodiaceae*). Feddes Repertorium,
66 (3), 1962: 234—236. — Behandelt von mitteleuropäischen Arten *Diphasium complanatum* (L.) Rothm., *D. tristachyon* (Pursh) Rothm., *D. alpinum* (L.) Rothm. und
D. Issleri (L.) Holub. Die von R o t h m a l e r innerhalb der *Lycopodiaceae* unter-
schiedenen Gattungen besitzen wesentlich verschiedene Chromosomenzahlen (vgl.
Löve 1958), was sehr für ihre Berechtigung spricht: *Diphasium* $2\,n = 46$; *Lycopodium* s. str. $2\,n = 68$; *Lepidotis* $2\,n = 156$; *Huperzia* $2\,n = 264$. Mit treffenden
Worten wendet sich R o t h m a l e r gegen schädliche Auswüchse der „Typen-
methode".
D a m b o l d t J., *Lycopodium issleri* in Bayern. Ber. d. Bayer. Botan. Ges., 35, 1962:
20—22, 1 Textbild. — Der eingehende morphologische Vergleich mit den verwandten
Sippen ist auch außerhalb Bayerns beachtenswert.

S. 63, Nr. 2, *Equisetum scirpoides* Michx. — Syn.: *Hippochaete scirpoides*
(Michx.) Farwell 1916 (Mem. New York Botan. Garden, 6: 467), Rothmaler
1944.

S. 72 und Ergänzungsheft S. 15, *Dryopteris*-Bastarde.
1 A $\times$ 4 $\times$ 5. *D r y o p t e r i s   c a r t h u s i a n a* $\times$ *D. T a v e l i i* = *D. carthusiana* $\times$ *D. Filix-mas* $\times$ *D. Borreri* = *D. L a w a l r é e ï*
J a n c h e n*, nova hybrida*). — Zwischen den Eltern im Zillertal (Nord-Tirol) an zwei Stellen, u. zw.: bei Mayrhofen in
einem Hangwald im August 1961 (A. L a w a l r é e, nr. 11374,
11375 u. 11376, Herb. Brüssel) und bei Brandberg zwischen
Alpbach und Nesselrainer in einem frischen Fichten-Hangwald
bei etwa 900 m (A. L a w a l r é e, nr. 11394, Herb. Brüssel).

S. 80 und Ergänzungsheft S. 18, Gattg. *Picea*. — Neuere Schrift über Systematik.
P r i e h ä u ß e r G., Die Variabilität der Fichte in systematischer Hinsicht. Ber. d.
Bayer. Botan. Ges., 35, 1962: 96—104, 6 Textbilder, 1 Tabelle. — Die an Fichten-
beständen des Bayerischen Waldes erarbeiteten Befunde verdienen allgemeine
Beachtung.

---

*) F o l i a mollia; petiolus longus, squamulis angustis lanceolatis ad filiformibus,
bruneis, non vel vix discoloribus onustus; lamina basi parum vel non angustata,
bipinnata ad subtripinnata, pagina inferiore griseo-viridis, eglandulosa; petioluli basi
nigro-maculati; segmenta tertii ordinis apice truncata ad subacuta. I n d u s i a eglandulosa. S p o r a e multae abortae, validae paucae alatae et verruculosae, 60—65 $\times$
$\times$ 40—45 *µ*. A. L a w a l r é e.

122

S. 83, Gattg. *Pinus.* — Ergänzung zu „Verbreitung, Ökologie und Nutzung von *Pinus nigra*".

Kisser J., Die österreichische Schwarzkiefer. Notring-Jahrbuch 1962: 71/72, 1 Tafel*).

S. 83 unten, unter Ergänzungsheft S. 19. Gattg. *Pinus.* — Ergänzung zu „Verbreitung und Ökologie von *Pinus Mugo*".

Morton F., *Pinus Mugo* Turra var. *Pumilio* (Haenke) Zenari, Kämpferin und Siegerin im Gebirge. IV. Teil. Arb. a. d. Botan. Station Hallstatt, Nr. 233, 1962. 40 S., 15 Textbilder. — Enthält zahlreiche Vegetationsaufnahmen aus dem Bereiche der „Katrin" bei Bad Ischl.

S. 90 u. S. 902, Gattg. *Fagus.* — Ergänzung zu den Schriften.

Conrad K., Die Kaiserbuche auf dem Haunsberg [bei Salzburg]. Notring-Jahrbuch 1962: 109/110, 1 Tafel*).

S. 114 u. S. 906, Gattg. *Morus.* — Nach der Überschrift ist einzufügen:

Allgemeines. — Kisser J., Maulbeerbäume. Notring-Jahrbuch 1962: 17/18, 1 Tafel*).

S. 138, Nr. 8/1, *Kochia Scoparia* (L.) Schrad. — Auch in OÖ: nächst dem Bahnhof Wegscheid bei Linz, auf Ödland (E. Feichtinger, Herbst 1962).

S. 175, Nr. 5, und S. 923, *Callitriche hamulata* Kützing. — Dieser Name ist nach Dr. Henriette Schotsman (Brief vom 18. XII. 1962) giltig; *C. intermedia* ist eine andere Art.

S. 204, Gattg. 25 und S. 928, *Adonis.* — Ergänzung zu den Schriften.

Gams H., *Adonis vernalis* L. Notring-Jahrbuch 1962: 77/78, 1 Tafel*).

S. 213, Nr. 3 B, *Erysimum hieracifolium* Jusl. subsp. *durum* (Presl) Hegi et E. Schmid. — Auch in OÖ: nächst dem Bahnhof Wegscheid bei Linz, auf Ödland (A. Lonsing 1962).

S. 234, Gattg. 45, *Biscutella.* — Ergänzung zu „Systematik".

Heywood V. H., Systematische Gliederung von *Biscutella laevigata.* Feddes Repertorium, 1963. (In Vorbereitung.) — Im Anschluß an Berta Machatschki-Laurich, aber in der Gliederung noch etwas weiter gehend als diese, unterscheidet der Verf. von *Biscutella laevigata* L. 13 Unterarten, von denen 6 oder 7 in Österreich vorkommen. Außer der typischen Unterart subsp. *laevigata* sind dies folgende: subsp. *angustifolia* (Machatschki-Laurich) Heywood. *austriaca* (Jord.) M.-L., *Kerneri* M.-L., *lucida* (DC.) M.-L., *tirolensis* (M.-L.) Heywood und vielleicht auch *gracilis* M.-L.

S. 234, Gattg. 46, *Lepidium.* — Ergänzung zu „Systematik".

Wendelberger G., Salzkresse (*Lepidium cartilagineum* [J. May.] Thell.). Notring-Jahrbuch 1962: 31/32, 1 Tafel*).

S. 240, Nr. 57/2, *Rapistrum rugosum* (L.) All. — Auch in OÖ: Vöcklabruck, auf Ödland (Adolf Ruttner 1962). — Dazu:

    B. subsp. *orientale* (L.) Rouy et Fouc. — Morgenländischer Rapsdotter. — Syn.: *Rapistrum orientale* (L.) Crantz. — Eingeschleppt in OÖ: in Kronsdorf bei Enns, auf Ödland (Herbert Schmid, 1962); auch in Sb: Schottengrube nördlich von Goldenstein-Elsbethen nächst Salzburg (F. Fischer, gefunden 1955, veröff. 1962). — Für Österreich noch nicht angegeben.

S. 286/287 u. S. 939/940, und Ergänzungsheft S. 54, Gattg. *Alchemilla.* — Ergänzung zu „Systematik".

Rothmaler W., Systematische Vorarbeiten zu einer Monographie der Gattung *Alchemilla*, X. Die mitteleuropäischen Arten. Feddes Repert., 66, (3), 192: 194—234. —

---

*) Alle Kurzartikel aus dem Jahrbuch 1962 des Notringes der wissenschaftlichen Verbände Österreichs, mit der Gesamtüberschrift „Österreichische Naturschätze, Erbe und Verpflichtung" bringen auf der ersten Seite einen deutschen Text, auf der zweiten Seite etwas kürzere Texte in Englisch und Französisch und außerdem eine fein ausgeführte Schwarzdrucktafel.

Darin auf S. 226 die Erstbeschreibung der *Alchemilla Kerneri* Rothm. (vgl. Ergänzungsheft S. 54).

S. 342, Gattg. 25, *Pirus*. — Ergänzung zu den Schriften.

W e r n e c k H. L., Die Stammformen der bodenständigen Mostbirnen in Oberösterreich, Niederösterreich und in der Steiermark. Naturkundliches Jahrbuch der Stadt Linz. 1962: 85—238, 6 Textbilder, 26 Tafeln. [Berichtigung zu Ergänzungsheft S. 56.]

S. 348/349, Gattg. 32, und Ergänzungsheft S. 58, *Prunus*. — Ergänzung zu den Schriften.

W e r n e c k H. L., Die wurzel- und kernechten Stammformen der Pflaumen in Oberösterreich (Nachtrag 1962). Naturkundliches Jahrbuch der Stadt Linz, 1962: 265—273, 3 Tafeln.

S. 377, Nr. 15, *Vicia oroboides* Wulf. — Wächst in OÖ auch in der Umgebung von Hallstatt (F. **M o r t o n**). Ist neu für das Bgl; wächst hier im südlichsten Teil, in den Bezirken Jennersdorf u. Güssing nahe der steirischen Grenze, an mehreren Stellen, aber selten, nicht auf Kalk (O. **G u g l i a** brieflich). *V. oroboides* ist somit für alle Bundesländer nachgewiesen, außer Ti und Vb.

S. 408, Nr. 5, und Ergänzungsheft S. 64, *Polygala alpestris*. — Wächst in OÖ auch auf dem Schafberg und auf der Plassen (F. **M o r t o n**, Brief vom 31. XII. 1962).

S. 410, Gattg. *Acer*. — Ergänzung zu „Verbreitung".

G a m s H., Die Ahornböden im Karwendel [*Acer pseudoplatanus* L.]. Notring-Jahrbuch 1962: 155/156, 1 Tafel*).

S. 419, Gattg. 1, *Hydrocotyle*. — Nach der Überschrift ist einzuschalten:

S y s t e m a t i k. — **T i k h o m i r o v** V. N., On the systematic position of the genera *Hydrocotyle* L. and *Centella* L. emend. Urban. Bot. Journ. Mosqua-Leningrad, 46, 1961: 584—588. — Russisch. Ref. in Excerpta Botanica, sect. A, Bd. 5, Heft 1, 1962: 61. — Nach Ansicht des Verf. gehören beide Gattungen nicht zu den Umbelliferen, sondern zu den Araliaceen.

S. 420, Gattg. 5, *Eryngium*. — Ergänzung zu „Systematik".

W e n d e l b e r g e r G., Alpen-Mannstreu (*Eryngium alpinum* L.). Notring-Jahrbuch 1962: 43/44, 1 Tafel*).

S. 443, Gattg. 4, *Anagallis*. — Ergänzung zu „Systematik".

K o r n a ś J., Rodzaj *Anagallis* L. w Polsce. — The genus *Anagallis* L. in Poland. Fragmenta floristica et geobotanica, ann. VIII, pars 2, 1962, 131—138, 3 Textbilder. — Blaue Blüten besitzt außer *Anagallis coerulea* Nath. (= *A. femina* Mill.) auch *A. arvensis* L. forma *azurea* Hylander, die sich durch andere Gestalt und andere Bedrüsung der Kronzipfel von ersterer scharf unterscheidet und die auch standortökologisch abweichen soll. Diese Sippe wäre auch in Österreich zu erwarten, ist aber hier bis jetzt noch nicht beachtet worden.

S. 447/448 u. S. 953, Gattg. *Primula*. — Ergänzung zu den Schriften.

G a m s H., *Primula auricula* L. Notring-Jahrbuch 1962: 151/152, 1 Tafel*).

S. 455, Gattg. 4, *Rhododendron*. — Ergänzung zu „Verbreitung".

W e n d e l b e r g e r G., Die gelbe Alpenrose (*Rhododendron luteum* Don). Notring-Jahrbuch 1962: 55/56, 1 Tafel*).

S. 475, Gattg. *Solanum*. — Ergänzung zu „Abstammung und Herkunft der Kartoffel".

C o r r e l l D. St., The Potato and its wild relatives, section *Tuberarium* of the genus *Solanum*. Texas 1962. XX und 606 Seiten, 212 Textbilder, 32 Tafeln, 1 Titelbild.

---

*) Siehe die Fußnote auf Seite 122.

S. 526 u. S. 527, Gattg. 12 und Ergänzungsheft S. 75, *Lamium*. — Ergänzung zu den Schriften sowie zu Nr. 7 B, C.

Gutermann W., Diploides *Lamium galeobdolon* (sensu lato) in Bayern. Ber. d. Bayer. Botan. Ges., 35, 1962: 43—45, 1 ganzseitiges Textbild. — Behandelt hauptsächlich die subsp. *flavidum* (F. Hermann) Á et D. Löve 1961 = subsp. *pallidum* F. Hermann 1956, daneben auch die tetraploide subsp. *montanum* (Pers.) Hayek 1929, Hylander 1945.

S. 535/536, Gattg. 29, u. S. 958/959 und Ergänzungsheft S. 76 bis 79, *Thymus*. — Ergänzung zu „Systematik".

Machule M., Die wichtigsten infraspezifischen *Thymus*-Sippen, als Ergänzung zu Ronniger, Bestimmungstabelle für die *Thymus*-Arten des Deutschen Reiches 1944. Ber. d. Bayer. Botan. Ges., 35, 1962: 57—72. — Sehr wichtige Arbeit; sie bringt Bestimmungsschlüssel für die infraspezifischen Sippen jeder Art.

S. 540, Nr. 22, u. S. 958 und Ergänzungsheft S. 77, *Thymus Widderi* (Ronniger) Machule. — Verbreitung nach Machule 1962 (siehe oben): NÖ: Thermenzug, Steinfeld, Schneeberg; St: Rax, Kirchkogel, Pfaffenkogel; Kt: Spitalberg bei Klagenfurt.

S. 589, Gattg. 8, *Cucurbita*. — Ergänzung zu „Systematik".

Whitaker T. W., Biosystematics of the cultivated *Cucurbita*. Recent. Advances in Botany, 1961: 858—862. — Ref. in Excerpta Botanica, sect. A, Bd. 5, Heft 1, 1962: 66.

S. 590/591, Gattg. *Campanula*. — Ergänzung der Schriften.

Podlech D., Beitrag zur Kenntnis der Subsektion *Heterophylla* (Witas.) Fed. der Gattung *Campanula* L. Ber. d. Deutsch. Botan. Ges., 75, 1962 (7): 237—244. — Behandelt die Chromosomenzahlen vieler, großenteils auch ausländischer Arten.

S. 745, Gattg. *Luzula*. — Ergänzung zu den Schriften.

Chrtek J. und Křísa B., A taxonomic study of the species *Luzula spicata* (L.) DC. sensu lato in Europe. — Botan. Notiser, 115, 1962, (3): 293—305, 7 Textbilder. — Die Verf. unterscheiden zwei Unterarten. Die subsp. *spicata* wächst in Nord- u. Nordwest-Europa, im Riesengebirge und in Zentral-Frankreich, nur wenig in den Alpen, so in Tirol. Die neue subsp. *variabilis*, zu welcher auch var. *compacta* gehört, wächst in den Alpen sehr verbreitet, außerdem in den Karpaten, Apenninen und spanischen Gebirgen.

S. 797/798, Gattg. 8, und Ergänzungsheft S. 107, *Hordeum*. — Ergänzung zu „Allgemeines, Systematik, Herkunft".

Zohary D., Studies on the origin of cultivated barley. Bull. Res. Counc. of Israël, 9 D, 1960: 21—42, 5 Textbilder, 2 Tafeln, 2 Tabellen, 1 Diagramm. — Ref. in Excerpta Botanica, sect. A, Bd. 5, Heft 1, 1962: 97.

Staudt G., The origin of cultivated barleys: a discussion. Econ. Bot., 15, 1961: 205—212. — Ref. in Excerpta Botanica, sect. A, Bd. 5, Heft 1, 1962: 93. — Vgl. dagegen Bachtejev F. Ch. 1958, in Ergänzungsheft S. 107.

S. 824, Gattg. 21, S. 965 und Ergänzungsheft S. 112, *Dactylis*. — Ergänzung zu den Schriften.

Borrill M., The pattern of morphological variation within diploid and tetraploid *Dactylis*. Journ. Linn. Soc., Bot., 56, 1961: 441—452, 2 Textbilder, 2 Tabellen, 1 Tafel.

S. 857/858, S. 966 und Ergänzungsheft S. 117, Fam. *Orchidaceae*. — Ergänzung zu „Systematik".

Dressler R. L. and Dodson C. H., Classification and phylogeny in the *Orchidaceae*. Annals Missouri Bot. Gard., 47, 1960: 25—68. — Ref. in Excerpta Botanica, sect. A, Bd. 5, Heft 1, 1962: 77.

S. 878, Familie *Lemnaceae*. — Ergänzung zu „Systematik".

Maheshwari S. C., Systematic position of the family *Lemnaceae*. Recent Advances in Botany, 1961: 689—694. — Ref. in Excerpta Botanica, sect. A, Bd. 5, Heft 1, 1962: 82.

S. 993, Milchkraut 270. — Verbesserung:

Milchkraut 640. — Später einzuschalten:
Milzkraut 270.

Register der Gattungen
und höheren Einheiten